好玩的数学（修订版）
张景中主编

数学演义

修订版

王树和　著

科学出版社
北　京

内 容 简 介

本书对古今中外著名的数学故事用演义文体进行通而不俗、深入浅出的论述。例如十进制和二进制的故事和游戏，《九章算术》寓理于算的高招，三次方程与四次方程求根公式的演绎，兔子序列与优选法，笛卡儿之梦，油漆匠悖论，人口论中的数学，太和殿的屋顶是什么形状？怎样对图进行计算？防空导弹需要多少枚？如何算出系统工程的竣工日期？你想做数学家吗？等等。行文流畅生动，推理严格简洁，是一部雅俗共赏的科普著作。本书只要求读者具有2003年教育部制订的高中《数学课程标准》中规定的基础知识。

现将本书献给广大中学师生、大学师生和数学工作者。

图书在版编目（CIP）数据

数学演义/王树和著．—修订本．—北京：科学出版社，2015.4
（好玩的数学/张景中主编）
ISBN 978-7-03-043578-1

Ⅰ.①数…　Ⅱ.①王…　Ⅲ.①数学-普及读物　Ⅳ.①O1-49

中国版本图书馆CIP数据核字（2015）第044257号

责任编辑：李　敏　霍羽升／责任校对：张怡君
责任印制：李　彤／整体设计：黄华斌

科学出版社 出版
北京东黄城根北街16号
邮政编码：100717
http://www.sciencep.com

天津市新科印刷有限公司印刷
科学出版社发行　各地新华书店经销

*

2015年4月第　三　版　开本：720×1000 1/16
2025年2月第十四次印刷　印张：16 1/2
字数：262 000

定价：48.00 元

（如有印装质量问题，我社负责调换）

丛书修订版前言

“好玩的数学”丛书自2004年10月出版以来，受到广大读者欢迎和社会各界的广泛好评，各分册先后重印10余次，平均发行量近45 000套，被认为是一套叫好又叫座的科普图书。丛书致力于从多个角度展示数学的“好玩”，将现代数学和经典数学中许多看似古怪、实则富有深刻哲理的内容最大限度地通俗化，努力使读者“知其然”并“知其所以然”；尽可能地把数学的好玩提升到更高雅的层次，让一般读者也能领略数学的博大精深。

丛书于2004年获科学时报杯“科学普及与科学文化最佳丛书奖”，2006年又被国家新闻出版总署列为“向全国青少年推荐的百种优秀图书”之一，2009年荣获“国家科学技术进步奖二等奖”。但对于作者和编者来说，最高的奖励莫过于广大读者的喜爱关心。十年来，不少热心读者提出了意见和修改建议，数学研究领域和科普领域也都有了新的发展，大家感到有必要对书中的内容进行更新和补充。要感谢各位在耄耋之年仍俯首案牍、献身科普事业的作者，他们热心负责地对自己的作品进一步加工，在“好玩的数学（普及版）”的基础上进行了修订和完善。出版社借此机会将丛书改为B5开本，以方便读者阅读。

感谢多年来关心本套丛书的广大读者和各界人士，欢迎大家提出批评建议，共同促进科普事业繁荣发展。

编　者

2015年3月

第一版总序

2002 年 8 月在北京举行国际数学家大会（ICM2002）期间，91 岁高龄的数学大师陈省身先生为少年儿童题词，写下了“数学好玩”4 个大字。

数学真的好玩吗？不同的人可能有不同的看法。

有人会说，陈省身先生认为数学好玩，因为他是数学大师，他懂数学的奥妙。对于我们凡夫俗子来说，数学枯燥，数学难懂，数学一点也不好玩。

其实，陈省身从十几岁就觉得数学好玩。正因为觉得数学好玩，才兴致勃勃地玩个不停，才玩成了数学大师。并不是成了大师才说好玩。

所以，小孩子也可能觉得数学好玩。

当然，中学生或小学生能够体会到的数学好玩，和数学家所感受到的数学好玩，是有所不同的。好比象棋，刚入门的棋手觉得有趣，国手大师也觉得有趣，但对于具体一步棋的奥妙和其中的趣味，理解的程度却大不相同。

世界上好玩的事物，很多要有了感受体验才能食髓知味。有酒仙之称的诗人李白写道：“但得此中味，勿为醒者传。”不喝酒的人是很难理解酒中乐趣的。

但数学与酒不同。数学无所不在。每个人或多或少地要用到数学，要接触数学，或多或少地能理解一些数学。

早在 2000 多年前，人们就认识到数的重要。中国古代哲学家老子在《道德经》中说：“道生一，一生二，二生三，三生万物。”古希腊毕达哥拉斯学派的思想家菲洛劳斯说得更加确定有力：“庞大、万能和完美无缺是数字的力量所在，它是人类生活的开始和主宰者，是一切事物的参与者。没有数字，一切都是混乱和黑暗的。”

既然数是一切事物的参与者，数学当然就无所不在了。

在很多有趣的活动中，数学是幕后的策划者，是游戏规则的制定者。

玩七巧板，玩九连环，玩华容道，不少人玩起来乐而不倦。玩的人不一定知道，所玩的其实是数学。这套丛书里，吴鹤龄先生编著的《七巧板、九连环和华容道——中国古典智力游戏三绝》一书，讲了这些智力游戏中蕴含的数学问题和数学道理，说古论今，引人入胜。丛书编者应读者要求，还收入了吴先生的另一本备受大家欢迎的《幻方及其他——娱乐数学经典名题》，该书题材广泛、内容有趣，能使人在游戏中启迪思想、开阔视野，锻炼思维能力。丛书的其他各册，内容也时有涉及数学游戏。游戏就是玩。把数学游戏作为丛书的重要部分，是“好玩的数学”题中应有之义。

数学的好玩之处，并不限于数学游戏。数学中有些极具实用意义的内容，包含了深刻的奥妙，发人深思，使人惊讶。比如，以数学家欧拉命名的一个公式

$$e^{2\pi i}=1$$

这里指数中用到的 π，就是大家熟悉的圆周率，即圆的周长和直径的比值，它是数学中最重要的一个常数。数学中第 2 个重要的常数，就是上面等式中左端出现的 e，它也是一个无理数，是自然对数的底，近似值为 2.718281828459…。指数中用到的另一个数 i，就是虚数单位，它的平方等于−1。谁能想到，这 3 个出身大不相同的数，能被这样一个简洁的等式联系在一起呢？丛书中，陈仁政老师编著的《说不尽的π》和《不可思议的 e》（此二书尚无学生版——编者注），分别详尽地说明了这两个奇妙的数的来历、有关的轶事趣谈和人类认识它们的漫长的过程。其材料的丰富详尽，论述的清

楚确切，在我所知的中外有关书籍中，无出其右者。

如果你对上面等式中的虚数i的来历有兴趣，不妨翻一翻王树和教授为本丛书所写的《数学演义》的“第十五回 三次方程闹剧获得公式解 神医卡丹内疚难舍诡辩量”。这本章回体的数学史读物，可谓通而不俗、深入浅出。王树和教授把数学史上的大事趣事憾事，像说评书一样，向我们娓娓道来，使我们时而惊讶、时而叹息、时而感奋，引来无穷怀念遐想。数学好玩，人类探索数学的曲折故事何尝不好玩呢？光看看这本书的对联形式的四十回的标题，就够过把瘾了。王教授还为丛书写了一本《数学聊斋》（此次学生版出版时，王教授对原《数学聊斋》一书进行了仔细修订后，将其拆分为《数学聊斋》与《数学志异》二书——编者注），把现代数学和经典数学中许多看似古怪而实则富有思想哲理的内容，像《聊斋》讲鬼说狐一样最大限度地大众化，努力使读者不但“知其然”而且“知其所以然”。在这里，数学的好玩，已经到了相当高雅的层次了。

谈祥柏先生是几代数学爱好者都熟悉的老科普作家，大量的数学科普作品早已脍炙人口。他为丛书所写的《乐在其中的数学》，很可能是他的封笔之作。此书吸取了美国著名数学科普大师伽德纳25年中作品的精华，结合中国国情精心改编，内容新颖、风格多变、雅俗共赏。相信读者看了必能乐在其中。

易南轩老师所写的《数学美拾趣》一书，自2002年初版以来，获得读者广泛好评。该书以流畅的文笔，围绕一些有趣的数学内容进行了纵横知识面的联系与扩展，足以开阔眼界、拓广思维。读者群中有理科和文科的师生，不但有数学爱好者，也有文学艺术的爱好者。该书出版不久即脱销，有一些读者索书而未能如愿。这次作者在原书基础上进行了较大的修订和补充，列入丛书，希望能满足这些读者的心愿。

世界上有些事物的变化，有确定的因果关系。但也有着大量的随机现象。一局象棋的胜负得失，一步一步地分析起来，因果关系是清楚的。一盘麻将的输赢，却包含了很多难以预料的偶然因素，即随机性。有趣的是，数学不但长于表达处理确定的因果关系，而且也能表达处理被偶然因素支配的随机现象，从偶然中发现规律。孙荣恒先生的《趣味随机问题》一书，向我们展示出概率论、数理统计、随机过程这些数学分支中许多好玩的、有用的和新颖的问题。其中既有经典趣题，如赌徒输光定理，也有近年来发展的新的方法。

中国古代数学，体现出算法化的优秀数学思想，曾一度辉煌。回顾一下中国古算中的名题趣事，有助于了解历史文化，振奋民族精神，学习逻辑分析方法，发展空间想像能力。郁祖权先生为丛书所著的《中国古算解趣》，诗、词、书、画、数五术俱有，以通俗艺术的形式介绍韩信点兵、苏武牧羊、李白沽酒等40余个中国古算名题；以题说法，讲解我国古代很有影响的一些数学方法；以法传知，叙述这些算法的历史背景和实际应用，并对相关的中算典籍、著名数学家的生平及其贡献做了简要介绍，的确是青少年的好读物。

读一读《好玩的数学》，玩一玩数学，是消闲娱乐，又是学习思考。有些看来已经解决的小问题，再多想想，往往有“柳暗花明又一村”的感觉。

举两个例子：

《中国古算解趣》第37节，讲了一个“三翁垂钓”的题目。与此题类似，有个“五猴分桃”的趣题在世界上广泛流传。著名物理学家、诺贝尔奖获得者李政道教授访问中国科学技术大学时，曾用此题考问中国科学技术大学少年班的学生，无人能答。这个问题，据说是由大物理学家狄拉克提出的，许多人尝试着做过，包括狄拉克本人在内都没有找到很简便的解法。李政道教授说，著名数理逻辑学家和哲学家怀德海曾用高阶差分方程理论中通解和特解的关系，给出一个巧妙的解法。其实，仔细想想，有一个十分简单有趣的解法，小学生都不难理解。

原题是这样的：5只猴子一起摘了1堆桃子，因为太累了，它们商量决定，先睡一觉再分。

过了不知多久，来了1只猴子，它见别的猴子没来，便将这1堆桃子平均分成5份，结果多了1个，就将多的这个吃了，拿走其中的1堆。又过了不知多久，第2只猴子来了，它不知道有1个同伴已经来过，还以为自己是第1个到的呢，于是将地上的桃子堆起来，平均分成5份，发现也多了1个，同样吃了这1个，拿走其中的1堆。第3只、第4只、第5只猴子都是这样……问这5只猴子至少摘了多少个桃子？第5个猴子走后还剩多少个桃子？

思路和解法：题目难在每次分都多1个桃子，实际上可以理解为少4个，先借给它们4个再分。

好玩的是，桃子尽管多了4个，每个猴子得到的桃子并不会增多，当然也不会减少。这样，每次都刚好均分成5堆，就容易算了。

想得快的一下就看出，桃子增加4个以后，能够被5的5次方整除，所以至少是3125个。把借的4个桃子还了，可知5只猴子至少摘了3121个桃子。

容易算出，最后剩下至少1024−4=1020个桃子。

细细地算，就是：

设这1堆桃子至少有x个，借给它们4个，成为$x+4$个。

5个猴子分别拿了a，b，c，d，e个桃子（其中包括吃掉的一个），则可得

$$a=(x+4)/5$$

$$b=4(x+4)/25$$

$$c=16(x+4)/125$$

$$d=64(x+4)/625$$

$$e=256(x+4)/3125$$

e 应为整数，而 256 不能被 5 整除，所以 $x+4$ 应是 3125 的倍数，所以

$$x+4=3125k\ (k\ 取自然数)$$

当 $k=1$ 时，$x=3121$

答案是，这 5 个猴子至少摘了 3121 个桃子。

这种解法，其实就是动力系统研究中常用的相似变换法，也是数学方法论研究中特别看重的“映射 - 反演”法。小中见大，也是数学好玩之处。

在《说不尽的 π》的 5.3 节，谈到了祖冲之的密率 355/113。这个密率的妙处，在于它的分母不大而精确度很高。在所有分母不超过 113 的分数当中，和 π 最接近的就是 355/113。不但如此，华罗庚在《数论导引》中用丢番图理论证明，在所有分母不超过 336 的分数当中，和 π 最接近的还是 355/113。后来，在夏道行教授所著《π 和 e》一书中，用连分数的方法证明，在所有分母不超过 8000 的分数当中，和 π 最接近的仍然是 355/113，大大改进了 336 这个界限。有趣的是，只用初中里学的不等式的知识，竟能把 8000 这个界限提高到 16500 以上！

根据 $\pi=3.1415926535897\cdots$，可得 $|355/113-\pi|<0.00000026677$，如果有个分数 q/p 比 355/113 更接近 π，一定会有

$$|355/113-q/p|<2\times 0.00000026677$$

也就是

$$|355p-113q|/113p<2\times 0.00000026677$$

因为 q/p 不等于 355/113，所以 $|355p-113q|$ 不是 0。

但它是正整数，大于或等于1，所以

$$1/113p<2\times0.00000026677$$

由此推出

$$p>1/(113\times2\times0.00000026677)>16586$$

这表明，如果有个分数 q/p 比 355/113 更接近 π，其分母 p 一定大于 16586。

如此简单初等的推理得到这样好的成绩，可谓鸡刀宰牛。

数学问题的解决，常有“出乎意料之外，在乎情理之中”的情形。

在《数学美拾趣》的 22 章，提到了“生锈圆规”作图问题，也就是用半径固定的圆规作图的问题。这个问题出现得很早，历史上著名的画家达·芬奇也研究过这个问题。直到 20 世纪，一些基本的作图，例如已知线段的两端点求作中点的问题（线段可没有给出来），都没有答案。有些人认为用生锈圆规作中点是不可能的。到了 20 世纪 80 年代，在规尺作图问题上从来没有过贡献的中国人，不但解决了中点问题和另一个未解决问题，还意外地证明了从 2 点出发作图时生锈圆规的能力和普通规尺是等价的。那么，从 3 点出发作图时生锈圆规的能力又如何呢？这是尚未解决的问题。

开始提到，数学的好玩有不同的层次和境界。数学大师看到的好玩之处和小学生看到的好玩之处会有所不同。就这套丛书而言，不同的读者也会从其中得到不同的乐趣和益处。可以当做休闲娱乐小品随便翻翻，有助于排遣工作疲劳、俗事烦恼；可以作为教师参考资料，有助于活跃课堂气氛、启迪学生心智；可以作为学生课外读物，有助于开阔眼界、增长知识、锻炼逻辑思维能力。即使对于数学修养比较高的大学生、研究生甚至数学研究工作者，也会开卷有益。数学大师华罗庚提倡“小敌不侮”，上面提到的两个小题目都有名家做过。丛书中这类好玩的小问题比比皆是，说不定有心人还能从中挖出宝矿，有所斩获呢。

啰嗦不少了，打住吧。谨以此序祝《好玩的数学》丛书成功。

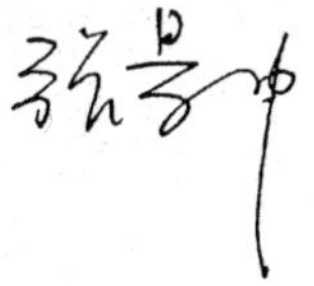

2004年9月9日

前　言

数学，如果你正确地看待它，则会发现它具有一种至高无上的美，一种冷色而严肃的美，这种美没有音乐或绘画那般华丽的装饰，它纯洁到崇高的地步，达到了只有最伟大的艺术才能显示的那种完美的境界。

——罗素（Russell，1872～1970，英国数学家，诺贝尔文学奖得主）

元末明初，文豪罗贯中著《三国演义》，把西晋学者陈寿的史书《三国志》通俗化，使本来仅少数文人学士读得懂的雅文典籍变成大众人人爱看的文学名著。董卓的罪孽、曹操的奸凶、刘备的虚伪、孙权的狡诈和孔明的智慧，历史故事讲得娓娓动听，历史人物写得栩栩如生。百姓们“看三国掉眼泪”，或同情黎民或痛恨恶者，《三国演义》是世界文学史上的极品之一。

数学史上重大事件的意义和众多数学家的伟业与《三国志》所述的人与事相比有过之而无不及。例如中国古代的著名数学家刘徽、祖冲之、祖暅、张遂、秦九韶、杨辉、李冶和朱世杰等，他们对世界数学的贡献诸如 π 的近似值、中国剩余定理、杨辉三角与幻方、堆垛与天元术等等；古希腊数学四巨头毕达哥拉斯、欧几里得、阿基米德和阿波罗尼奥斯的光辉成就，例如百牛定理、第一次数学危机、无理数的发现、欧几里得公理几何系统的问世、阿基米德利用穷竭法与切片法求圆面积与球体积、“$\frac{2}{3}$定理”系列、圆锥曲线的发现、三大作图题的提出等等；文艺复兴之后，意大利数学家卡丹对三次与四次方程的求根和发现复数，皮亚诺回答了什么是自然数等等；17 世纪法国笛卡儿发明解析几何，英国大数学家牛顿和德国大数学家莱布尼兹创立了微积分；18～19 世纪，法国著名数学家柯西和德国著名数学家魏尔斯特拉斯等人把微积分严格化，克服了第二次数学危机；19 世纪德国数学家戴德金回答了什么是无理数和实数，康托尔创造了离奇的无穷集合，德国伟大数学家高斯、匈牙利数学家波尔约和俄国数学家罗巴切夫斯基创立了非欧几里得几何；20 世纪初，英国大数学家罗素挑起了第三次数学危机，等等。古今数学的人和事，实为人类文化的精华和瑰宝。

我们效法罗贯中，把数学史上的若干大事编纂成演义体的一册科普著作，把数学史上的人和事努力写得通俗动听、引人入胜；数学内容努力写得严密准确、津津有味，进行深入浅出的研讨；载入史册的数学家则写得平易近人、如师如长、可学可敬。由于本书的读者定位，所以对一些太专门的现代数学内容只能割爱。但是，正如《三国演义》并不是专门供一般老百姓欣赏的作品，几乎所有的近现代文学家也都认真研读过，我们期望大学师生乃至数学界同仁会认为此书似应一读，做到雅俗共赏。

本书是王树和著《数学聊斋》《数学志异》两书的姊妹篇，《数学聊斋》《数学志异》中的有关内容，本书不再收入，读者可以三册书互补地阅读。

感谢科学出版社对本书出版的重视和支持。也要感谢我的父母，孩提时代听他们讲《三国演义》的故事，诸葛亮舌战群儒、弹琴却敌，关云长单刀赴会、刮骨疗毒，等等，情节惊心动魄，启迪智勇，激起正义、胆识和智慧的共鸣。本书作者的文笔可比不上罗贯中，只是东施效颦，奢望这本小书成为读者们的好朋友，让我们从这些动人的数学故事当中得到做科学、做人的正确方向。还要感谢我的学长和同事张景中院士，他为本书的写作贡献了深刻的意见，为之增色不少。

小书一本喜相逢，数学多少事，尽在笑谈中。

本书第一版已发行两万多册，深受数学爱好者的厚爱，今做普及版，根据读者与科学出版社的意见，进行了全面修正、润色、精炼。

王树和

2008年1月

于中国科学技术大学

目　录

第一回 手指脚趾计数自然 二进十进游戏高雅

话说5万多年前，我们的祖先手持石器木棒，刀耕火种，狩猎捕鱼，逐渐有了“有无与多少”的概念。他们清点猎物和收获的野果，拿过一只山鸡，就扳弯一个手指头，10个手指头全扳弯了，就在地上放一个石子，心知已得10只山鸡，这就是10进制的萌芽。手指头是自然界赋予人类的，所以后人称从1开始的正整数为自然数。19世纪，德国大数学家克罗内克说：“上帝创造了自然数，其余一切都是人造的。”此话中的“上帝”如果理解成宇宙，则此言言之有理。我国民间约定俗成了一种“手指数”：伸直一个手指头代表1，伸直两个手指头代表2，……伸直五个手指头代表5，同一只手伸出大拇指与小拇指代表6，伸出食指与中指和大拇指捏在一起代表7，伸出大拇指与食指代表8，伸出食指且弯曲代表9，伸出一个拳头代表10。古代南美洲印第安人生活困苦，加之天气炎热，几乎人人赤脚，于是在他们的玛雅文化中使用20进制（手指加脚趾=20），有些国家也受了玛雅文化的影响，如丹麦人、威尔士人、格陵兰人等，用一口人代表20，两口人代表40等等，英国人常用Score（20，记账，计算）这个词，他们心目中20和计数是有内在联系的。古巴比伦人（今伊拉克人的祖先）则用60进制，全世界的计时一直到现在仍在沿用60进位制。

到了近代，数学家把进位制用级数来表达，例如

在十进制中，$2004=4\times10^0+0\times10^1+0\times10^2+2\times10^3$

模仿十进制的这种表达方式，其他进位制的数字最大者不能超过进位制基数（十进制基数是10）减1，例如5进制中没有形如2005这个数。

在5进制中数码2004折合成10进制为254（$\triangleq$符号表示“规定”）：

$$2004 \triangleq 4\times5^0+0\times5^1+0\times5^2+2\times5^3=254$$

在 20 进制中数码 2004 折合成 10 进制为 16004：

$$2004 \triangleq 4 \times 20^0 + 0 \times 20^1 + 0 \times 20^2 + 2 \times 20^3 = 16004$$

一般而言，正整数在 10 进制中是 N，则当

$$N = a_0 \times b^0 + a_1 \times b^1 + a_2 \times b^2 + \cdots + a_n \times b^n$$

时，在 b 进制中写成 $N = a_n a_{n-1} a_{n-2} \cdots a_0$，其中 b 是自然数。

17 世纪，德国大数学家莱布尼茨发明了二进制，在二进制中，只有 0 与 1 两个数字，如果 0 是断电，1 是通电，则用 0-1 化表达的整数适于“电气化”，所以在计算机上二进制很吃香。

在十进制与二进制中，可以编制不少好玩的数字游戏。

【游戏 1】 “用手指计算器”计算 5 和 10 之间的任两个数之积。例如 8×9，一只手上伸出 $8-5=3$ 个手指头，另一只手伸出 $9-5=4$ 个手指头，$3+4=7$，7 就是积的十位数字，把两手弯曲的手指头数相乘得 $2\times1=2$，2 就是积的个位数，于是 $8\times9=72$。

道理：$ab=[(a-5)+(b-5)]10+(10-a)(10-b)$。

【游戏 2】 把你心中的两位数的十位数字乘以 5 加上 7，再二倍，加上原来两位数的个位数，结果是几？这个几减去 14 就是你让我猜的那个数。

道理：设你心中的两位数是$\overline{ab}$，则 $2(5a+7)+b=(10a+b)+14=\overline{ab}+14$。

【游戏 3】 把你心中的三位数的百位数字乘以 2，加上 3，乘以 5，加上 7，再加上原来那个数的十位数字，乘以 2，加上 3，乘以 5，再加上原来那个数的个位数字，结果是几？这个几减去 235 就是你让我猜的那个数。

道理：设你心中的三位数是$\overline{abc}$，则

$5\{2[5(2a+3)+7+b]+3\}+c=100a+10b+c+235$。

【游戏 4】 把你心中的三位数的数字顺序颠倒过来，如果你那个数百位与个位不一样，你告诉我这两个数之差的最后一个数字，我就能猜出这个数。

道理：$\overline{abc}=100a+10b+c$，$\overline{cba}=100c+10b+a$，$a\neq c$，于是 $\overline{abc}-\overline{cba}=100(a-c)+(c-a)$，知道了 $c-a$，就知道 $a-c$，于是差 $100(a-c)+(c-a)$就知道了。

【游戏 5】

①	1	3	5	7	9	11	13	15
②	2	3	6	7	10	11	14	15
③	4	5	6	7	12	13	14	15
④	8	9	10	11	12	13	14	15

一个不超过 15 岁的孩子，只要他告诉我他的年龄在哪几行，我立刻知道他今年几岁了。

谜底：把他告知的那几行的排头相加即得。

道理：把上述 4 行的数（1～15）都表成二进制，则知第 1 行最后数字是 1，第 2 行倒数第 2 个数字是 1，第 3 行倒数第 3 个数字是 1，第 4 行第 1 个数字是 1，而未知数（年龄）x 可表示成

$$x = a_0 2^0 + a_1 2^1 + a_2 2^2 + a_3 2^3$$

x 在第 n 行，则 $a_{n-1}=1$，例如你说你的年龄在 1，3，4 行，则 $a_0=a_2=a_3=1$，$x=a_0 2^0+a_1 2^1+a_2 2^2+a_3 2^3=1+2^2+2^3=13$（岁）。

如果你用 1 到 31（2^5-1）这 31 个数字排成 5 行，每行 16 个数，排头分别是 1，2，4，8，16，且把在 2 进制中最后一个数字为 1 的数排在第 1 行，把 2 进制中倒数第 2 个数字为 1 的数排在第 2 行，倒数第 3 个数字为 1 的排在第 3 行，倒数第 4 个数为 1 的排在第 4 行，倒数第 5 个数为 1 的排在第 5 行。则可以问一位青少年（不超过 31 岁），让他告知他的年龄在第几行，再把这几行的排头相加，即是他的年龄。

依此类推，可以制作 $n+1$ 行的数表，排头分别是 1，2，4，…，2^n，进行相似游戏。且容易证明每行恰有 2^n 个不同的数，这些数来自 $\{1, 2, 3, \cdots, 2^{n+1}-1\}$。

第二回 测天度地作周髀 弄巧动智证勾股

公元前11世纪，商纣王暴虐无道，宠美女妲己，杀忠臣比干，朝廷挥霍无度，官僚苛政猛于虎，弄得神州民不聊生；周武王起兵伐纣，一呼百应，纣兵不堪一击，纣王兵败，西周建国。武王封其胞弟周公为相，周公乃中国古代第一聪明人。他上知天文、下知地理，且精通数学，不但有治国平天下之韬略，而且重视科学技术，鼓励臣民钻研自然科学。朝中一位文臣唤作商高，这位商高是当时有名的星相家，兼善计算，一日，风和日丽，朝中无要事，周公在王家花园散步，见商高拿一个绳圈摆弄，只见那绳圈上用红色等分成12等分，每份1尺（1米＝3尺）。周公问道："此物何用?"商高答："此圈大有学问。"周公追问："何许学问，请先生指教。"商高于是向这位开国重臣论述了下面一段12尺绳圈上的数学，商高考虑边长为整数的由绳圈构成的三角形。

（1）把绳圈拉紧构成的三角形中，不会有边长大于5的三角形。

事实上，设由绳圈构成的三角形中边长分别为x尺、y尺和z尺，则应有

$$x+y+z=12$$

若$x\geqslant 6$，则

$$y+z=12-x\leqslant 6\leqslant x$$

而在三角形中，两边之和$y+z$应大于第三边x，矛盾，所以x不应大于5。

这时$x\in\{1,2,3,4,5\}$。

（2）当$x=1$时，$y+z=12-x=11$。与（1）同理可知$y\leqslant 5$，$z\leqslant 5$，这样，$y+z\leqslant 10$，与$y+z=11$矛盾，可见不存在$x=1$尺的由绳圈构成的三角形。

（3）当 $x=3$ 时，$y+z=12-3=9$，$y\leqslant 3$ 时，$z=9-y\geqslant 9-3=6$，与 $z\leqslant 5$ 相违，故 $y\geqslant 4$；同理 $z\geqslant 4$，于是只能是 $y=4$，$z=5$，或 $y=5$，$z=4$，即这时三角形三边长只能是 3 尺、4 尺和 5 尺。

（4）当 $x=4$ 时，$y+z=12-4=8$，由 $y\leqslant 5$，$z\leqslant 5$ 知 $y\in\{3,4,5\}$，这时只有三种可能：

①$x=4,y=3,z=5$，②$x=4,y=4,z=4$，③$x=4,y=5,z=3$。

由①②③知绳圈构成的边长为整数的三角形，若一边长为 4，则只有两种情形，或者边长分别为 3 尺、4 尺和 5 尺，或者是边长为 4 的正三角形。

（5）当 $x=5$ 时，$y+z=12-5=7$，又由 $y\leqslant 5$，$z\leqslant 5$ 知 $y\in\{2,3,4,5\}$，这时只有四种可能：

④$x=5,y=4,z=3$，⑤$x=5,y=5,z=2$，⑥$x=5,y=3,z=4$，⑦$x=5,y=2,z=5$。

综上所述，商高对周公下结论说：

用这条绳圈构成的边长为整数的三角形只有三种：

第一种：三边长皆 4 尺的正三角形，它的三个角都是 60°。

第二种：底边长 2 尺，两腰皆 5 尺的等腰三角形。

第三种：边长分别为 3 尺、4 尺和 5 尺的一个三角形，这个三角形有一个角是 90°，这个角与 5 尺长的边相对；我把它的最短边叫作勾，最长的边叫作弦，另一条边叫作股，这时勾^2+股^2=弦^2，（即 $3^2+4^2=5^2$）。

勾 3 股 4 弦 5 的这种直角三角形是由三个连续整数为边长的唯一的直角三角形。事实上，设 x 为整数，$x-1,x,x+1$ 是一个直角三角形的三条边之长，由

$$\text{勾}^2+\text{股}^2=\text{弦}^2$$

得

$$(x-1)^2+x^2=(x+1)^2$$

$$x(x-4)=0$$

解得正整数 $x=4$，于是 $x-1=3,x+1=5$，即这种三角形是唯一的，它就是我们上面由绳圈构成的那个勾 3 股 4 弦 5 的直角三角形。

周公听了商高上述一番论述，赞叹道："商高贤弟真神人也。"周公

向商高咨询如何计算天有多高地有多广。周公问道："夫天不可阶而升，地不可得尺寸而度，请问数安从出?"商高答道："勾广3，股修4，径隅5。"商高指着竖立的8尺长的牛大腿骨说，大人您瞧，这根"周髀"的影子长6尺，按我们上面从绳圈得到的结论，即按直角三角形三边之比为3∶4∶5可知，从"周髀"的顶到"周髀"影子的端点之距离应该是$2\times 5=10$尺。见图2-1。如果我们能测得日下之长AD，则可以得

$$\frac{\text{日高}}{\text{股长}}=\frac{AD}{\text{勾长}}$$

$$\frac{\text{斜至日}}{\text{弦长}}=\frac{AD}{\text{勾长}}$$

从而算出日高与"斜至日"。

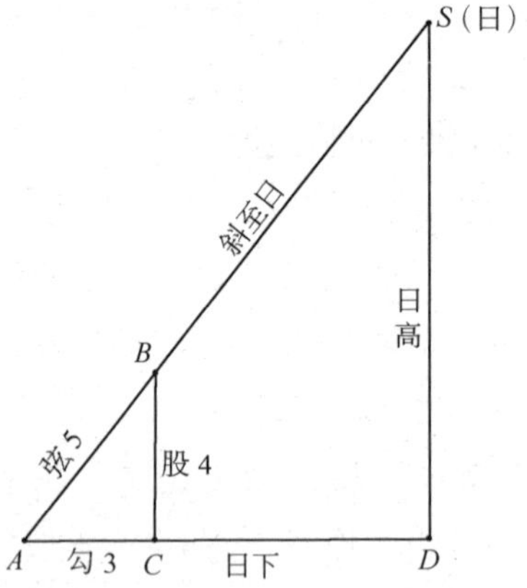

图2-1

后来周公的后代陈子把商高的"勾三股四弦五"的结论$3^2+4^2=5^2$推而广之，说了下面一句十分重要的有历史意义的话："求斜至日者，以日下为勾，以日高为股，勾股各自乘，并以开方除之，得斜至日。"此言载入我国最早的一部数学经典《周髀算经》上。陈子的话用现在的话来讲就是"直角三角形斜边之长等于两直角边平方和的算术平方根"，此即我们现在所说的勾股定理。据说陈子等人测得"日下＝60000里，日高＝80000里"（1里＝500米），于是

$$\text{斜至日}=\sqrt{60000^2+80000^2}=100000\text{ 里}$$

这些数据显然是错的，在不知宇宙的无穷性和地球是球状星体又缺乏测

量仪器的古代，欲求得“日高”“斜至日”“日下”等数据是办不到的事，“日高八万里”等瞎话，且由陈子等人姑妄言之，我们也只好姑妄听之了。

商高与陈子等人的关于勾股定理的正确论断当时并未给出证明，这里边有两种可能，一种是这些人只是在像上面所述“玩绳圈”之类的游戏中发现了“勾三股四弦五”的事实，他们实在并无证明的观念和能力，一种是商高陈子等人不但知道勾股定理需要证明而且也有能力写出证明，但由于“寓理于算”的传统学术作风，故意不谈证明，是自命清高吗？是故弄玄虚吗？是假装深沉吗？这些疑问已考查不清了。

公元前600年左右，古希腊的毕达哥拉斯学派也发现了勾股定理，其实他们发现的已经是一块“旧大陆”，因为此前古巴比伦人（公元前19世纪）和古代中国人（公元前11世纪）已经发现了勾股定理这块新大陆；当然，毕达哥拉斯们很可能不懂中文，古巴比伦人、古代中国人、古希腊人是三家独立发现的勾股定理。毕达哥拉斯学派发现勾股定理时，杀了整整一百头牛，烧牛肉煮烈酒摆宴庆贺，以每头牛出肉百斤计，每人吃一斤肉，也有万人赴宴，勾股定理在古希腊也称“百牛定理”。毕达哥拉斯学派对勾股定理的另一贡献是发现此定理的同时就写出了该定理的证明，这一点比古巴比伦和古代中国都早得多。不加证明的命题，如果不是公理，只能称其为猜想。

毕达哥拉斯是个了不起的历史人物，他是古希腊“七贤”之一，另六位是泰勒斯、柏拉图、苏格拉底、亚里士多德、欧几里得和阿基米德。在数学界，毕达哥拉斯号称古希腊“数学四巨头”之一，另三位大数学家是欧几里得、阿基米德和阿波罗尼奥斯。

自从勾股定理发现之后，已经发表了这个定理的370多种证明，下面从中摘录几则有趣的证明。

（1）公元前6世纪毕达哥拉斯首创的面积法证明，见图2-2。

1982年，张景中著《面积关系帮你解题》，有兴趣者可以一阅。毕达哥拉斯的勾股定理证明可以说是一篇精美的“无字论文”。

下面的证明都沿袭了毕氏的面积法思想。

（2）公元前3世纪，欧几里得的“新娘的椅子”证明，见图2-3。

（3）公元3世纪，东吴人赵爽的“朱实—黄实”证明，见图2-4。

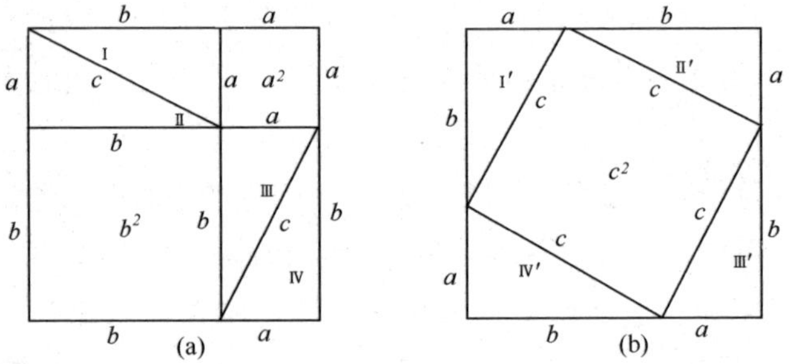

图 2-2

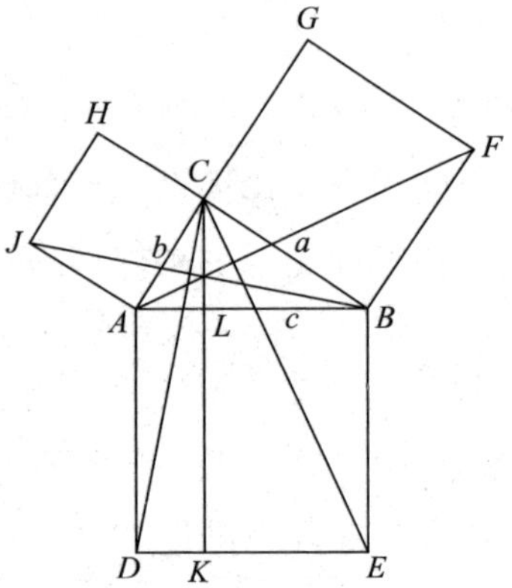

图 2-3

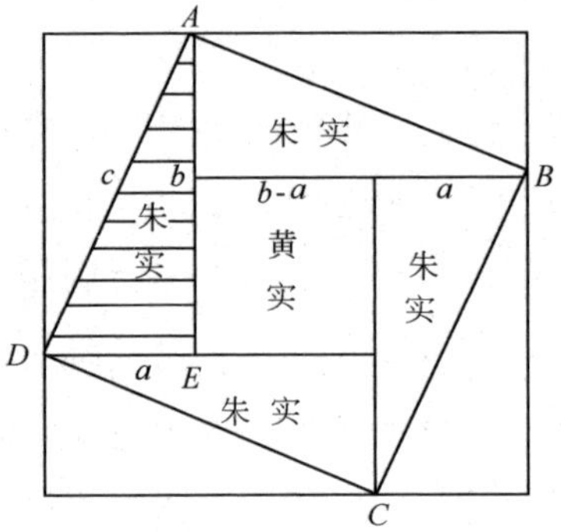

图 2-4

（4）公元 3 世纪，中国刘徽的割补证明，见图 2-5。

（5）公元 12 世纪，古印度婆什迦罗的证明，见图 2-6。婆什迦罗画出图 2-6 之后，只在图旁写了一个字“瞧”。充分体现了“无字论文”的风采。

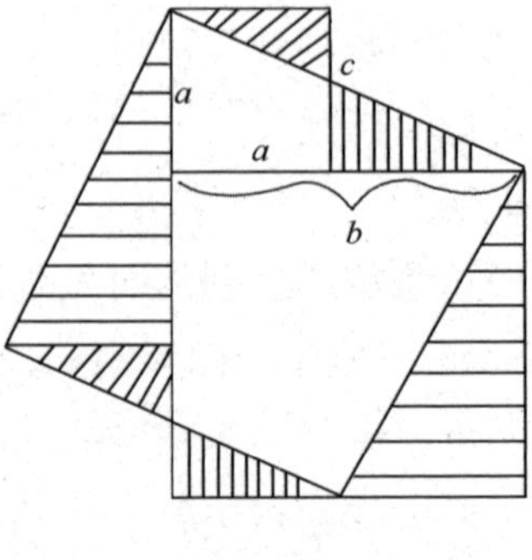

图 2-5

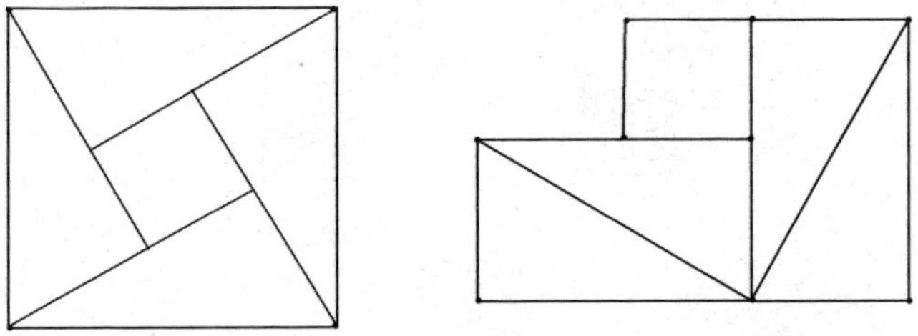

图 2-6

(6) 公元 16 世纪意大利达·芬奇的艺术性证明，见图 2-7。

(7) 公元 19 世纪珀里盖尔的证明，见图 2-8。

(8) 公元 20 世纪杜德尼的证明，见图 2-9。

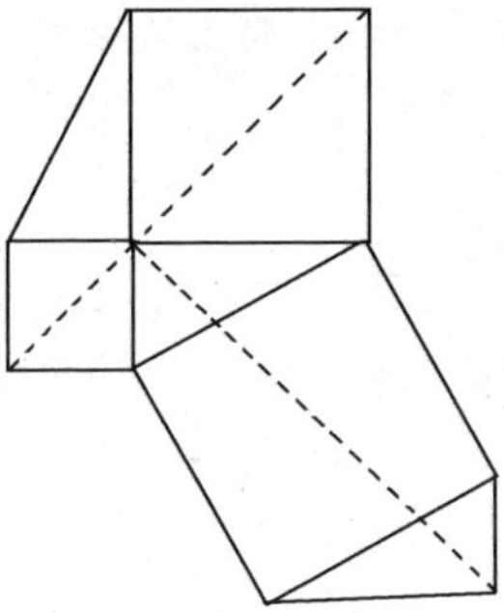

图 2-7

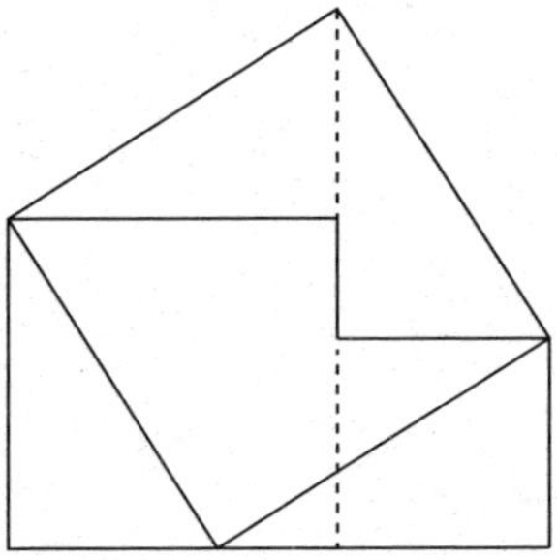

图 2-8

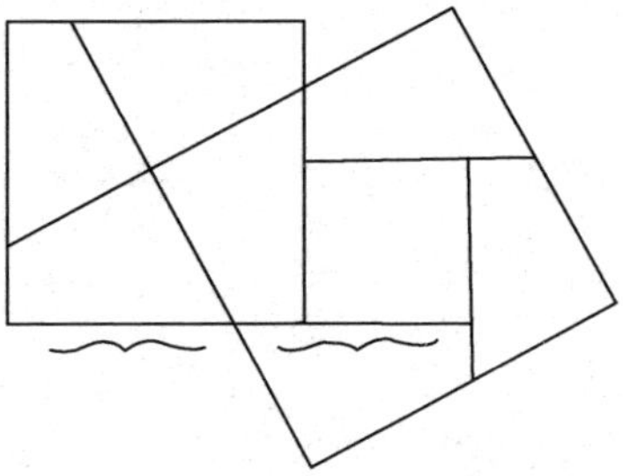

图 2-9

(9) 电影式证明，见图 2-10。

如果让我们投票从初等数学中选一个最重要的定理，相信大家会投勾股定理的票，这不仅是因为它是初等数学中发现最早的定理，而且它

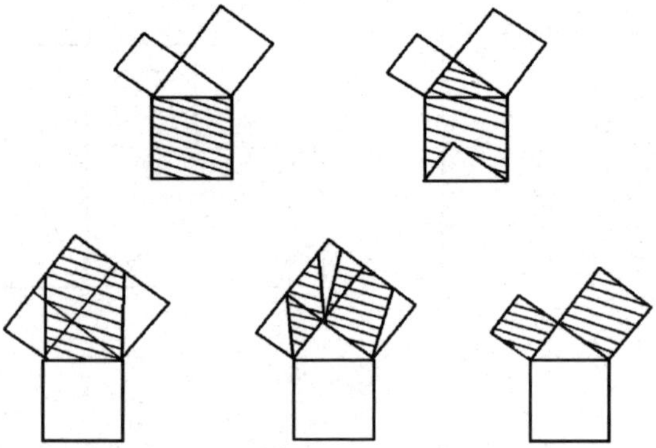

图 2-10

的用处最大，俗话说："几何即勾股"，而且它的证明方法非常之多，个个精彩。在高等数学当中，勾股定理也有大用。

第三回 欲知何谓无理数 应寻谁是戴德金

两千多年以前，古代中国和古希腊就有了分数的概念。公元前5世纪，希帕索斯因提出边长为1的正方形对角线长度问题，令只知有理数的毕达哥拉斯学派十分丢面子，进而恼羞成怒，把得意门生希帕索斯抛入爱琴海。事实上，单位正方形对角线长是$\sqrt{2}$，它不是有理数！$\sqrt{2}$是数学史上发现的第一个无理数。希帕索斯是“科学的星座”，“历史证明了真理的胜利，在神奇的数学王国的宫墙上，永远铭刻着希帕索斯的英名！”后来，大约在公元前425年，古希腊的狄奥多鲁斯又证明了$\sqrt{3}$，$\sqrt{5}$，$\sqrt{6}$，$\sqrt{7}$，$\sqrt{8}$，$\sqrt{10}$，$\sqrt{11}$，$\sqrt{12}$，$\sqrt{13}$，$\sqrt{14}$，$\sqrt{15}$，$\sqrt{17}$也都不是有理数。

狄奥多鲁斯的证明已无从查考。下面我们给出$\sqrt{2}$，$\sqrt{3}$，…，$\sqrt{17}$等为无理数的证明。

$\sqrt{2}$不是有理数，由于$1^2=1$，$2^2=4$，所以$\sqrt{2}=1.\times\times\times\cdots$；若$\sqrt{2}$是有理数，则$\sqrt{2}=\frac{q}{p}$，$\frac{q}{p}$是既约分数，其中$p$，$q$是大于1的整数。于是$q=q_1q_2\cdots q_k$，$p=p_1p_2\cdots p_l$，其中$q_1\leqslant q_2\leqslant\cdots\leqslant q_k$；$p_1\leqslant p_2\leqslant\cdots\leqslant p_l$是素数。即

$$\begin{aligned}\sqrt{2}&=\frac{q_1q_2\cdots q_k}{p_1p_2\cdots p_l}=\frac{q}{p}\\ 2&=\frac{q_1^2q_2^2\cdots q_k^2}{p_1^2p_2^2\cdots p_l^2}\end{aligned}\tag{3.1}$$

此即表明，(3.1)式的分母中的p_1，p_2，…，p_l可以全部经约分去掉，说明$p_i\in\{q_1,q_2,\cdots,q_k\}$，$i=1,2,\cdots,k$，设$p_i=q_{j_i}$，$j_i\in\{1,2,\cdots,k\}$，即

$$\sqrt{2}=\frac{q}{p}=\frac{q_1q_2\cdots q_{j_i}\cdots q_k}{p_1p_2\cdots p_i\cdots p_l}\tag{3.2}$$

(3.2) 式的分子分母有大于 1 的公因数 $p_i=q_{j_i}$，与$\frac{q}{p}$是既约分数相违，故$\sqrt{2}$是无理数。

$\sqrt{17}$不是有理数，由于$4^2=16$，$5^2=25$，故$\sqrt{17}=4.\times\times\times\cdots$；若$\sqrt{17}$是有理数，则$\sqrt{17}=\frac{s}{r}$，$\frac{s}{r}$是既约分数，且 s，r 皆为大于 1 的整数。于是 $s=s_1s_2\cdots s_m$，$r=r_1r_2\cdots r_n$，其中 $s_1\leqslant s_2\leqslant\cdots\leqslant s_m$，$r_1\leqslant r_2\leqslant\cdots\leqslant r_n$，$s_j$，$r_i$ 是素数，$j=1, 2, \cdots, m$，$i=1, 2, \cdots, n$。即

$$\sqrt{17}=\frac{s_1s_2\cdots s_m}{r_1r_2\cdots r_n}=\frac{s}{r}$$
$$17=\frac{s_1^2s_2^2\cdots s_m^2}{r_1^2r_2^2\cdots r_n^2} \tag{3.3}$$

(3.3) 式表明，分母 $r_1^2r_2^2\cdots r_n^2$ 可以全部因约分而去掉，说明 $r_i\in\{s_1, s_2, \cdots, s_m\}$，$i=1, 2\cdots, n$，设 $r_i=s_{i_j}$，$i\in\{1, 2, \cdots, n\}$，$i_j\in\{1, 2, \cdots, m\}$，即$\frac{s}{r}$的分子分母有大于 1 的公因数 $r_i=s_{i_j}$，此与$\frac{s}{r}$是既约分数相违，故$\sqrt{17}$是无理数。

对于$\sqrt{3}$，$\sqrt{5}$，$\sqrt{6}$，$\sqrt{7}$，$\sqrt{8}$，$\sqrt{10}$，$\sqrt{11}$，$\sqrt{12}$，$\sqrt{13}$，$\sqrt{14}$，$\sqrt{15}$是无理数的证明与$\sqrt{2}$或$\sqrt{17}$是无理数的证明方法是雷同的。请读者一试。

一般而言，如果$\sqrt[n]{N}$中 n，N 是大于 1 的自然数，当存在$k\in\mathbb{N}$，使得 $k^n<N<(k+1)^n$ 时，则

$$\sqrt[n]{N}=k.\times\times\times\cdots$$

$\sqrt[n]{N}$不是整数，若

$$\sqrt[n]{N}=\frac{u}{v}$$

$\frac{u}{v}$是既约分数，则可设 $u=u_1u_2\cdots u_\omega$，$v=v_1v_2\cdots v_\varepsilon$，其中 $u_1\leqslant u_2\leqslant\cdots\leqslant u_\omega$，$v_1\leqslant v_2\leqslant\cdots\leqslant v_\varepsilon$，$u_i$ 与 v_j 是素数，$i\in\{1, 2, \cdots, \omega\}$，$j\in\{1, 2, \cdots, \varepsilon\}$。则

$$\sqrt[n]{N}=\frac{u}{v}=\frac{u_1u_2\cdots u_\omega}{v_1v_2\cdots v_\varepsilon}$$

$$N=\frac{u_1^nu_2^n\cdots u_\omega^n}{v_1^nv_2^n\cdots v_\varepsilon^n}$$

由于 N 是自然数，则经约分又把分母 $v_1^n v_2^n \cdots v_\varepsilon^n$ 全约掉，于是存在 $p \in \mathbb{N}$，使得 $v_i = u_{i_p}, i=1,2,\cdots,\varepsilon, i_p \in \{1,2,\cdots,\omega\}$，此与 $\dfrac{u}{v}$ 是既约分数相违，故 $\sqrt[n]{N}$ 是无理数。

一般而言，自然数的 n 次方根开不出整数者此方根皆无理数。

对于分数的 n 次方根 $\sqrt[n]{\dfrac{q}{p}}$，其中 $\dfrac{q}{p}$ 为既约分数，可以化成

$$\sqrt[n]{\frac{q}{p}} = \frac{1}{p}\sqrt[n]{qp^{n-1}}$$

审查 $\sqrt[n]{qp^{n-1}}$ 是否可以“开”出来，不能开出整数者，$\sqrt[n]{\dfrac{q}{p}}$ 为无理数。

无理数不只是一些根式表示的数，例如 π 这个无理数就不是根式表达的数，e=2.718…，也不是根式表达的无理数。这么逐个地论述哪些数不是有理数显然不是好办法。那么，究竟什么样的数是无理数呢？根据数学科学的行规，对此应该有个明确的定义。一直到 19 世纪，这个重大的理论问题才由好几个数学家用各自的方式给出了答案，下面我们介绍德国著名数学家戴德金的关于无理数与实数的定义。

已知有理数集合 $\mathbb{R}'$，把 $\mathbb{R}'$ 分割成两个非空子集 A 与 B，即 $A \cup B = \mathbb{R}'$，$A \cap B = \varnothing$，且规定对任意的 $a \in A$，$a' \in \mathbb{R}'$ 且 $a' < a$ 时，a' 也是 A 中元素，B 是 A 的补集，即 $B = \mathbb{R}' - A$，于是任意的 $b \in B$，若 $b' \in \mathbb{R}'$，且 $b' > b$，则 $b' \in B$。称 A 为“左集”，B 为“右集”。

有三个问题：①A 可能有最大数吗？②B 可能有最小数吗？③是否可能 A 无最大数同时 B 无最小数？

①与②的答案是可能，但不能①与②同时可能，事实上，若 A 有最大数 a_0，B 有最小数 b_0，则 $a_0 < b_0$，于是 $\dfrac{1}{2}(a_0 + b_0) \in \mathbb{R}'$，但 $\dfrac{1}{2}(a_0 + b_0)$ 不在 A 中也不在 B 中，与 $A \cup B = \mathbb{R}'$ 矛盾。

重点是讨论③的可能性，答案是可能发生 A 无最大数且 B 无最小数，例如取（下面 B 的造法显然是受到希帕索斯 $b^2 = 2$，则 $b \notin \mathbb{R}'$ 的思想启发而为之）

$$B = \{b \mid b^2 > 2, b > 0, b \in \mathbb{R}'\}, A = \mathbb{R}' - B$$

(1) B 是右集，A 是左集

事实上，若 $b\in\mathbb{R}'$，$b>0$，如果 $r>b$，$r\in\mathbb{R}'$，则 $r>0$，$r^2>b^2>2$，于是 $r\in B$，可见 B 是右集，进而 A 是左集。

(2) B 无最小数

事实上，若 b_0 是 B 的最小数，则 $b_0>0, b_0^2>2$；如果我们能找到一个正有理数 ε，使得 $b_0-\varepsilon>0$，且 $(b_0-\varepsilon)^2>2$，从而 $b_0-\varepsilon\in B$，而 $b_0-\varepsilon<b_0$，此与 b_0 是 B 中最小数矛盾。下面就把上述 ε 找出来。

由 $(b_0-\varepsilon)^2>2$，即 $2b_0\varepsilon-\varepsilon^2<b_0^2-2$，取 $\varepsilon<\frac{b_0^2-2}{2b_0}$，则有 $2b_0\varepsilon<b_0^2-2$，进而 $2b_0\varepsilon-\varepsilon^2<b_0^2-2$，即 $(b_0-\varepsilon)^2>2$ 成立，取 $\varepsilon>0$ 为小于 b_0 与 $\frac{b_0^2-2}{2b_0}$ 中最小者的一个有理数即可。

(3) A 中无最大数

事实上，设 a_0 是 A 的最大数，由于 $1^2<2$，故 $1\in A$，又 a_0 是 A 的最大数，所以 $a_0>1$。

由于 $a_0\in A$，$A=\mathbb{R}'-B$，故 $a_0^2\leqslant 2$，又 a_0 是有理数，故 $a_0^2\neq 2$，即 $a_0^2<2$。我们来找一个正有理数 ε'，使得 $(a_0+\varepsilon')^2<2$。

$(a_0+\varepsilon')^2<2$，即 $a_0^2+2a_0\varepsilon'+\varepsilon'^2<2$，$2a_0\varepsilon'+\varepsilon'^2<2-a_0^2$，为此选正有理数 ε'，使得

$$\varepsilon' < 2a_0,\text{且}\ \varepsilon' < \frac{2-a_0^2}{4a_0}$$

进而 $\varepsilon'^2<2a_0\varepsilon'$，$4a_0\varepsilon'<2-a_0^2$，$\varepsilon'^2+2a_0\varepsilon'<2-a_0^2$，$(a_0+\varepsilon')^2<2$，由 A 的定义得 $a_0+\varepsilon'\in A$，又 $\varepsilon'>0$，$a_0+\varepsilon'>a_0$，与 a_0 是 A 的最大数矛盾。

把有理集 $\mathbb{R}'$ 分割成左集 A 与右集 B，记成 (A, B)，称 (A, B) 是 $\mathbb{R}'$ 的一个分割。根据上述的三种可能性的论证知 (A,B) 有时是 A 与 B 皆无最值，有时 A 与 B 之一有最值，最值指最小值（数）或最大值（数），德国数学家戴德金给出如下定义：

有理数集 $\mathbb{R}'$ 的每个分割 (A,B) 都称为一个实数，若 A 与 B 中皆无最值，则称此实数 (A,B) 为无理数。如果划分 (A,B) 中 A 与 B 之一有最值，则称 (A,B) 是有理数。

从上述定义知实数集合是有理数集与无理数集的并集，且有理数集与无理数集的交集是空的。

由戴德金分割法的定义知，实数轴上已经不存在既不是有理点也不

是无理点的“漏洞”，数轴成了一个实数连续系统：

戴德金（1831～1916）是何许人也？戴德金是最伟大的数学家高斯的得意弟子，他7岁就考入中学，开始对化学与物理很有兴趣，而把数学当成工具性的学科，但他很快就发现实验科学缺乏严格的逻辑结构，进入大学后专攻数学，在德国格丁根大学在高斯指导下作博士论文；高斯对戴德金论文的批语是：“戴德金先生的论文是关于积分学的一项研究，它绝不是一般的一篇论文，作者不仅显示了对有关领域的充分的学识，而且这种独创性也预示出他未来的成就，我对这篇论文完全满意。”能让高斯“完全满意”的论文是罕见的。戴德金27岁被任命为瑞士苏黎世综合工业学院教授，他终生未娶，有充分多的时间和自由从事数学研究。他周游欧洲各国，结交了当时世界上最有名的许多数学家，例如黎曼、狄利克雷、康托尔等。与康托尔书信来往频繁，讨论集合论问题，促进康托尔集合论的诞生。1872年，他发表“连续性与无理数”一文，1888年，他出版名著《数是什么？数应当是什么？》，创造了关于实数连续系统与无理数的理论。戴德金淡泊名利，专心自守，矢志不移，他的杰出贡献受到全世界数学界的重视，获得大量最高级别的荣誉，例如他是格丁根科学院院士，柏林科学院院士，巴黎科学院院士，古罗马的科学院院士等等，其中每一项称号对科学家来说都是很难求得的殊荣。在他的故乡德国不伦瑞克市市政厅悬挂着戴德金和高斯的巨型肖像，这两位同乡，是不伦瑞克市和整个德国的骄傲。

大物理学家E. 兰道在1917年格丁根纪念戴德金的大会上报告说：“戴德金不仅是一位伟大的数学家，而且是从古至今整个数学史上真正杰出的人物。他是他那个时代的最后一位英雄，不仅我们，而且我们的老师乃至老师的老师都从他的工作中受到启发。”

第四回 诡辩派胡诌规尺作图题 众后生高谈扩域超越数

公元前 5 世纪，雅典城出现了一个诡辩学派，或美其名曰“智人学派”，当时古希腊科学界并不把“诡辩”当成一个贬义词，而是能言善辩、逻辑性强的一种表现，与聪明才智是等价的一个概念。古希腊是几何的故乡，古希腊几乎每个数学家言必称几何，以希比阿斯、安提丰等数学家为首的诡辩派成员向当时的数学界提出仅用圆规和无刻度直尺解下列问题：

（1）作一个正方形，使其面积与已知圆面积相等。（化圆为方）

（2）作一个立方体，使其体积是已知立方体体积的 2 倍。（倍立方）

（3）三等分任意角。（三等分角）

这三个貌似初等的几何作图问题，从提出之日起，经过 2000 多年，全世界众多聪明人和数学家为它消耗了大量的时间和精力，千方百计，殚精竭虑，皆不能完成这三个作图题中的任何一个！直到 19 世纪才挖出它们的谜底，严格证明这三个作图题，只用圆规和无刻度直尺是完不成的。证明其不可能性的数学方法竟不是几何学的，而是代数的方法。看起来，一个数学问题的提出，可能超越当年数学发展水平几百年甚至上千年，有的老大难问题只有等到数学的整体水平发展到足够高的阶段，才能彻底解决。一个学科里提供的问题，可能需要另外一些学科的理论与方法来解决，事实上，数学是一个有机整体，各种问题是相互关联的。值得一提的是今日仍有些聪明有余而知识（阅历）不足的青年，他们或不知道这三个作图题不可用规尺解决已有定论，或固执到不相信理论的威力，只盲目自信自己的聪明，仍在努力用规尺去探索解决上述三大作图题的办法。在这一回当中，我们比较细致地讨论一下，为什么三个作图题用规尺绝对作不出。事实上，不服从理论成果，过分依赖实践不是数学思维的特点。

首先我们看一看只用规尺能作出什么样的线段。

设 a_1，a_2，a_3，…，a_n 是已知线段，同时用 a_i 表示它们的长度，其中 $a_1=1$。则这些已知线段经有限次的＋、－、×、÷与 $\sqrt{\ }$，得到的数为长度的线段是可以用规尺作出的。事实上，$a_i\pm a_j$ 自然可以作出，若 $x=a_ia_j$，则 $1\cdot x=a_ia_j$，$\frac{1}{a_i}=\frac{a_j}{x}$，$x$ 是第四比例项，所以规尺可作已知线段之积；若 $y=\frac{a_i}{a_j}$，则 $\frac{1}{y}=\frac{a_j}{a_i}$，可见 y 是第四比例项，所以规尺可作已知线段之商；若 $z=\sqrt{a_i}$，则 $z^2=a_i\cdot 1$，可见 z 是 a_i 与 a_1 的比例中项，所以规尺可作 $\sqrt{\text{已知线段}}$。

直观地看，用圆规直尺作图干的事只有以下 5 种：

① 作连接两点的直线段，或延长此线段。

② 作两直线的交点。

③ 以已知点为圆心、以已知半径画圆。

④ 作圆与直线的交点。

⑤ 作两圆交点。

我们取定平面直角坐标系 xOy。

① 已知两点 A（x_1，y_1），B（x_2，y_2），就是已知了 x 轴上长为 x_1 与 x_2 的两线段，y 轴上长 y_1 与 y_2 的两线段，连接两线段之长为 $d=\sqrt{(x_2-x_1)^2+(y_2-y_1)^2}$，即用规尺可画出已知线段 x_1，x_2，y_1，y_2 的差、平方（积）、＋和 $\sqrt{\ }$ 形成的长度 d 的线段 AB。

② 已知直线 l_1，l_2，等价于知道 l_1 上两点（x_1，y_1），（x_2，y_2），l_1 的方程为

$$\frac{x-x_1}{x_2-x_1}=\frac{y-y_1}{y_2-y_1}$$

$$(y_2-y_1)x+(x_1-x_2)y+(x_2y_1-x_1y_2)=0$$

知道 l_2 上两点（x'_1，y'_1），（x'_2，y'_2），l_2 的方程为

$$(y'_2-y'_1)x+(x'_1-x'_2)y+(x'_2y'_1-x'_1y'_2)=0$$

l_1 与 l_2 的交点是（x_0，y_0）＝

$$\left(\frac{(x'_2y'_1-x'_1y'_2)(x_1-x_2)-(x'_1-x'_2)(x_2y_1-x_1y_2)}{(y_2-y_1)(x'_1-x'_2)-(y'_2-y'_1)(x_1-x_2)},\right.$$
$$\left.\frac{(x_2y_1-x_1y_2)(y'_2-y'_1)-(x'_2y'_1-x'_1y'_2)(y_2-y_1)}{(y_2-y_1)(x'_1-x'_2)-(y'_2-y'_1)(x_1-x_2)}\right)$$

长 x_0 的线段（在 x 轴上）的长是已知线段 x_1，x_2，y_1，y_2，x'_1，x'_2，y'_1，y'_2 经有限次四则运算的结果，长 y_0 的线段（在 y 轴上）的长亦然。

③ 以已知点（x_1，y_1）为中心、以（x_1，y_1）与（x_2，y_2）为端点的线段为半径作图，其方程为

$$x^2+y^2-2x_1x-2y_1y-x_2^2+2x_1x_2-y_2^2+2y_1y_2=0$$

这个方程的系数皆为已知线段 x_1，x_2，y_1，y_2 之长经有限次四则运算的结果。

④ 圆与直线的交点是方程组的解

$$\begin{cases}x^2+y^2-ax-by+c=0\\Ax+By+C=0\end{cases}$$

其中 a,b,c,A,B,C 是已知线段经有限次四则运算的结果，而此方程组的解（化成一元二次方程求根）是 a,b,c,A,B,C 经有限次四则运算与 $\sqrt{\quad}$ 运算的结果。

⑤ 圆与圆的交点是方程组的解

$$\begin{cases}x^2+y^2-ax-by+c=0\\x^2+y^2-a'x-b'y+c'=0\end{cases}$$

其中 a,b,c,a',b',c' 是已知线段经有限次四则运算的结果；此方程组等价于

$$\begin{cases}x^2+y^2-ax-by+c=0\\(a'-a)x+(b'-b)y+(c-c')=0\end{cases}$$

化成了圆与直线的交点问题，可见两圆交点是已知线段经有限次＋、－、×、÷、$\sqrt{\quad}$ 运算的结果。

综上所述，用圆规直尺仅能作对已知线段经有限次＋、－、×、÷、$\sqrt{\quad}$ 运算得到的数为长度的线段。

我们把已知线段 $a_1=1$，a_2，…，a_n 经有限次＋、－、×、÷、$\sqrt{\quad}$ 得到的数称为“规尺数”。

19 世纪，法国数学家旺策尔等人把古希腊的三大作图题化成代数模型来讨论。

(1) 化圆为方：设已知单位圆，求作一个边长为 x 的正方形，使得

$$x^2=\pi \quad x=\sqrt{\pi}$$

1882 年，德国数学家林德曼证明出 π 是所谓超越数，即 π 不是有理系数代数方程的根；设

$$P(x)=x^n+a_1x^{n-1}+a_2x^{n-2}+\cdots+a_{n-1}x+a_n=0$$

是有理系数多项式方程，且 $\sqrt{\pi}$ 是它的根，即

$$(\sqrt{\pi})^n+a_1(\sqrt{\pi})^{n-1}+a_2(\sqrt{\pi})^{n-2}+\cdots+a_{n-1}\sqrt{\pi}+a_n=0$$

于是当 n 是偶数时（n 为奇数时可以相似地推理）

$$(\sqrt{\pi})^n+a_2(\sqrt{\pi})^{n-2}+a_4(\sqrt{\pi})^{n-4}+\cdots+a_{n-2}(\sqrt{\pi})^2+a_n$$
$$=-\left[a_1(\sqrt{\pi})^{n-1}+a_3(\sqrt{\pi})^{n-3}+\cdots+a_{n-1}(\sqrt{\pi})\right]$$

把上式两端平方得

$$Q_1(\pi)=Q_2(\pi)$$

其中 Q_1 与 Q_2 是有理系数多项式，即 π 是有理系数多项式 $Q_1(y)-Q_2(y)$ 的根，其中 $y=x^2$，此与 π 是超越数相违，所以 $\sqrt{\pi}$ 不会是有理系数多项式的根，故 $\sqrt{\pi}$ 是超越数。

从前面分析我们知道，用规尺仅能作出从已知线段 $a_1=1$，a_2，…，a_n 经有限次+、−、×、÷、$\sqrt{\ }$ 运算得到的数那么长的线段，而今已知的线段仅为 $a_1=1$（半径为 1 的圆之半径），1 经+、−、×、÷、$\sqrt{\ }$ 仅能得到代数数（即不是超越数的数），所以用规尺作不出长 $\sqrt{\pi}$ 的线段 x，化圆为方不可用规尺完成。

(2) 倍立方：已知单位立方体，求一立方体，棱长 x 满足方程 $x^3=2$。

(3) 三等分角：取直角坐标系 xOy，在第一象限作直角三角形 $\triangle AOB$，A 是在 x 轴上，$\angle AOB=60°$，$OA=1$，把 $\angle AOB$ 三等分，即 $\angle AOC=\angle COD=\angle DOB=20°$，$C$，$D$ 两点在 AB 上，$\frac{1}{OC}=\cos 20°$。见图 4-1。

由公式 $\cos 3\alpha=4\cos^3\alpha-3\cos\alpha$，令 $\alpha=20°$，$\cos\alpha=x$，则 x 满足方程

$$8x^3-6x-1=0$$

我们能用规尺作出一条线段，使得它是 $8x^3-6x-1=0$ 的根吗？我们把倍立方与三等分角问题化成了讨论三次方程 $x^3=2$ 与 $8x^3-6x-1=0$ 的根的问题。

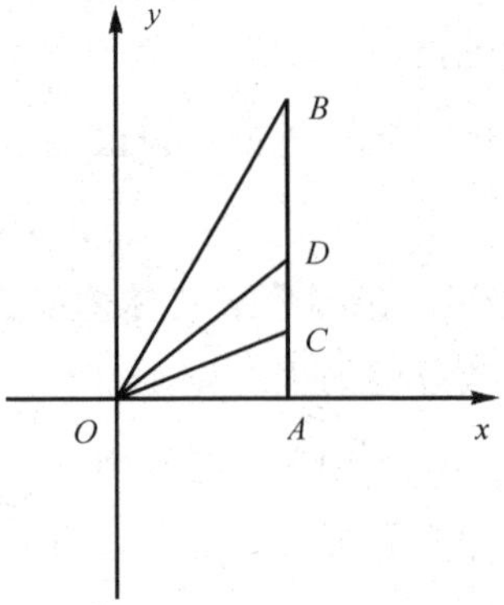

图 4-1

下证 $x^3=2$ 与 $8x^3-6x-1=0$ 都没有有理根。

事实上，若既约分数 $x=\frac{q}{p}$ 是 $x^3=2$ 的有理根，则 $\frac{q^3}{p^3}=2$，$2p^3=q^3$，从而 q 是偶数，令 $q=2k$，$k\neq0$，则 $2p^3=8k^3$，$4k^3=p^3$，从而 p 是偶数，与 $\frac{q}{p}$ 是既约分数相违，所以 $x^3=2$ 无有理根。

对于 $8x^3-6x-1=0$，令 $z=2x$，则 $z^3-3z=1$，设 $z=\frac{q}{p}$ 是既约的有理根，p，$q\neq0$，于是

$$\frac{q^3}{p^3}-3\frac{q}{p}=1, q^3=3p^2q+p^3$$

即 p^3 能被 q 除尽，q^3 能被 p 除尽；如果 $q\neq\pm1$，p 与 q 有非 1 的公因子；$p\neq\pm1$，则 p 与 q 有非 1 的公因子，这都与 $\frac{q}{p}$ 既约矛盾，故 $p=\pm1$，$q=\pm1$，从而 $z=\pm1$，但 $z=\pm1$ 不满足 $z^3-3z=1$，矛盾，可见 $8x^3-6x-1=0$ 没有有理根。

旺策尔运用扩域的概念，严格证明了倍立方与三等分角规尺作图的不可能性。

所谓数域，是一个数集合，在这个集合中＋，－，×，÷的结果仍得出本集合的数，“＋”满足交换律、结合律，“×”满足交换律与结合律。有理数集合 $\mathbb{R}_0$ 就是一个数域。

$\mathbb{R}_0$ 中的数皆规尺数。

把已知线段 $a_1=1$，a_2，a_3，…，a_n 的长度添加到 $\mathbb{R}_0$ 中去，$\mathbb{R}_0$ 扩大

成域 $\mathbb{R}_1$，$\mathbb{R}_1$ 称为 $\mathbb{R}_0$ 的扩域。

若 $k_1\in\mathbb{R}_1$，但实数 $\sqrt{k_1}\notin\mathbb{R}_1$，则把 $\sqrt{k_1}$ 添加到 $\mathbb{R}_1$ 中，如此把 $\mathbb{R}_1$ 扩大成域 $\mathbb{R}_2$，$\mathbb{R}_2$ 称为 $\mathbb{R}_1$ 的扩域。

若 $k_2\in\mathbb{R}_2$，但实数 $\sqrt{k_2}\notin\mathbb{R}_2$，则把 $\sqrt{k_2}$ 添加到 $\mathbb{R}_2$ 中，如此把 $\mathbb{R}_2$ 扩大成域 $\mathbb{R}_3$，$\mathbb{R}_3$ 称为 $\mathbb{R}_2$ 的扩域。

依此递推得到 $\mathbb{R}_1,\mathbb{R}_2,\cdots,\mathbb{R}_n,\cdots$，$\mathbb{R}_n$ 是 $\mathbb{R}_{n-1}$ 的扩域，$n=1,2,\cdots$。

显然，用圆规直尺可以从已知线段出发作出 $\mathbb{R}_n$ 中的数那么长的每一线段。而且，用圆规直尺作出的线段之长一定属于某个域 $\mathbb{R}_n$。

上面我们已证明关于倍立方与三等分角的三次方程无有理根，下面的定理则道破了规尺不能完成倍立方与三等分角的道理。

定理　若有理系数的三次方程

$$x^3+ax^2+bx+c=0 \tag{4.1}$$

设有有理根，则这个方程的每个根那么长的线段不可用规尺作出。

证　设 x_0 是 $x^3+ax^2+bx+c=0$ 的一个实根，且可用圆规直尺作出一条长 x_0 的线段，那么存在一个最短的扩域序列 $\mathbb{R}_0,\mathbb{R}_1,\cdots,\mathbb{R}_n$，使得 $x_0\in\mathbb{R}_n$ 而方程（4.1）不存在属于 $\mathbb{R}_{n-1}$ 的根，事实上，若有一个根在 $\mathbb{R}_{n-1}$ 中，则可以用此根替代 x_0 而使上述序列变短；另外，此序列不能只 $\mathbb{R}_0$ 一项，因为已知方程无有理根；因此，$n\geqslant1$。可以设 $x_0=p+q\sqrt{k_{n-1}}$，其中 $k_{n-1}\in\mathbb{R}_{n-1}$，$p$，$q\in\mathbb{R}_{n-1}$，而 $\sqrt{k_{n-1}}\notin\mathbb{R}_{n-1}$。下证数 $y_0=p-q\sqrt{k_{n-1}}$ 也是方程的根：

由于 $x_0\in\mathbb{R}_n$，所以 x_0^3，$x_0^2\in\mathbb{R}_n$，进而 $x_0^3+ax_0^2+bx_0+c\in\mathbb{R}_n$，于是

$$\begin{aligned}
&x_0^3+ax_0^2+bx_0+c\\
&=(p+q\sqrt{k_{n-1}})^3+a(p+q\sqrt{k_{n-1}})^2+b(p+q\sqrt{k_{n-1}})+c\\
&=(p^3+3pq^2k_{n-1}+ap^2+aq^2k_{n-1}+bp+c)\\
&\quad+(3p^2q+q^3k_{n-1}+2apq+bq)\sqrt{k_{n-1}}\\
&=r+s\sqrt{k_{n-1}}
\end{aligned}$$

其中 r，$s\in\mathbb{R}_{n-1}$，$r=p^3+3pq^2k_{n-1}+ap^2+aq^2k_{n-1}+bp+c$，$s=3p^2q+q^3k_{n-1}+2apq+bq$。

$$y_0^3+ay_0^2+by_0+c$$

$$
\begin{aligned}
&=(p-q\sqrt{k_{n-1}})^3+a(p-q\sqrt{k_{n-1}})^2+b(p-q\sqrt{k_{n-1}})+c\\
&=(p^3+3pq^2k_{n-1}+ap^2+aq^2k_{n-1}+bp+c)\\
&\quad-(3p^2q+q^3k_{n-1}+2apq+bq)\sqrt{k_{n-1}}\\
&=r-s\sqrt{k_{n-1}}
\end{aligned}
$$

其中 $r,s\in\mathbb{R}_{n-1}$。若 $s\neq 0$，则由 $r+s\sqrt{k_{n-1}}=0$ 得 $\sqrt{k_{n-1}}=-\dfrac{r}{s}$，于是 $\sqrt{k_{n-1}}\in\mathbb{R}_{n-1}$，此与 $\sqrt{k_{n-1}}\notin\mathbb{R}_{n-1}$ 矛盾，所以 $s=0$，进而 $r=0$，$r-s\sqrt{k_{n-1}}=0$，即 y_0 也是方程(4.1)的根。

x_0 与 y_0 是两个相异实根，不然，$x_0-y_0=2q\sqrt{k_{n-1}}=0$，这时 $q=0$，于是 $x_0=p\in\mathbb{R}_{n-1}$，与 $x_0\notin\mathbb{R}_{n-1}$ 不符。由韦达定理，若 x_1,x_2,x_3 是 $x^3+ax^2+bx+c=0$ 的三个根，则

$$x_1+x_2+x_3=-a,x_3=-a-x_1-x_2$$

这里 $x_1=x_0$，$x_2=y_0$，于是 $x_3=-a-2p\in\mathbb{R}_{n-1}$，与上面已知的方程无属于 $\mathbb{R}_{n-1}$ 的根相违，这一矛盾证明定理成立，证毕。

由于三等分角不能用规尺完成，所以用规尺作不出正九边形，正十八边形，正 $9n$ 边形，$n=1,2,\cdots$。

话说到这里，我们可以提醒那些仍然自信能用规尺三等分角或化圆为方与倍立方的朋友，请放下你们的圆规直尺吧，不信，你再细读一遍上述的论证。事实上，数学中不可解的问题多着呢！例如 $\sqrt{2}=1.414\cdots$ 中是否存在 100 个 8 连排的数字串？$\sqrt{3}$ 呢？这种难题岂不是要多少有多少吗！

感谢公元前 5 世纪古希腊诡辩派的几位老祖宗，他们能提出如此神秘莫测弄了两千多年才得以揭晓的三大作图问题，促进了数论、代数与几何学的进步，这三个刁题是数学中会下金蛋的鹅。

第五回 数学之神巧施反证定圆亩
阿基米德切片秤量度球积

上小学时，数学老师硬是让我们死记圆的面积是 πr^2，r 是圆的半径；数学是一门讲道理的学问，但那个年纪学数学，不少知识老师不便言证。事实上，像圆这种曲线围成的面积的求得，只有等长到 20 多岁学习微积分时才能彻底搞明白其中的道理。阿基米德被数学界尊为“数学之神”，他虽不知积分是何物，但他却能另施妙计，证明公式 $S=\pi r^2$ 是成立的，他的证明并未引用高等数学的知识。

阿基米德说：

“圆面积是圆周长与其半径之积的一半”。

设 S 是以圆周长与半径为两直角边的一个直角三角形的面积。

(1) 若 S 小于圆的面积$\odot$

这时，存在常数 α

$$\odot - S = \alpha > 0$$

用边数加倍的办法从圆的内接正六边形开始，得到内接正 12 边形、正 24 边形等等，则当内接正多边形边数增加到 $2^n\times 6$ 边时，n 足够大则会有

$$\odot - S = \alpha > \odot - S_n \tag{5.1}$$

其中 S_n 是内接正 $2^n\times 6$ 边形的面积，即内接正多边形与圆周夹的弓形面积之和小于 α。由（5.1）得 $S_n>S$，但内接正 $2^n\times 6$ 边形的周长小于圆的周长，其边心距小于半径，故$S_n<S$,矛盾。

(2) 若 S 大于圆的面积$\odot$

这时，存在常数 $\beta>0$，使得

$$S - \odot = \beta > 0$$

用倍边的办法从圆的外切正六边形起，得到外切正 12 边形、正 24 边形

等等，则当外切正多边形边数增加到 $2^n\times 6$ 边时，n 足够大则会有

$$S-\odot=\beta>S_{(n)}-\odot \tag{5.2}$$

其中 $S_{(n)}$ 是圆外切正 $2^n\times 6$ 边形的面积。由（5.2）得 $S>S_{(n)}$，但外切正 $2^n\times 6$ 边形的周长大于圆的周长，这个外切正多边形的面积 $S_{(n)}$ 是其周长与圆半径之积的一半，故 $S_{(n)}$ 应大于 S，矛盾。

（1）与（2）的矛盾推出 $S=\odot$。证毕。

上述证明是阿基米德首创的“穷竭法”，它实质上是一种无限划分的极限过程，他还用这种穷竭法等分圆周 96 等分，用正 96 边形的周长近似圆周长求得 π 的上下界

$$3\frac{10}{71}<\pi<3\frac{1}{7}$$

这是人类割圆求 π 的最早记录。

在数学当中，球的体积是另一个很惹人注意的问题。在立体几何当中，老师告知我们球体积公式为 $\frac{4}{3}\pi r^3$，但一直到上了大学才在微积分中推导了这个公式的正确性。阿基米德再天才也不知道重积分是何物，但这个问题并没有难住他，他用切片的办法借杠杆像卖青菜的小贩子一样“称量”出这个球体积公式。他的办法介绍如下。

一个圆柱竖直放在水平平面上，底半径为 r，高为 $2r$，此柱有一内切球，另有一个底半径为 $2r$ 的顶点在圆柱上底中心的圆锥，此圆锥底面与圆柱下底共面，见图 5-1。阿基米德用两两相距极近的一组水平平面截这三个立体，他任取离圆锥顶为 h 的那一片，此片厚为 Δh，把球上的那片与锥上的那片挂在支点在中点，全长 $4r$ 的杠杆的左端 P 的“秤钩子”上，把柱上的那片挂在支点右侧距支点 h 的点处作为秤砣。由于片很薄，尽管球片和锥片都不是圆柱形薄片，但当 Δh 足够小时，它们与以上底为底的柱片相差无几，于是阿基米德把球片的体积近似计为

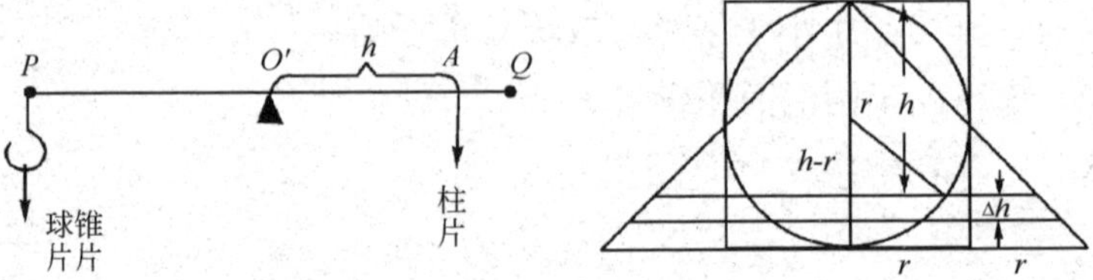

图 5-1

$$V_{球片} \approx \Delta h[\pi h(2r-h)]$$

$$V_{锥片} \approx \Delta h \pi h^2$$

柱片的体积则为

$$V_{柱片} = \pi r^2 \Delta h$$

设球、柱、锥的密度为 1，则球片与锥片形成的力矩的绝对值为

$$2r \cdot [\pi h(2r-h) + \pi h^2 \Delta]\Delta h = 4r^2 \pi h \Delta h$$

上式右端的 $h\pi r^2 \Delta h$ 恰为柱片形成的力矩之绝对值，右端的 4 是平衡系数。如果把一切碎片都如上挂在杠杆上，则左端的总力矩绝对值为

$$2r[V_{球} + V_{锥}]$$

右端的总力矩之 4 倍为 $rV_{柱}$，这里 $V_{柱}$ 形成的力矩是质量集中在其重心，其力臂为重心到支点 O' 的距离 r。即

$$2r[V_{球} + V_{锥}] = 4rV_{柱} \tag{5.3}$$

又已知 $V_{锥} = \frac{1}{3}\pi\ (2r)^2 \cdot 2r$，$V_{柱} = \pi r^2 \cdot 2r$，代入（5.3）式得

$$V_{球} = \frac{4}{3}\pi r^3$$

我们应当欣赏这位物理学和数学两栖的伟大科学家把力学与数学结合得如此灵妙，得出了十分难求的球体积公式。阿基米德可不是要小聪明，它充分体现了一个大学问家的思想深度，其中包含了现代微积分的许多基本理念。

我们在中学已学过定积分的定义，上面是公元前 3 世纪的陈年老账。阿基米德的这种方法从数学上看恰为牛顿、莱布尼茨与柯西等 17 世纪以后的大数学家们定积分思想的始祖，阿基米德搞的正是分割、近似、求和与取极限的积分过程。

莱布尼茨说：“了解阿基米德的人，对后代杰出人物的成就就不再那么钦佩了。”现代数学史家 M. 克莱因直言：“阿基米德作品中的严格性比牛顿与莱布尼茨著作中的高明得多。”

阿基米德自称：“力学便于我发现结论，而几何则帮助我对结论作出证明，一旦这种方法确定之后，有些人，或者我们的同代人，或者是我们的后人，将会利用它发现我尚未想到的定理。”阿基米德的伟大之处在于他把自然科学研究与数学研究融会成一体，一反古希腊其他数学

家只注重公理、逻辑与抽象理论，而嫌弃应用的恶习，他的上述观点果真被后人继承，发现了阿基米德“尚未想到的定理”，例如牛顿正是从力学出发发现了微积分理论。19 世纪俄国彼得堡科学院院士兼应用数学部主任，俄国数学界当之无愧的领袖切比雪夫的名言是：

使数学脱离实际，
就好比把母牛关起来，
不让它接触公牛。

20 世纪最著名的数学家之一，美国的犹太科学家冯·诺依曼说：“数学的概念来源于经验，如果远离经验来源，一直处于‘抽象的’近亲交配之中，这种数学学科将有蜕化的危险。”冯·诺依曼在纯数学与应用数学上都有重大贡献，被称为“计算机之父”，是自动电子计算机的首创人，是第一颗原子弹最佳结构设计者和大规模热核反应方案的制订者，是美国原子弹曼哈顿计划的骨干成员，1955 年起被美国总统任命为国家原子能委员会委员和导弹顾问委员会主席。他作为一个数学家在这些最尖端的科学领域中游刃有余，得益于他善于把实际问题转化成数学模型，再提出解决方案。他虽然仅活到 53 岁，于 1957 年谢世，但他为人类遗留的科学文献不但数量巨大而且水平高超，出版了《冯·诺依曼文集》6 大卷，美国国会馆书馆还珍藏着他的 8000 份创造性文稿待发表；冯·诺依曼中学时代是匈牙利奥林匹克数学竞赛第一名得主，18 岁已被公认为第一流的数学家。冯·诺依曼是古希腊阿基米德式的人物。

阿基米德的科学研究工作是完全按他上面主张的“力学与几何相辅相成”的路线进行的，即按经验与理论相结合的路线来进行。他用穷竭法证明了数学史上著名的“$\frac{2}{3}$定理”

$$\frac{\text{球体积}}{\text{球外切圆柱体积}}=\frac{\text{球面积}}{\text{球外切圆柱表面积}}=\frac{\text{牟合方盖体积}}{\text{牟合方盖外切立方体体积}}=\frac{2}{3}$$

牟合方盖是两个半径相等的圆柱躺在平面上垂直相交的公共部分。

他还证明了球面积是大圆面积的 4 倍，即 $S_{\text{球}}=4\pi r^2$，r 是球半径。

阿基米德用计算的办法了断的“王冠掺假案”，已是家喻户晓，他从中总结出浮力定律。他还口出戏言曰：“给我一个支点，我将撬起地球”，此言狂而不妄，事实上，由他首创的杠杆原理，只要有支点，有足够长的杠子，此言从理论上讲，是说得过去的，当然实际上办不到。

大约在公元前212年，伟大的数学之神阿基米德死在古罗马士兵的屠刀之下。当时阿基米德正在沙盘前研究几何，古罗马侵略军一个目不识丁的匪兵闯入，阿基米德哪知大祸临头，还向那个士兵说请不要弄乱沙盘上的图，可恨那兵卒手起刀落，一位闻名千古的大科学家的天才头颅跌落在血泊之中，给人类科学事业造成了巨大损失；1965年，西西里岛兴建一幢宾馆，挖地基时发现了阿基米德的坟墓，这是世界考古史上的最重大的事件之一，是世界级宝贵的出土文物，阿基米德的墓碑上刻着一个球及其外切圆柱。

研究古希腊数学的权威希斯说："阿基米德的每篇著作无一例外地都是数学论文的纪念碑；解题步骤的循循善诱，命题次序的巧妙安排，严格摈弃叙述的枝蔓和对整体的修饰润色，总之，给人的完美印象是如此之深，使读者油然而生敬畏之情。"

第六回 引葭赴岸刘徽设计公式解 玉枝倾倒天竺学吟莲花诗

《九章算术》中有题曰："今有池方一丈，葭生其中央，出水一尺。引葭赴岸，适与岸齐。问水深、葭长各几何?"用现代汉语来讲就是：

有一个边长为1丈（0.3丈=1米）的正方形水池，一棵芦苇生在它的中心，芦苇露出水面一尺（1米=3尺），如果把这棵芦苇拉向岸边，它倾斜后尖端恰巧与池壁上的水面接触，求此芦苇的高度和水深是多少?

13世纪，古印度数学家婆什伽罗写了一首诗：

莲花诗

湖平浪静出新莲，五寸婷婷露笑颜。
孰意狂风玉枝倒，忍看花色没波涟。
渔翁秋后寻根源，根距残花二尺边。
借问群英贤学子，水深多少在当年?

此诗所云正是《九章算术》的第228题，只不过把芦苇换成荷花，把露出水面1尺改成五寸（1米=30寸），把1丈改成2尺（根距岸二尺）。我们怀疑这个古印度的"莲花问题"是否是古印度人"东天取经"，学了《九章算术》后克隆出的一个问题。

"引葭赴岸"问题，用现代的解法一般是设未知数、列方程和解方程，即设芦苇高 x 尺，见图6-1，由勾股定理

$$x^2 = 5^2 + (x-1)^2$$

$$x = 13$$

即芦苇高1丈3尺。

中国古代大数学家刘徽注曰："此以池方半之，得五尺为勾，水深为股，葭长为弦。以勾、弦见股；故令勾自乘，先见矩幂也。出水者，

股弦差。减此差幂于矩幂则除之。差为矩幂之广，水深是股。令此幂得出水一尺为长，故为矩而得葭长也。”刘徽话里“勾自乘，先见矩幂”指 a^2，a 是勾，b 是股，c 是弦（图 6-2），“减此差于矩幂”指 $a^2-(c-b)^2$。整段话用现代符号写出即（水深）

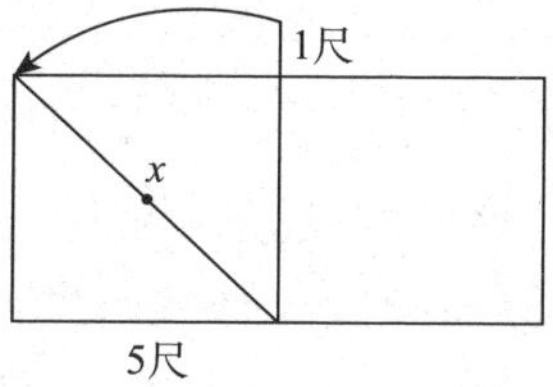

图 6-1

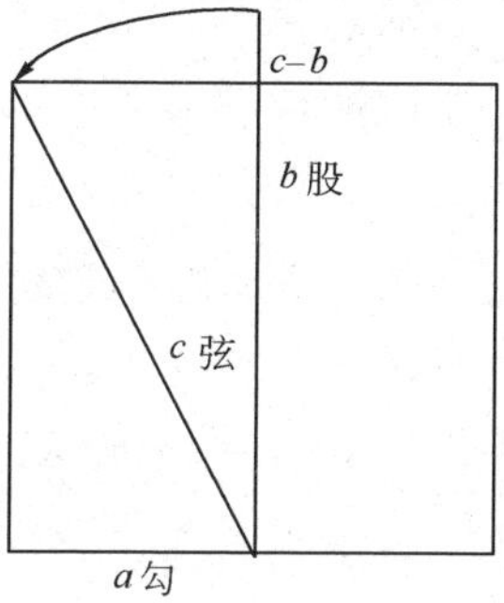

图 6-2

$$b=\frac{a^2-(c-b)^2}{2(c-b)} \tag{6.1}$$

事实上，(6.1) 式右端的 a^2 改写成 c^2-b^2，则得

$$\frac{a^2-(c-b)^2}{2(c-b)}=\frac{c^2-b^2-(c^2-2cb+b^2)}{2(c-b)}=b$$

刘徽针对“引葭赴岸”这一类问题，巧妙地利用勾股定理制造了一个求解公式，这个公式一经刘徽和盘端出，我们验证它的正确性自然不是太难的事，这正如我们买来一台彩色电视机，我们按动它的开关，看它是否有播放节目的正常功能一样，不是难事，但发明制造这台彩电可不是那么容易的事！刘徽妙用勾股定理制造的这个公式 (6.1) 就犹如我们上面所说的买来的那台漂亮的电视机。它不仅可以解《九章算术》中的第 228 题，也可以解“莲花问题”等同类问题，即可以由勾与股弦差不假思索地套入 (6.1) 公式求得股长。勾股定理在刘徽手里拿捏自如，形变而质不变，刘徽对他那个时代的数学已经可以随心所欲地驾驭了。

刘徽是魏晋时期的平民数学家，是我国古代数学成就的集大成者，中国最伟大的数学家之一。他以前的中国数学取 $\pi=3$，他指出 $\pi=3$ 误差太大，于是首创了从圆内接正六边形起倍边割圆技术，求得 $\pi\approx 3.1416$ 的所谓“徽率”。2002 年，中国邮电部发行刘徽纪念邮票，刘徽已被我国人民和世界人民公认为古今最伟大的文化名人之一。他在数学上的成就既多又大，例如他为《九章算术》作注，对《九章算术》中的每个题目都给出了精美的算法。他在《九章算术注序》中写道："往者暴秦焚书，经术散坏"，对于数学，"当今好之者寡，故世虽多通才达学，而未必能综于此耳。"他说的"通才达学"者，指只读孔孟之道的迂腐文人，对自然科学和数学则一窍不通，"未必能综于此（数学）"，刘徽关心中国的数学事业，鄙视封建文人和仇视秦始皇式的暴君的正义品格。

他是一个有深刻数学思想的数学家。他求 π 的近似值时说："（对圆周）割之弥细，所失弥少；割之又割，以至于不可割，则与圆周合体而无所失矣。"表明他已经具备极限思想。他求正数的平方根时指出："凡开积为方，方之自乘当还复其积分。令不加借算而命分，则常微少；其加借算而命分，则又微多，其数不可得而定，故以'面'命之，为不失耳。"他那里谈的"（开方）不可得而定"之数被他命名为"面"，我们明白他的意思，他的这种得不到有尽小数或循环小数表达的平方根就是指今日所说的一些"无理数"，他称之为"面"。名不同而实不异。在代数方面，他还研究了等差与等比级数以及正负数四则运算，在几何方面，给出勾股定理的巧妙证明，创立勾股弦比例公式

$$a : b : c = m^2 - \frac{m^2 + n^2}{2} : mn : \frac{m^2 + n^2}{2}$$

其中 m，n 是互素奇数，此即今日的"勾股数"公式。

他主张把一般多面体割分成"堑堵"、"阳马"和"鳖臑"三种基本立体，在图 6-3 中 $ABCD\text{-}A'B'C'D'$ 是长方体，$D'C'-ABCD$ 叫作堑堵，它是一个三棱柱；四棱锥 $D'\text{-}ABCD$ 叫作阳马；$D'\text{-}BCC'$ 叫作鳖臑，它是各面皆为直角三角形的一个四面体。刘徽得到公式：

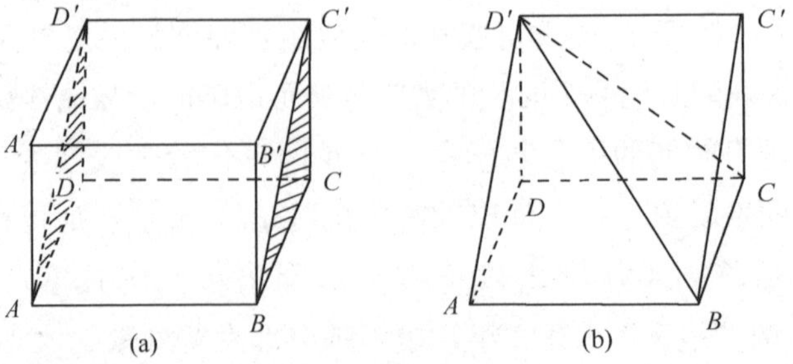

图 6-3

“邪解立方，得两堑堵，虽复椭方，亦为堑堵，故二而一”，即堑堵体积$=\frac{1}{2}$（长×宽×高）；“邪解堑堵，其一为阳马，一为鳖臑。”“阳马居二，鳖臑为一，不易之率也。”即堑堵割分成的阳马与鳖臑体积之比为 2∶1。

刘徽在其名著《海岛算经》中给出用三角形相似的原理测量不可及物高度的方法，是测量技术的奠基性成果。

刘徽还证明了牟合方盖与内切球体积之比为$\frac{4}{\pi}$。他主张“析理以辞，解体用图”，既重视逻辑推导，又重视几何意义。刘徽真是大学问家。事实上，古今数学史上的大数学家都一致主张，一个数学理论，只有从逻辑上和几何直观上都搞清楚，才算研究透彻了。在 17 世纪以前，人们把数学家称为几何学家，可见几何意义在数学中的地位。有一条不成文的规矩，在数学难题面前，凡能画示意图者，必先画出示意图，从图示受到启发而产生解决思路。

至于为什么$\frac{\text{牟合方盖体积}}{\text{内切球体积}}=\frac{4}{\pi}$，牟合方盖体积=？且听下回分解。

第七回 刘徽首创等幂等积定理 祖暅巧算牟合方盖体积

刘徽不加证明地指出："夫叠棋成立积，缘幂势既同，则积不容异。"

他看到中国象棋的棋子摆成两摞，这两摞未必是圆柱，但只要一样高，则两摞的体积一致，他推广此现象到一般情形，只要两个立体一样高，且被任何水平面所截得的两个截面积相同，则双方之体积一致；"势"指高度，"幂"指截面面积，"幂势同"即等高的截面面积相等，"积"指体积。

事实上，刘徽上述等幂等积定理可以改写成现代积分学中的一个定理：设两立体之体积分别为 V_1 与 V_2，平行于 yOz 平面的平面截两立体时得截面分别为 $Q_1(x)$ 与 $Q_2(x)$，若 $Q_1(x)=Q_2(x)$，$x\in[a,b]$，$x=a$ 与 $x=b$ 分别是两立体的最低点与最高点的高度（x 轴朝上），则

$$V_1=\int_a^b Q_1(x)\mathrm{d}x=\int_a^b Q_2(x)\mathrm{d}x=V_2$$

刘徽已经走到微积分大殿的门口，再迈一步就可以登堂入室，可惜却在门槛前止步了！古希腊的阿基米德用切片法加杠杆求球体积时也有这种遗憾。事实上，由于那时两国社会的政治经济发展水平的限制，尚无微积分诞生的时代背景，加之数学科学那时亦处于初等数学的幼年时代，所以我们也就不忍心苛求于古人了。事实上，社会的需求，比 100 个天才人物更能推动科学技术的发展。

刘徽用水平平面截一个牟合方盖及其内切球（形成牟合方盖的两圆柱的轴是水平的），截得的截面分别是一个正方形和这个正方形的内切圆，见图 7-1，设此内切圆半径为 r，则两截面之比为

$$\frac{S_{合截}}{S_{球截}}=\frac{(2r)^2}{\pi r^2}=\frac{4}{\pi}$$

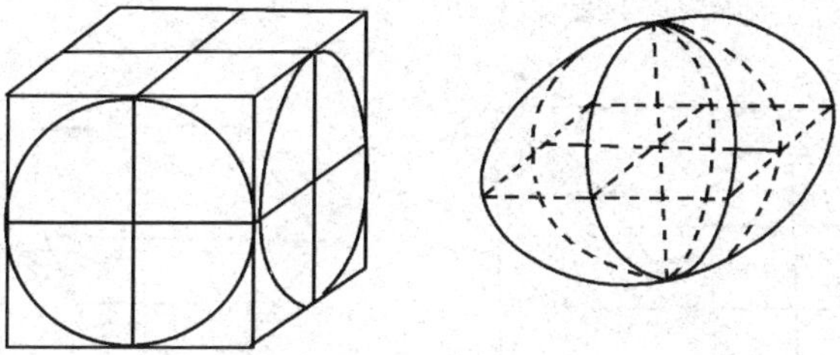

图 7-1

由“等幂等积定理”得$\frac{V_{合}}{V_{球}}=\frac{4}{\pi}$。为了求得 $V_{合}$ 只需求得 $V_{球}$，反之，为了能求得 $V_{球}$，只需求得 $V_{合}$；刘徽既求不出 $V_{合}$，也求不出 $V_{球}$，于是诚恳地说：“欲陋形措意，惧失正理，敢不阙疑，以俟能言者。”是说他也想彻底解决此题，但又怕推理失误，只能等后来的能人来解此难题了。“能言者”不久真的出现了，他便是大数学家祖冲之的爱子祖暅。

祖暅是南北朝时期南梁的著名数学家和著名将领，生活于公元 5 世纪至 6 世纪。《南史》称祖暅“少传家业，究极精微，有巧思。”据《南史》载，一日，祖暅一边行路一边思考一个数学题，一时间忘乎身外之事，一头撞倒大官徐勉，他才从题目的执迷中脱出，连连向徐勉道歉，祖暅对数学的痴迷程度，已经达到了忘我的境地。

祖暅误入仕途，被南梁梁武帝封为“材官将军”，相当如今的“总后勤部主任”，513 年，南梁与北魏开战，魏降将王足向梁武帝献策，在淮河筑高坝蓄水，等魏兵一到，再决堤泄洪；皇帝派祖暅去考察此计策是否可行，祖暅回朝后启奏皇帝慎行此事，理由是应考虑两岸百姓的安全。皇帝听不进祖暅的意见，执意按王足的办法办。不久，魏军占领寿阳（今安徽寿县），王足下令放水，结果大水横灌寿阳城，两岸一片汪洋，百姓死伤无数，一时尸浮遍野，怨声载道，皇帝反拿祖暅问罪，516 年把祖暅投入大牢。525 年，梁武帝之子萧综执政，与北魏之战兵败徐州，囚徒祖暅被北魏军劫持，魏安丰王徐州太守仰慕才子祖暅，尊为座上宾。

祖暅（与刘徽独立）也发现了等幂等积定理。他用此定理和勾股定理准确地算出牟合方盖的体积。中国古代数学家有“几何即勾股”的共识，事实上，勾股定理确为数学中最有用的定理之一。

他的算法用现代符号来表述如下：

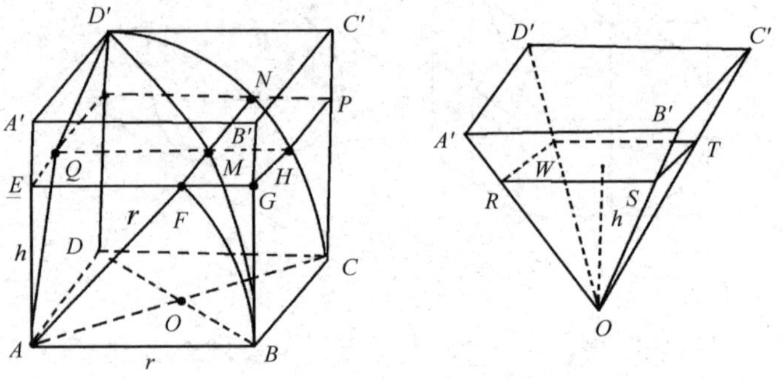

图 7-2

AF 是内切球半径，$AF=r$，O 是正方形 $ABCD$ 的中心，如图 7-2，画的是八个卦限之一，把立方体 $ABCD\text{-}A'B'C'D'$ 内部的一个正四棱锥 $O\text{-}A'B'C'D'$ 平行右移，移出立方体，用水平平面截左右两个立体，设此截面距 O 点为 h，则 $AE=h$，右方截得的正方形 $RSTW$ 边长为 h，面积为 h^2。左方牟合方盖的八分之一的外部立方体 $ABCD\text{-}A'B'C'D'$ 内部截得一个 L 形截面 $EFGHPNMQ$，由勾股定理

$$EF=\sqrt{r^2-h^2},\ FG=r-\sqrt{r^2-h^2}$$

于是 L 形截面面积为

$$2\left[\sqrt{r^2-h^2}\left(r-\sqrt{r^2-h^2}\right)\right]+\left[r-\sqrt{r^2-h^2}\right]^2=h^2$$

由等幂等积定理，右方棱锥体积等于左方立方体之内牟合方盖八分之一之外的体积，而棱锥体积为 $\frac{1}{3}r^3$，右方立方体体积为 r^3，故八分之一的牟合方盖体积为 $r^3-\frac{1}{3}r^3=\frac{2}{3}r^3$，于是

$$V_{\text{牟合方盖}}=\frac{16}{3}r^3$$

祖暅的算法简洁，道理通俗，令人叹为观止！现代用积分算牟合方盖的体积，与祖暅的算法相比也会相形见绌的。

中国人一贯以精明灵巧著称于世。

意大利著名数学家卡瓦列利（1598～1647）比刘徽、祖暅晚了千年，也发现了与等幂等积定理相似的定理，西方称之为卡瓦列利原理：

（1）若两个平面片处于两平行线之间，且平行于此二直线的任一直线与两平面片相交时，所截得的两线段相等，则这两个平面片面积相等。

（2）若两个立体处于两个平行平面之间，且平行于这两个平面的任何平面与此两个立体相交时，所截得的面积相等，则这两个立体体积相等。

卡瓦列利是伽利略的得意门生，波洛尼亚大学教授，伽利略说："卡瓦列利是阿基米德之后在研究几何的深度与广度方面绝无仅有的人才。"

天文学家开普勒用卡瓦列利原理求得了行星第二定律中行星轨道椭圆的面积。下面是开普勒的工作：

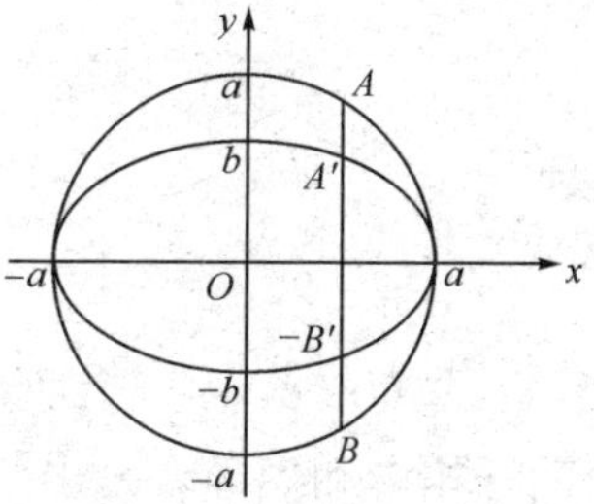

图 7-3

设 a 与 b 分别是椭圆的长短半轴，在同一坐标系中，考虑圆 $x^2+y^2=a^2$ 与椭圆 $\frac{x^2}{a^2}+\frac{y^2}{b^2}=1$（$a>b$），见图 7-3，在上半平面，椭圆与圆的方程分别为

$$y=\frac{b}{a}(a^2-x^2)^{\frac{1}{2}},y=(a^2-x^2)^{\frac{1}{2}}$$

两者纵坐标之比为

$$\frac{\frac{b}{a}(a^2-x^2)^{\frac{1}{2}}}{(a^2-x^2)^{\frac{1}{2}}}=\frac{b}{a}$$

由卡瓦列利原理得

椭圆面积∶圆面积$=b:a$，于是

$$\text{椭圆面积}=\frac{b}{a}\text{圆面积}=\frac{b}{a}\cdot\pi a^2=ab\pi$$

用卡瓦列利原理（2）可以求得球的体积。

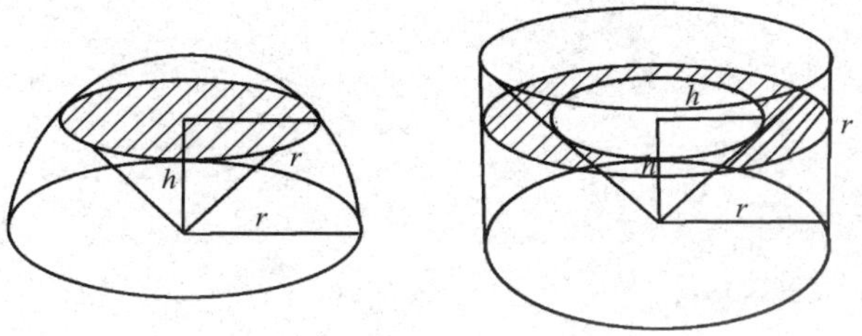

图 7-4

设球半径为 r，见图 7-4。图 7-4 的右侧是一个底半径与高皆为 r 的圆柱，以及以圆柱上底为底、以圆柱下底中心为顶点的倒放的圆锥，把这个圆锥从圆柱上挖掉，把半球与右侧的“杯子”放在同一水平面上，且用与水平面平行的平面来截左右两立体，设此平面高为 h，则左侧截面是 $\sqrt{r^2-h^2}$ 为半径的圆，其面积是 $\pi(r^2-h^2)$。右侧为一个环形，其面积为 $\pi r^2-\pi h^2=\pi(r^2-h^2)$，由卡瓦列利原理（2），半球体积与右侧“杯子”体积相等，“杯子”的体积为

$$V_{柱}-V_{锥}=\pi r^3-\frac{1}{3}\pi r^3=\frac{2}{3}\pi r^3$$

于是

$$V_{球}=\frac{4}{3}\pi r^3$$

莱布尼茨说：“几何学中的卓越人物、完成这一领域的义勇军任务的开拓者和倡导者是卡瓦列利，后来别人的进一步发展都得益于他的工作。”卡瓦列利淡泊名利，他任波洛尼亚女修道院院长，在那里他几乎与世隔绝地专心研究了半辈子的数学。

第八回 五家共井刘徽解法不俗 大竹小竹九章招数真绝

《九章算术》中有题曰："今有五家共井，甲二绠不足，如乙一绠；乙三绠不足，如丙一绠；丙四绠不足，如丁一绠；丁五绠不足，如戊一绠；戊六绠不足，如甲一绠；如各得不足一绠，皆逮；问井深、绠长各几何？"

"绠"是井绳，"逮"指恰达到水面，"甲二绠不足，如乙一绠"指甲两根井绳不够用，短缺的部分与乙的一条井绳一样长。刘徽的解法用现代记号表示如下：

设 x,y,z,u,v 与 w 分别是甲、乙、丙、丁、戊的绠长与井深，则

$$\begin{cases} 2x+y=w & ① \\ 3y+z=w & ② \\ 4z+u=w & ③ \\ 5u+v=w & ④ \\ x+6v=w & ⑤ \end{cases}$$

不抄 x,y,z,u,v,w"＋"和"＝"，则上述方程组可抄成所谓矩阵形式：

$$\begin{matrix} ① \\ ② \\ ③ \\ ④ \\ ⑤ \end{matrix}\begin{pmatrix} 2 & 1 & 0 & 0 & 0 & 1 \\ 0 & 3 & 1 & 0 & 0 & 1 \\ 0 & 0 & 4 & 1 & 0 & 1 \\ 0 & 0 & 0 & 5 & 1 & 1 \\ 1 & 0 & 0 & 0 & 6 & 1 \end{pmatrix}$$

$①\times3-②=①_1=6\ \ 0\ \ -1\ \ 0\ \ 0\ \ 2$；$①_1\times4+③=①_2=24\ \ 0\ \ 0\ \ 1\ \ 0\ \ 9$；$①_2\times5-④=①_3=120\ \ 0\ \ 0\ \ 0\ \ -1\ \ 44$；$①_3\times6+⑤=①_4=721\ \ 0\ \ 0\ \ 0\ \ 0\ \ 265$。

$①_4$ 表示 $721x=265w$ 得 $x=\dfrac{265}{721}w$。代入①得

$$2\times\frac{265}{721}w+y=w,\ y=\left(1-\frac{265}{721}\times2\right)w=\frac{191}{721}w$$

把 $y=\frac{191}{721}w$ 代入②得

$$3\times\frac{191}{721}w+z=w,\ z=\frac{148}{721}w$$

把 $z=\frac{148}{721}w$ 代入③得

$$4\times\frac{148}{721}w+u=w,\ u=\frac{129}{721}w$$

把 $u=\frac{129}{721}w$ 代入④得

$$5\times\frac{129}{721}w+v=w,\ v=\frac{76}{721}w$$

由于 $721=7\times103$，$265=53\times5$，$\frac{265}{721}$是既约分数，取 $w=721$，则 $x=265$，$y=191$，$z=148$，$u=129$，$v=76$，单位应是寸。

这是一个不定方程组，上面给出的是最小正整数解，当然，此解的 k 倍（$k=1,2,\cdots$）仍是解，但考虑井深的实际，单位应取寸，即井深 7 丈 2 尺 1 寸。

《九章算术》第 76 题曰："今有出钱五百七十六，买竹七十八，欲其大小率之，问各几何?" 题意是拿着 576 元钱去买 78 根竹竿，卖主以竹竿的长短论价，问长竹竿每根几元，短竹竿每根几元，各买几根。

若按设未知数列方程再求解的一般程式办事，设大竹 u 根，每根 v 元，小竹 w 根，每根 x 元，则 u，v，w，x 应满足方程组

$$\begin{cases}u+w=78\\uv+wx=576\end{cases}\tag{8.1}$$

这个不定方程解起来比较复杂。中国古代数学家另有绝招，并非总按一般规律办事，而是动用聪明机智，设计出不俗的"中国算法"（Chinese Algorithm）：

$$576\div78\text{ 商 }7\text{ 余 }30$$

于是从 78 根竹子中挑出 30 根较长者说，这 30 根大点的竹竿每根给你 $7+1=8$ 元，剩下的 $78-30=48$ 根小竹竿给你每根 7 元。这种讨价还价的方式令人忍俊不禁，而又满足不定方程组（8.1），既合情又合理地

得出解 $u=30$，$v=8$，$w=48$，$x=7$。当然这并不是唯一解，例如 $u=36$，$v=9$，$w=42$，$x=6$ 也是解。

中国古代传统数学的指导思想是以算法为纲，寓理于算。为了解决一个数学问题，一般总是为其设计一个有效算法，这种算法或是由+、−、×、÷、$\sqrt[n]{\quad}$ 等有限次运算的数值计算程序，或是明确指令何时应做何种操作的所谓“行为算法”；中国古代数学的解法具有鲜明的构造性特点，现代计算机上的证明与计算思想恰与中国古代的算法思想遥相呼应。这种算法思想在《九章算术》为代表的中国古典数学名著中表现得淋漓尽致。前面我们已经看到《九章算术》中的一些精彩算法，现再举《九章算术》一例：

第 185 题曰：“今有共买物，人出八，盈三；人出七，不足四，问人数物价各几何?”若人数为 x，物价为 y，《九章算术》中给出的算法是

$$x=\frac{b_1+b_2}{a_1-a_2},\ y=\frac{a_1b_2+a_2b_1}{a_1-a_2} \tag{8.2}$$

其中每人出钱 a_1 盈 b_1，每人出钱 a_2 不足 b_2。公式（8.2）数学史上称为“中国算法”。事实上（8.2）是方程组

$$\begin{cases}a_1x=y+b_1\\a_2x=y-b_2\end{cases}$$

的解。

《孙子算经》中有“物不知数”的名题曰：“今有物不知其数，三三数之余二，五五数之余三，七七数之余二，问物几何?”宋代数学家与明代数学家把此题之解法编成家喻户晓的算法口诀：

三岁孩儿七十稀，	三人同行七十稀，
五留廿一事尤奇，	五树梅花廿一枝，
七度上元重相会，	七子团圆正月半，
寒食清明便得知，	除百零五便得知。

此算法口诀的具体执行是 $2\times70+3\times21+2\times15=233$，$233-105=128$，$128-105=23$，“物不知数”的答案是 23（最小答数）；我国南宋大数学家秦九韶把上述算法总结推广，建立了中外数学史上著名的“中国剩余定理”，（见王树和著《数学聊斋》，科学出版社，2003）。此定理原载

秦九韶名著《数书九章》。秦九韶在《数书九章序》中说："数理精微，不易窥识，穷年致志，感于梦寐，幸而得知，谨不敢隐。"真诚地吐露了他一辈子专心致志，钻研数学，为获得精微的数学理论与算法，梦魂萦绕，取得成果后，把全部成果无私地奉献给世人，令人钦佩之至！他对数学情有独钟，在此序言中又说："周教六艺，数实成之；……大则可以通神明，顺性命，小则可以经世务，类万物。人事之变无不该，鬼神之情莫能隐。"他认为天地万物之规律，人情世故之演变，皆可用数学加以研究，通过有效的算法推算出来。

宋代杨辉是搞"行为算法"的高手，例如他给出的杨辉三角的构作方法，他给出的奇阶幻方的构作方法都是数学史上行为算法的范例。他给出（$2k+1$）阶幻方的构作之行为算法如下（所谓幻方是把 1，2，…，n^2 排成 $n\times n$ 的方阵，使其每行每列和两条对角线上数字之和皆相等）：

（1）画$(2k+1)\times(2k+1)$个方格组成的正方形 R；

（2）R 的每边向外作由小方格垒成的一个正三角形；

（3）把数字 1，2，3，…，$(2k+1)\times(2k+1)$从左上方向右下方沿 $45°$走向依次抄入（2）中图上的一些方格；

（4）把 R 之外的数字收入 R 上的空格，R 外上方的数下降 $2k+1$ 个格，下方的上升 $2k+1$ 个格，右方的左移 $2k+1$ 个格，左方的右移 $2k+1$个格，则得$(2k+1)\times(2k+1)$幻方，见图 8-1。

我国著名数学家吴文俊、张景中等人，秉承中国数学讲究算法的传统思想且发扬光大之，成功地在计算机上进行几何定理的机械化证明；算法化思想是中国古代数学对人类文化科学事业的重大贡献，它具有宝贵的理论价值、思想价值和现实意义。

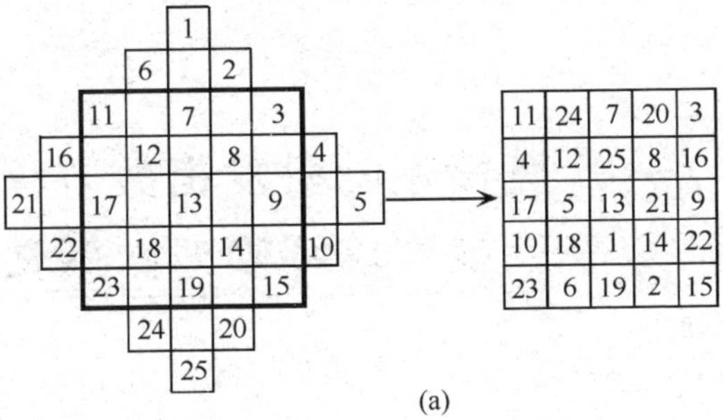
1
6 2
11 7 3
16 12 8 4
21 17 13 9 5
22 18 14 10
23 19 15
24 20
25
11 24 7 20 3
4 12 25 8 16
17 5 13 21 9
10 18 1 14 22
23 6 19 2 15

(a)

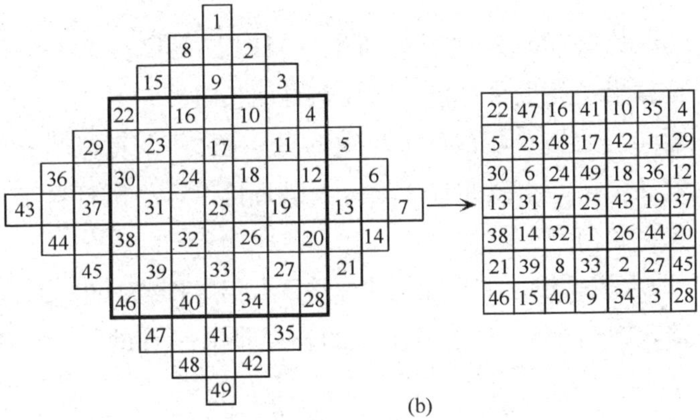
1
8 2
15 9 3
22 16 10 4
29 23 17 11 5
36 30 24 18 12 6
43 37 31 25 19 13 7
44 38 32 26 20 14
45 39 33 27 21
46 40 34 28
47 41 35
48 42
49
22 47 16 41 10 35 4
5 23 48 17 42 11 29
30 6 24 49 18 36 12
13 31 7 25 43 19 37
38 14 32 1 26 44 20
21 39 8 33 2 27 45
46 15 40 9 34 3 28

(b)

图 8-1

第九回 莞蒲生叶引发指数方程 两鼠穿墙呼唤对数解法

《九章算术》有题曰："今有蒲生一日，长三尺；莞生一日，长一尺，蒲生日自半，莞生日自倍，问几何日而长等？"

与此题同类的是《九章算术》中的另一题："今有垣厚五尺，两鼠对穿，大鼠日一尺，小鼠亦日一尺；大鼠日自倍，小鼠日自半，问几何日相逢？各穿几何？"

"莞"即水葱。设 x 日莞蒲等长，"日自倍"即当日生长的长度是前一日的 2 倍，"日自半"是当日生长的长度是前一日的一半。于是由等比级数求和公式知 x 日蒲长为 $\dfrac{3\left(1-\dfrac{1}{2^x}\right)}{1-\dfrac{1}{2}}$ $\left(\dfrac{1}{2}\text{是公比}\right)$，$x$ 日莞长为 $\dfrac{1(1-2^x)}{1-2}$（公比为 2），由题意得

$$\frac{3\left(1-\dfrac{1}{2^x}\right)}{1-\dfrac{1}{2}}=\frac{1(1-2^x)}{1-2}$$

化简得 $6\left(1-\dfrac{1}{2^x}\right)=2^x-1$，令 $2^x=y$，则 $6\left(1-\dfrac{1}{y}\right)=y-1$，解得 $y_1=6$，$y_2=1$，即 $2^x=6$ 与 $2^x=1$。$2^x=1$，$x=0$，不合题意，舍去，由 $2^x=6$，得 $x=1+\log_2 3$。

由此题可知我国数学家在汉代已经处理过有关指数函数 $y=2^x$ 的问题，但有趣的是那个时代世人尚不知对数是何物，所以此题当时（汉代）是无法求得其精确解 $1+\log_2 3$ 的。《九章算术》对此题"答曰：二日十三分日之六"，即$x=2\dfrac{6}{13}$，这个答数是错的，或者说只是近似解。

对于"两鼠对穿"问题，设 x 日相逢，则

$$\frac{1(1-2^x)}{1-2}+\frac{1\left(1-\frac{1}{2^x}\right)}{1-\frac{1}{2}}=5$$

解法与“莞蒲生叶”问题相似，令 $2^x=y$，则 $y-1+2\left(1-\frac{1}{y}\right)=5$，$y=2\pm\sqrt{6}$，$y=2-\sqrt{6}<0$，舍，$y=2+\sqrt{6}$，即 $2^x=2+\sqrt{6}$，$x=\log_2(2+\sqrt{6})$。

《九章算术》对本题“答曰：二日十七分日之二”，即 $2\frac{2}{17}$日，这个答案只能说是个近似解。“蒲生莞生”和“两鼠对穿”这两个题赋予中国古代数学家建立指数函数与对数函数的大好机遇，擦肩而过，实在可惜。

对数是英国数学家纳皮尔（1550～1617）于1614年发明的，1624年，开普勒引入符号 $\log_a N$，17世纪中叶，由波兰传教士穆尼阁传入中国。由于对数能节省计算时间，被世人誉为“使科学家延长寿命的重大数学成就。”1971年，尼加拉瓜发行了一套数学纪念邮票十枚，每张邮票上绘制了一个数学公式，号称“世界上十个最重要的公式”，其中之一就是 $\log_a N$。纳皮尔是数学家中为数不多的能工巧匠，他发明了一种计算尺，对每个自然数1,2,3,4,5,6,7,8,9,作一把尺子，例如6号尺如图9-1。

例如求1615×365=?

把1号，6号，1号，5号四把尺子拿来依次排列成图9-2。从图9-2的第三行上“斜加”抄得（3+1）8（3+1）5=4845。从第六行上“斜加”抄得（6+3）6（6+3）0=9690。从第5行上“斜加”抄得（5+3）0（5+2）5=8075，于是

$$\begin{array}{r}8075\\9690\\+)\ 4845\\\hline 589475\end{array}=1615\times365$$

由上例可以领教纳皮尔的这种尺算法的巧妙和把大数相乘变成加法的诀窍。中国人称这种计算尺为纳皮尔算筹。

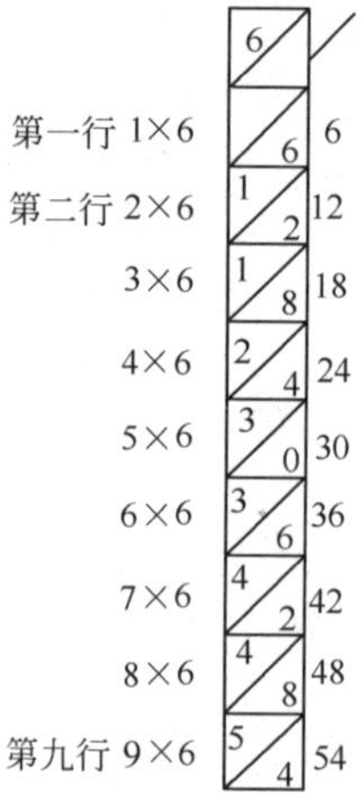

图 9-1

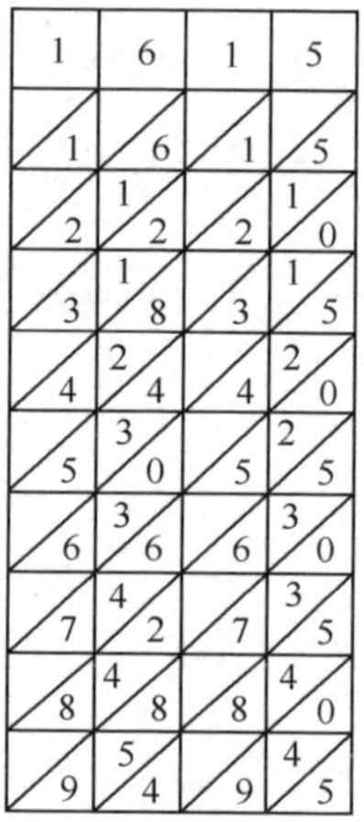

图 9-2

从第六回、第八回和第九回我们欣赏了《九章算术》中的几个有趣的名题，《九章算术》是我国古代数学成果的集大成之作，名题趣题很多。此书大约于汉代问世，究竟是何年何地何人所著，尚无定论，全书共分九卷，是一本算术习题集，故名《九章算术》。在中国，“九章”成了数学的代名词，例如北京的“九章书店”是数学著作的专卖店，不少大学设立“九章奖学金”等奖项。《九章算术》全书共 246 题，每题皆是已知具体数据的问题，绝大部分是应用题，不谈相应的抽象问题，几乎每题之后都附有“答曰”与“术曰”两个极简短的注解，给出答数和计算过程（算法）。历代大数学家刘徽、祖冲之、祖暅、杨辉等都为《九章算术》作过注解。此书已译成俄、德、日、英等多种文字在全世界发行，对世界数学教育和数学科学产生过可观的积极作用。

毋庸讳言，《九章算术》也有某些局限性。秦始皇集权专制，焚书坑儒，镇压崇尚理性思维和逻辑推理的墨家等学派，窒息了百家争鸣的春秋学风；汉武帝罢黜百家，独尊儒术，把抽象思维视为不守本分，只允许数学弄点有关农耕、徭役、税收、田亩之类的实际计算。在如此恶劣的秦汉学术背景之下成书的《九章算术》，难免带有时代的烙印，它很少研究一般性的数学理论，只求把具体题目算好，学有所止，寓理于算。这种过度谨慎的思想作风对数学理论的创新与发展十分有害。《九章算术》问世后的一千多年间，一些文人学者把《九章算术》无限拔高，盲目崇拜，有的俨然以卫道士的面目，对后人学习《九章算术》《周髀算经》等古典著作之外的西方数学口诛笔伐，斥之为异端邪说；例如19世纪的中国数学家梅冲在《勾股残述》中斥责人们学习近代数学是“不肯遵守成法，自矜创获，而反失其故步。”此等迂腐之辈墨守成规、故步自封的观点实乃井底蛙声。

第十回 五湖四海能者细算圆周率 古今中外何人通晓实数 π

圆周率 π 的近似值是我国数学界的骄傲，南北朝时期南朝高官长水校尉（享四品俸禄）祖冲之求得 $\pi\approx\frac{22}{7}$ 和 $\pi\approx\frac{355}{113}$，$\pi\in(3.1415926, 3.1415927)$，$\frac{22}{7}$ 称为 π 的疏率，$\frac{355}{113}$ 称为 π 的密率，“疏”意粗，“密”意精。祖冲之继承刘徽的割圆术，用圆的内接正多边形的周长近似替代圆周长来算 π，祖冲之的结论相当于把一个圆周等分了两万四千多等份。鉴于祖冲之的杰出贡献，日本人把 $\frac{355}{113}$ 称为“祖率”，中国邮电部发行过祖冲之纪念邮票，中国科学院把紫金山天文台 1964 年 11 月 9 日发现的一颗小行星命名为“祖冲之星”，1959 年，苏联宇宙飞船发现的月球环形山脉命名为“祖冲之山”，祖冲之的名字与日月齐辉，家喻户晓。

祖冲之祖籍今河北省涞水县，429 年生，500 年去世。先辈率子孙南迁，其祖父是朝廷的“大匠卿”，相当于土木总工程师，其父学识渊博，为朝廷文官。祖冲之耳濡目染，熏陶于既重视自然科学与工程技术，又有深厚的文化修养的家庭环境之中，形成崇尚科学技术又儒雅细致的思想品格。靠其父在朝的权势，祖冲之可以自由进出国家藏书重地“华林书省”，接触名人，博览群书，当然这种官场背景也给他打上了求官入朝的思想烙印。事实上，祖冲之的有为年华大部分精力投在官场，只能算一个业余数学家。

祖冲之的圆周率在全世界一直领先到公元 15 世纪。在他之前，公元前 240 年，阿基米德得 $\pi\approx3.14$。公元前 3 世纪阿波罗尼奥斯取 $\pi\approx3.1416$。263 年，中国刘徽取 $\pi\approx3.1416$，公元 450 年，古印度阿耶哈达取 $\pi\approx3.1416$。

公元 480 年，祖冲之在儿子祖暅的协助之下，得到了 $\pi\in(3.1415926, 3.1415927)$。

从 15 世纪到 20 世纪，数学界又此起彼伏地出现过多宗求 π 近似值的热潮，下面我们列举几则求 π 近似值的实例。

在我国祖冲之算出 $\pi\in(3.1415926, 3.1415927)$之后的 950 年，才由伊朗数学家卡西把祖冲之的纪录打破，卡西求得 π 的第 17 位小数。我国在求 π 的近似值的国际竞赛中领先了近千年之久。

到 17 世纪，人们还在沿用我国的割圆术求 π 的近似值，1610 年，德国的鲁道夫用圆的内接正 2^{62} 边形求得 π 的小数点后第 35 位数字，他一生全力以赴干出这一成果，据传他一天夜间把正 2^{62} 边形求 π 得的近似值写在草稿纸上，第二天早上家人发现他已去世。德国人为鲁道夫树了巨型墓碑，上面刻着鲁道夫求得的 π 的精确到小数点后 35 位的近似值：

$$\pi = 3.1415\ 9265\ 3589\ 7932\ 3846\ 2643\ 3832\ 7950\ 288$$

称此值为鲁道夫数。1630 年，荷兰人格林贝格求得 π 的小数点后第 39 位数字，这是历史上最后一位用割圆术求 π 的实例了。之后人们用关于 π 的公式和计算机来求 π。例如 1706 年，苏格兰人夏普用公式

$$\frac{\pi}{4} = 1-\frac{1}{3}+\frac{1}{5}-\frac{1}{7}+\cdots$$

求得 π 的小数点后第 71 位数字

$$\begin{aligned}\pi =\ &3.1415\ 9265\ 3589\ 7932\ 3846\ 2643\ 3832\ 7950\ 288\\ &4197\ 1693\ 9937\ 5105\ 820\ 9749\ 4459\ 2307\ 81640\end{aligned}$$

1706 年，苏格兰的梅钦利用公式 $\arctan x = x-\frac{x^3}{3}+\frac{x^5}{5}-\frac{x^7}{7}+\cdots$ $(x\in[-1,1])$和公式

$$\frac{\pi}{4} = 4\arctan\frac{1}{5}-\arctan\frac{1}{239}$$

求得 π 的小数点后第 100 位数字

$$\begin{aligned}\pi =\ &3.1415\ 9265\ 3589\ 7932\ 3846\ 2643\ 3832\ 7950\ 288\ 4197\\ &1693\ 9937\ 5105\ 820\ 9749\ 4459\ 2307\ 8164\ 0628\ 6208\ 9986\\ &2803\ 4825\ 3421\ 1706\ 79\end{aligned}$$

公式$\frac{\pi}{4}=4\arctan\frac{1}{5}-\arctan\frac{1}{239}$验证如下：

设 $\alpha=\arctan\frac{1}{5}$，$\beta=\arctan\frac{1}{239}$，则 $\tan\alpha=\frac{1}{5}$，$\tan\beta=\frac{1}{239}$。只欠验证

$$\frac{\pi}{4}=4\alpha-\beta$$

等价于验证

$$1=\tan(4\alpha-\beta) \tag{10.1}$$

事实上

$$\begin{aligned}\tan(4\alpha-\beta)&=\frac{\tan4\alpha-\tan\beta}{1+\tan4\alpha\tan\beta}\\&=\frac{\tan4\alpha-\frac{1}{239}}{1+\frac{1}{239}\tan4\alpha}\end{aligned} \tag{10.2}$$

$$\begin{aligned}\tan4\alpha&=\frac{2\tan2\alpha}{1-\tan^2 2\alpha}=\frac{2\times\frac{2\tan\alpha}{1-\tan^2\alpha}}{1-\left(\frac{2\tan\alpha}{1-\tan^2\alpha}\right)^2}\\&=\frac{120}{119}\end{aligned}$$

把 $\tan4\alpha=\frac{120}{119}$代入（10.2）得

$$\tan(4\alpha-\beta)=1$$

即（10.1）式成立，从而$\frac{\pi}{4}=4\arctan\frac{1}{5}-\arctan\frac{1}{239}$成立。

我们看到，证明公式$\frac{\pi}{4}=4\arctan\frac{1}{5}-\arctan\frac{1}{239}$并不难，但这个公式当年是怎么得到的呢？求得这一公式比证明它要难。正所谓数学是一位叫作“邱彼郑楠”的公主（求比证难）。

与上面验证相似的可以证明公式

$$\frac{\pi}{4}=4\arctan\frac{1}{5}-\arctan\frac{1}{70}+\arctan\frac{1}{99} \tag{10.3}$$

$$\frac{\pi}{4}=\arctan\frac{1}{2}+\arctan\frac{1}{5}+\arctan\frac{1}{8} \tag{10.4}$$

1841 年，英国卢瑟福用公式（10.3）算得 π 的小数点后第 152 位数字。1844 年，德国心算专家达瑟用公式（10.4）算出 π 的小数点后

第 200 位数字

$$\pi = 3.1415\ 9265\ 3589\ 7932\ 3846\ 2643\ 3832\ 7950\ 288\ 4197$$
$$1693\ 9937\ 5105\ 820\ 9749\ 4459\ 2307\ 8164\ 0628\ 6208\ 9986$$
$$2803\ 4825\ 3421\ 1706\ 7982\ 14\ 8086\ 5132\ 8230\ 6647\ 0938$$
$$4460\ 9550\ 5822\ 3172\ 5359\ 4081\ 2848\ 1117\ 45\ 0284\ 1027$$
$$0193\ 8521\ 1055\ 5964\ 4622\ 9489\ 5493\ 0381\ 96$$

关于 π 的计算公式还有很多，例如

$$\frac{2}{\pi} = \frac{\sqrt{2}}{2}\frac{\sqrt{2+\sqrt{2}}}{2}\frac{\sqrt{2+\sqrt{2+\sqrt{2}}}}{2}\cdot\cdots \quad \text{（法国，韦达，1579 年）}$$

$$\frac{\pi}{2} = \frac{2\cdot 2\cdot 4\cdot 4\cdot 6\cdot 6\cdot\cdots}{1\cdot 1\cdot 3\cdot 3\cdot 5\cdot 5\cdot 7\cdot\cdots} \quad \text{（英国，沃利斯，1655 年）}$$

$$\frac{4}{\pi} = 1 + \cfrac{1^2}{2 + \cfrac{3^2}{2 + \cfrac{5^2}{2 + \cfrac{7^2}{2 + \cdots}}}} \quad \text{（英国，布龙克尔，1658 年）}$$

18 世纪以前，人们对 π 的认识有很大的盲目性，甚至企图求得精确的 π 值。1767 年，一件大事发生了，德国数学家兰伯特严格证明 π 是无理数，从而使企图求得 π 的准确值的企图成了泡影。1794 年，法国大数学家勒让德证明了 π^2 也是无理数，从而让人们明白 π 这个无理数与 $\sqrt{2}$，$\sqrt{\frac{3}{2}}$ 等等无理数不同，它不是根式型无理数。1882 年，德国数学家林德曼证明 π 是超越数，即 π 不是有理系数多项式的根。

20 世纪，人们用计算机求出了 π 的上亿位的数字，例如日本人廉正蒲田 1986 年用计算机求得 π 的小数点后第 134217700 位数字。

计算机可真是个好玩意，用割圆法手工业地求 π 的成果已经成为历史文物了，数学家拒绝使用计算机是不明智的。π 的上亿个数字，不用说是求出来，就是抄在本子上，也是个苦差使，每页纸抄 1000 个数字，要抄十万多页！

在日本人求得的 π 的近似值中，数字串 314159 出现过 6 次，我们可以问数字串 0123456789 是否会出现在 π 的十进制数字之中？也可以问 $x=?$，x 满足

$$x=\begin{cases}(-1)^k, k\text{ 是 }\pi\text{ 中第一次出现数字串 102030405060708090} \\ \qquad\qquad\text{时 1 在小数点后的位数；} \\ 2, \qquad \pi\text{ 中不存在数字串 102030405060708090}\end{cases}$$

x 这个数是存在唯一的，但目前尚无人求得 x 的准确值，虽然 x 不是 −1就是 1，要么是 2。

当然也可以用无穷多个其他数字串代替 102030405060708090 提类似的问题，例如

$$y=\begin{cases}(-1)^k, k\text{ 是}\underbrace{0888\cdots8}_{100\text{个}8}\text{这个数字串首次在 }\pi\text{ 中出现时 0 在} \\ \qquad\qquad\text{其小数点后的位数；} \\ 2, \qquad \underbrace{0888\cdots8}_{100\text{个}8}\text{ 在 }\pi\text{ 的十进制小数中不出现}\end{cases}$$

由于 π 是无理数，所以使得人们提出了这般似乎无理取闹的问题；π 是超越数，使得人们提出了超越人们力所能及的范围的问题。在数学科学面前，谁也不是全能的数学家，犹如奥运会的跳高名将在逐渐升高的横杆面前一样，人人都将成为失败者而被淘汰出局。

π 到底是什么？按构造主义学派的观点，π 永远是个无法确知的未知数，为了研究和计算 π，人们得到了许多“中间产品”，丰富着数学的成果库，π 是一只会下金蛋的神鹅。

在求 π 的擂台上，中国的刘徽和祖家父子为我们中华民族创造过世界纪录，我们当然会见贤思齐，数典念祖，中国古代数学曾称雄于世，中华民族善良勤奋，睿智机敏，数学科学乃我之所长，希望 21 世纪是中国数学复兴的世纪。

第十一回 痴迷数学张遂剃度天台山 创立天元李冶隐居封龙谷

如果观测到一个函数 $y=f(x)$ 在 x_0，x_1，x_2 三点上的函数值分别为 $y_0=f(x_0)$，$y_1=f(x_1)$，$y_2=f(x_2)$，不妨设 $x_0<x_1<x_2$，则在闭区间 $[x_0,x_2]$ 上 $f(x)$ 可以用二次多项式来近似：

$$f(x)\approx y_0+y_{0,1}(x-x_0)+y_{0,1,2}(x-x_0)(x-x_1) \qquad (11.1)$$

其中

$$y_{0,1}=\frac{y_1-y_0}{x_1-x_0},\ y_{1,2}=\frac{y_2-y_1}{x_2-x_1},\ y_{0,1,2}=\frac{y_{1,2}-y_{0,1}}{x_2-x_0}$$

由于二次多项式有计算（求任一点的函数）简便，容易画出其图像的优点，所以对许多函数，都往往采用（11.1）式来近似表示。这种近似方法称为二次不等距（x_1-x_0 与 x_2-x_1 未必一样）插值算法或“一行算法”，是八世纪中国著名数学天文学家僧一行发明的。十七世纪，英国大数学家牛顿也发明了此算法，但他已比我国的僧一行晚了上千年。

例如 $y=\sin x$，若 $x_0=0$，$x_1=\frac{\pi}{2}$，$x_2=\pi$，

则 $y_{0,1}=\dfrac{\sin\frac{\pi}{2}-\sin 0}{\frac{\pi}{2}-0}=\dfrac{2}{\pi}$，

$y_{1,2}=\dfrac{\sin\pi-\sin\frac{\pi}{2}}{\pi-\frac{\pi}{2}}=-\dfrac{2}{\pi}$，$y_{0,1,2}=\dfrac{-\frac{2}{\pi}-\frac{2}{\pi}}{\pi-0}=-\dfrac{4}{\pi^2}$，于是

$$\begin{aligned}\sin x&\approx 0+\frac{2}{\pi}(x-0)-\frac{4}{\pi^2}(x-0)\left(x-\frac{\pi}{2}\right)\\&\approx-\frac{4}{\pi^2}x^2+\frac{4}{\pi}x\end{aligned}$$

替代 $\sin x$ 的二次函数是顶点在 $\left(\frac{\pi}{2}，0\right)$ 的与横轴交于（0，0）与（π，0）的开口向下的抛物线，见图 11-1。

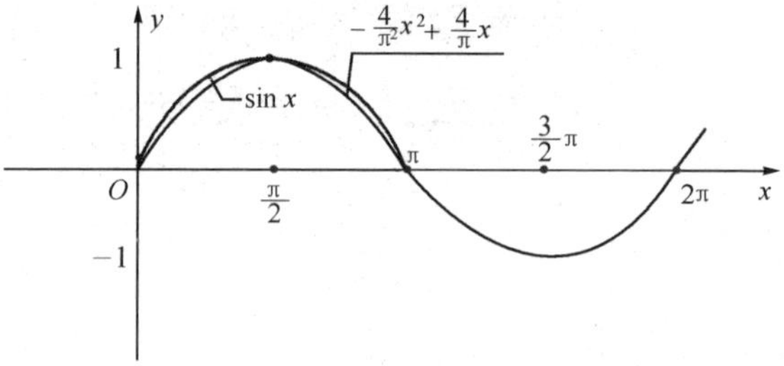

图 11-1

二次近似与原来的函数 $y=f(x)$ 在 x_0，x_1，x_2 上的值是一样的。

僧一行没有考虑近似的误差，牛顿给出了误差表达式并加了证明。

我们从图 11-1 上看到，在 $[0，\pi]$ 上，$\sin x$ 与其二次插值算法给出的近似相差无几，面貌酷似，而且插值近似 $-\frac{4}{\pi^2}x^2+\frac{4}{\pi}x$ 可以轻易地只用乘法与加法求得任意 $x\in[0，\pi]$ 上的近似函数值，而由 $y=\sin x$ 求 $y_3=\sin 1$ 就麻烦多了！y_3 的近似值 $\overline{y}_3$ 则易得，$\overline{y}_3=-\frac{4}{\pi^2}+\frac{4}{\pi}=\frac{4\pi-4}{\pi^2}$；又 $\sin\frac{\pi}{5}\approx-\frac{4}{\pi^2}\frac{\pi^2}{5^2}+\frac{4}{\pi}\frac{\pi}{5}=\frac{16}{25}$，而 $\sin\frac{\pi}{5}$ 的准确值是求不出来的。

僧一行是一位法号“一行”的和尚，他的原名叫张遂（683～727），唐朝人，籍贯今河南南乐县，曾祖父张公谨为襄州都督，父张擅为武功县令。张遂天生聪慧，敏而好学，博览诸子百家之作，二十岁即以学识渊博著称中原。当时正值武则天掌权做了女皇帝，这个家伙生活上淫荡无度，政治上专酷无情，她先后杀掉唐太宗的宗室贵戚数百人，大臣被杀者数百家，刺史、郎将以下心怀异志而被她砍头者不计其数，朝野一片恐怖。武则天家侄武三思，凭借其姑妈的皇权，杀男霸女，无恶不作，这小子狗屁不懂却豢养了一帮给他拍马的自宫文人，以便显示他的斯文。人们一提起武则天与武三思，无不切齿作呕。一日武三思听他的走狗文人说张遂如何聪明如何有学问，武三思令那位走狗文人去通知张遂，说请张遂到宫内做武三思的门客，即养在武三思家为武三思做文化门面的食客。张遂清高志远，岂能与武三思之流合污，于是连夜前往嵩山，投奔佛门，剃度为僧，取法号“一行”，后转居天台山，专心研修天文与数学；之后朝廷多次下诏令张遂回朝做官，张遂皆以出家人不返红尘而拒绝。直至武家权势衰退，李隆基（唐玄宗）掌权后，张遂于721年奉玄宗之命主编新历法，725年编制《大衍历》。《大衍历》编成后，张遂随即谢世，卒年仅44岁。《大衍历》在全国颁布施行，734年传入日本，在东瀛照行《大衍历》百余年。上面的不等距二次插值算法就是张遂编制《大衍历》时为进行近似计算而发明的，同时他还用二次插值方法编制了三角函数表。

张遂刚直不阿的耿直秉性，脱俗专志不畏强权的学者风范，是当今每个有志青年的榜样。

在中国数学史上另一位在政治品质与数学成就上与张遂同样令人肃然起敬的大人物是元代数学家李冶。李冶的代表作《测圆海镜》中，把实际问题化成高次方程的数学模型，再对高次代数方程进行数值研究。李冶把方程

$$a_0x^n + a_1x^{n-1} + \cdots + a_{n-1}x + a_n = 0 \qquad (11.2)$$

中的未知数 x 称为“天元”，把由实际模型化成形如（11.2）的代数方程模型进而求出未知数的数学工作称为天元术。李冶及其学生们称“代数即天元，几何即勾股”。李冶的高次方程大多出自诸如“勾股容圆”的几何问题，所谓“勾股容圆”问题是指与直角三角形的内切圆有关的问题。李冶曾研究过4次和6次方程

$$-0.4375x^4 + 766.5x^3 - 165963x^2 - 252393120x + 60989241600 = 0$$

$$-2x^6 - 714x^5 - 62165x^4 - 2220302x^3 + 82926810x^2 + 1725602816x + 51336683776 = 0$$

等等。

在李冶另一部数学著作《益古演段》中第三十三题曰：“今有圆田一段，中心有直池水占之，外计地七千三百丈，只云并内池长阔。少田径五十五步，阔不及长三十五步，问三事各多少？”

“三事”指长方形的水池的长与宽以及圆的直径。

设圆田直径为 x 丈，当时 π 取3，则圆面积为 $\pi\left(\frac{x}{2}\right)^2 = \frac{3}{4}x^2$；“外

计地七千三百丈”即水池外圆内面积为 7300 丈^2，故水池面积为$\frac{3}{4}x^2-7300$（图 11-2）。

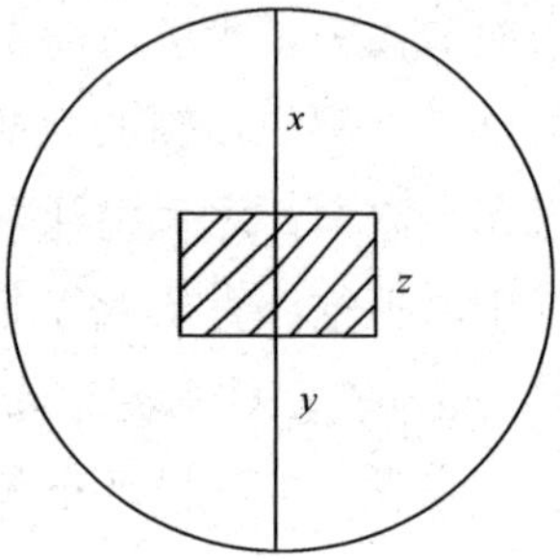

图 11-2

设池之长与宽分别为 y 与 z，由题意“并内池长阔少田径五十五步”，即 $y+z=x-55$。阔不及长三十五步，即 $y-z=35$，于是由

$$(y+z)^2-(y-z)^2=4yz$$

得

$$(x-55)^2-35^2=4yz$$

而 yz 是水池的面积，上面已知水池面积为$\frac{3}{4}x^2-7300$，所以

$$(x-55)^2-35^2=4\left(\frac{3}{4}x^2-7300\right)$$

$$x^2+55x-15500=0$$

解得 $x=100$（负根舍去）。把 $x=100$ 代入

$$\begin{cases}y+z=x-55=45\\y-z=35\end{cases}$$

解得 y（池长）$=40$（丈），$z=5$（丈）。最后知圆直径 100 丈，池长 40 丈，宽 5 丈。

我们从此题上述天元术过程欣赏了李冶解法之高明；例如他用恒等式$(a+b)^2-(a-b)^2=4ab$，把天元 x 与池面积挂钩，进而列出二次方程。

李冶（1192～1279），原名李治，字仁卿，号敬斋，河北栾城县（现石家庄市栾城区）人，金朝进士。1232 年蒙古军队攻入中原，李冶流落山西隐居，后迁入河北封龙山谷办学授课；此山中有一个“封龙书院”，藏书十几万卷，文人隐士出没其间，或聚徒讲学，或谈经论道，之中不乏爱好数学者，李冶经常与之交流学术，切磋研究成果。李冶在山上虽“饥寒不能自存”，仍痴心研究数学，尊为“龙山老人”。“隐身免留千载笑，成书还待十年闲。”李冶在封龙山谷隐居 20 余载。写出

《测圆海镜》和《益古演段》二部世界级著名数学文献。元世祖忽必烈多次差大臣持御书聘请李冶出山，入朝做官，许以高爵厚禄，李冶皆以老病谢绝，“宁与木石为伍”，不去为帝王的封建专制效劳。

忽必烈在御书中问李冶“天下当如何而治?”李冶冒死复函：“夫治天下，难则难于登天，易则易于反掌。盖有法度则治，控名责实则治，进君子退小人则治，如是而治天下，岂不易于反掌乎？无法度则乱，有名无实则乱，进小人退君子则乱，如是而治天下，岂不难于登天乎?”1265 年，李冶应忽必烈反复热情相邀，去北宋翰林院任职，怎奈李敬斋纵有铁肩亦难担道义，徒有铁笔也难抒己见，翰林院大事小事都必须绝对遵从皇帝意愿行事，持有半点独立思考者斩。李冶的耿直秉性实在忍受不了那种思想专制，他预感到弄不好也许会受文字狱之苦，白白断送自己的事业前程，他心中怀念着他的天元术，在翰林院勉强干了几个月便托病辞官，重返封龙谷隐居。忽必烈再三挽留，李冶坚持回山，送别李冶那天，诗人耶律铸赠李冶离情诗一首：

一代文章老，素车归故山。
露浓山月净，荷老野塘寒。
茆屋已知足，布衣甘分閒。
世人学不得，须信古今难。

李冶从此不再离开封龙谷半步，埋头研究与教授数学，年至 87 岁而逝。史家对李盖棺定论曰：“讲学著书，秘演算术，独能以道德文章，确然自守，至老不衰。”李冶遗嘱：“吾平生著述，死后可尽燔去，独《测圆海镜》，虽九九小数，吾常精思致力焉，后世必有知者，庶可布广垂永乎?”

对于《测圆海镜》，后世果然有知之者，例如 20 世纪巴黎大学的林力娜以《测圆海镜》研究为题目的博士论文通过答辩，获博士学位。著名数学史家美国人萨顿在他的著作中写道：“李冶是金元时期中国最伟大的数学家之一。”

1992 年，栾城县举办了李冶诞生 800 周年纪念会，并建立了“李冶陈列馆”，李冶已被公认为中国乃至世界的文化名人。

第十二回　杨辉三角藏数理
华老觚板揭玄机

杨辉是南宋时代中国著名数学家，浙江杭州人，与秦九韶、李冶、朱世杰合称宋元“四大家”。1261 年，杨辉在其名著《详解九章算法》中画了一张图，人称“杨辉三角”，见图12-1，该三角形两腰上的数字皆为 1，其他数是其最接近的左上方与右上方两数之和，此三角可以生成无穷多层。它有许多优美性质，例如：

（1）第 n 层是 1，C_{n-1}^{1}，C_{n-1}^{2}，…，C_{n-1}^{r-1}，C_{n-1}^{r}，…,1。

（2）第 n 层是 $(a+b)^{n-1}$展开式的系数。

（3）第 $n+1$ 层是 $u(x)v(x)$的 n 阶导数的各项之系数。

（4）由此三角看出 $C_{n-1}^{r-1}+C_{n-1}^{r}=C_{n}^{r}(r=1,2,\cdots,n)$。

（5）第 $n+1$ 层之和是 2^n。

1956 年，我国现代数学大师华罗庚教授从概率论的角度对杨辉三角做了精彩论证，见图 12-2。

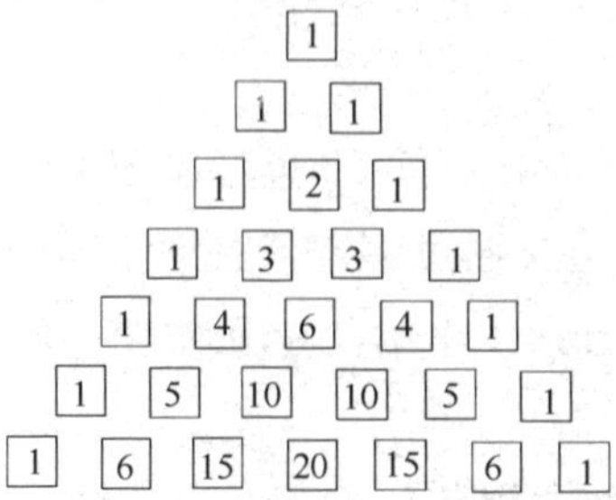

图 12-1

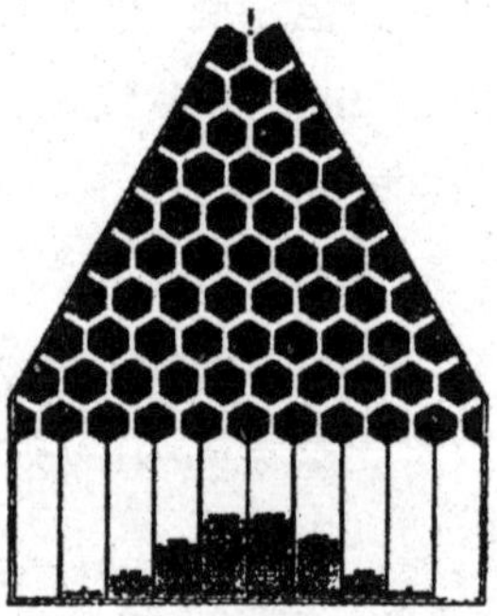

图 12-2

在一块倾斜的木板上贴上一些全等正六边形木块，古代的酒杯口就是正六边形的，这种酒具称为觚。在最下层是一些长方形的匣子。相邻木块的公共边处留一条细缝，可以让从上面落下的小球通过。

小球从顶上通过中间竖直细缝落至第二层木块之顶端，然后左右等可能地滚过第二层中间那块木块两侧的某一竖直细缝，再落到下一层三个竖直细缝之一，如果小球滚入这三个竖直细缝最左侧的那个竖直细缝，它是从上一层最左竖直细缝来的，若小球滚入这三个竖直细缝最右侧的那个竖直细缝，它是从上一层最右竖直细缝来的，若小球滚入中间的竖直细缝，它可能有两种来处，或者从上层左侧竖直细缝而来，或者从上层右侧竖直细缝而来，可见小球落入第二层两竖直细缝的可能性大小之比是 1 比 1，落入第三层三个竖直细缝（从左至右）可能性大小之比为 1∶2∶1；依此类推，小球落入第四层四个竖直细缝的可能性大小之比为 1∶3∶3∶1，…，小球落入第 $n+1$ 层各竖直细缝的可能性大小之比为 $1:C_n^1:C_n^2:\cdots:C_n^{n-1}:1$。

由此可知杨辉三角每层写的数字恰为一个小球从上述觚板顶落下通过该层各竖直细缝可能性大小之比，即通过各竖直细缝概率的比，如果从顶端放出$1+C_n^1+C_n^2+\cdots+C_n^{n-1}+1=2^n$ 个小球，落入觚板底部 $n+1$ 个匣子中的球的数目从左到右按可能性来计算恰为杨辉三角中第 $n+1$ 行上写的数字；若把匣子从左到右编号为 $1,2,\cdots,n+1$，则落入奇数号码匣子中的小球总数与落入偶数号码匣子里的小球总数一样多，这是因为

$$0=(1-1)^n=1-C_n^1+C_n^2-\cdots+(-1)^{n-1}C_n^{n-1}+(-1)^n$$

杨辉三角有显明的图论意义，见图 12-3。在一个角的平分线上从角顶点开始依次截取 n 段等长的线段，过每个线段之端点作角平分线的垂线，从左向右在第 k 条平行线上等距地画上 k 个顶点，$k=1,2,\cdots,n+1$，最左最右的顶在角的边上，再从每个顶点向它的下层最近的两顶画上两条有向边，构成一个“杨辉有向图”，我们发现命题 O：从角顶开始到某顶的有向道路的条数恰为杨辉三角中的数字。

下面我们用数学归纳法证明上述杨辉三角的图论含义。

事实上，在图 12-3 所示的有向图上，我们对其自上而下的层数进行归纳法证明。对于第二层，命题成立。假设对第$n-1$层命题已成立，下证对第 n 层，命题仍成立。任取第 n 层上的一个顶，如果此顶在三角形腰上，则显然从角顶到此顶的有向路条数为 1，命题成立；若此顶 x

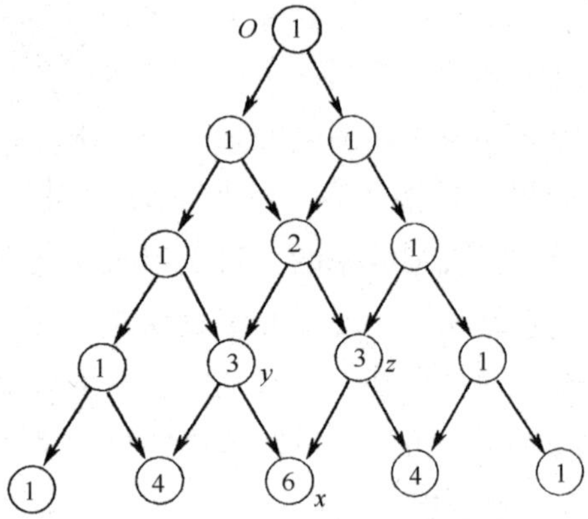

图 12-3

不在三角形腰上，则此顶 x 的最近的左上方与右上方的两顶 y，z 上写的数，由归纳法假设，分别为角顶到左右上方这两顶的有向路的条数，而由角顶到顶点 x 的有向路是由角顶 O 行至 y 再行一步到达 x 或由 O 行至 z 再行一步到达 x，可见 $x=y+z$，此处用 x 代表由 O 到 x 的有向路条数，y，z 亦作相似理解，至此证出命题 O 成立。

如果把杨辉三角形做成一个等腰直角三角形，且使其顶角在左上角，一条直角边呈水平，把此杨辉三角无限延展，则得一个无穷行列的方阵 A。

1654 年，法国大数学家帕斯卡发明了下面的一个无穷方阵

1	1	1	1	1	1	…
1	2	3	4	5	6	…
1	3	6	10	15	21	…
1	4	10	20	35	56	…
1	5	15	35	70	126	…
1	6	21	56	126	252	…
⋮	⋮	⋮	⋮	⋮	⋮	…

西方称之为帕斯卡三角，不难看出，在帕斯卡无穷方阵上从左上方切下一个等腰三角形恰为杨辉三角，不过帕斯卡的这一发明已比杨辉迟到了 400 年左右。显然，帕斯卡方阵就是我们刚才说的方阵 A，当然，帕斯卡不懂中文，他的方阵是独立搞出的，并非抄袭杨辉的成果。

帕斯卡无穷阵也有不少奇妙的性质，如果用 a_{ij} 表示第 i 行第 j 列的数字，则

(1) $a_{1,j}=a_{i,1}=1$

(2) $a_{i,j}=a_{j,i}$

(3) $a_{i,j}=a_{i-1,j}+a_{i,j-1}$，$i>1$，$j>1$

(4) $a_{i,j}=\dfrac{(i+j-2)!}{(i-1)!\ (j-1)!}$ $(0!\ =1)$

(5) $a_{i,1}+a_{i,2}+a_{i,3}+\cdots+a_{ij}=a_{i+1,j}$

与杨辉三角相比，帕斯卡无穷阵有解析公式可用的优越性。

帕斯卡（1623～1662）是科学史上的神童之一，16 岁就出版了一本关于圆锥曲线的著作，莱布尼茨看过此书后十分赞赏。1640 年，帕斯卡发表《略论圆锥曲线》，笛卡儿看后不敢相信这篇文章出自一个 17 岁少年之手，这篇文章是自古希腊阿波罗尼奥斯之后关于圆锥曲线的最重要的成果。数学界当时公认，单凭这篇文章，帕斯卡即可以有资格称为著名数学家。在这篇文章中，帕斯卡提出且证明了著名的帕斯卡定理：

圆锥曲线的内接六边形三组对边之交点共线。

1653 年，帕斯卡的朋友梅累（一个赌徒）向帕斯卡请教下面的所谓“分赌本问题”：“两个玩骰子的人各出赌本 32 金币，约定甲先掷出三次六点或乙先掷出三次四点，就算赢了对方，甲已掷出两次六点，乙已掷出一次四点，赌博因故中止（可能是警察来抓赌，甲乙急忙携赌本逃走），问甲乙应如何分这 64 个金币的赌本?” 1654 年，帕斯卡正确地解决了这个问题，开创了概率的研究。

1640 年，帕斯卡为减轻当会计的父亲繁重的计算负担，用两年时间研制出世界上第一台六位手摇计算机，此种计算机的原件现仍在巴黎国立工艺博物馆珍藏。

帕斯卡还是牛顿、莱布尼茨发明微积分的先行者，他曾计算出

$$\int_0^a x^n \mathrm{d}x = \frac{1}{n+1}a^{n+1}$$

帕斯卡在他的无穷矩阵上应用了数学归纳法，他是历史上最早使用数学归纳法的人。

他在物理学上建树亦颇为丰富，又是著名的散文家，他的散文集《思想录》是世界思想文化史上的不朽名著，思想深刻奇特，文笔隽秀

流畅，对后世文学与思想界影响很大。帕斯卡 39 岁去世，虽英年早逝，但在数学、物理与思想文化等领域为人类留下了丰富而宝贵的精神财富。他生前的座右铭是：

追求真理时，发现真理；
已知真理时，论证真理；
探讨真理时，鉴别真理。

中国的杨辉、法国的帕斯卡是世界数学史上两颗光彩照人的明星，他们才思敏捷，富于巧妙的构造性才能，是人类文化史上的奇才、模范和功臣。

第十三回 天地人物汉卿著《四元玉鉴》 堆垛岚峰松庭作《算学启蒙》

元代时中国出了两位大数学家，一位是第十一回所述的李冶，一位是现在要说的朱世杰。朱世杰也是河北省人，字汉卿，号松庭，平民职业数学家，以云游四海讲学著书为生。他的代表作是《四元玉鉴》。“四元”指四个未知数天元、地元、人元和物元，现在可以分别用 x，y，z，w 来表示；玉鉴是用玉石打磨而成的镜子；“四元玉鉴”这个书名含义是对多元代数方程研究的一面镜子。他的另一部名著是《算学启蒙》，是一部在中国乃至世界最早的科普著作。

在《四元玉鉴》当中，朱世杰把实际模型化成含多个未知数的代数方程组，再经消元法得出仅含一个未知数的高次方程，最后求取这个高次方程的解。例如他在《四元玉鉴》中曾得到过一个 14 次的物元（w）方程

$$2006w^{14}-11112w^{13}+22292w^{12}-19168w^{11}+2030w^{10}+12637w^{9}-8795w^{8}-8799w^{7}+19112w^{6}-9008w^{5}-384w^{4}+1792w^{3}-640w^{2}-768w+1152=0 \tag{13.1}$$

这个方程是当时全球出现的非平凡的次数最高的代数方程，“非平凡”是指它是比较一般性的，不是如 $w^{100}-1=0$ 那种其实数解极易求得的平凡方程。对于方程（13.1），朱世杰解得 $w=2$。

莫若在为《四元玉鉴》作序时说：“燕山松庭先生，以数学名家周游湖海二十余年矣。四方之来学者日众，先生遂发明《九章》之妙，以淑后学。为书三卷，……，名曰《四元玉鉴》。……先生是书行将大用于世。有能执此以往，则古人格物致知之学，治国平天下之道，其在是矣。”

在《算学启蒙》当中，最为引人入胜的问题莫过于堆垛问题，今摘四题且解答如下。

(1) 今有菱草底子每面五十四束，问积几何？

“菱草”，喂牲口（牛马）的干草捆（束），底面并排码了 54 捆，向上每层少一捆，顶上一捆，所以

$$1+2+3+\cdots+54=1485(\text{捆})$$

(2) 今有三角垛果子，每面底子四十四个，问共积几何？

把一样大小的果子（例如西瓜、苹果之类）堆垛成正三棱锥形，底面每边 44 个果子，顶上仅一个果子，从上面向下数，每层果子数分别为 1，3，6，…，$\frac{1}{2}n(n+1)$，n 是层数。今$n=44$，于是全垛共有果子

$$1+3+6+\cdots+\frac{1}{2}n(n+1)\ \text{个}$$

由数学归纳法容易证明 $1+3+6+\cdots+\frac{1}{2}n(n+1)=\frac{1}{6}n(n+1)(n+2)$，事实上

$n=1$ 时，公式显然成立。

假设 $n=k$ 时公式成立，即

$$1+3+6+\cdots+\frac{1}{2}k(k+1)=\frac{1}{6}k(k+1)(k+2)$$

我们递推对 $n=k+1$，公式仍成立，即往证

$$\left[1+3+6+\cdots+\frac{1}{2}k(k+1)\right]+\frac{1}{2}(k+1)(k+2)$$
$$=\frac{1}{6}(k+1)(k+2)(k+3) \qquad (13.2)$$

由归纳法假设，(13.2) 式左端等于

$$\frac{1}{6}k(k+1)(k+2)+\frac{1}{2}(k+1)(k+2)$$
$$=\frac{1}{6}(k+1)(k+2)(k+3)$$

可见 (13.2) 式成立，至此，由数学归纳法知公式

$$1+3+6+\cdots+\frac{1}{2}n(n+1)=\frac{1}{6}n(n+1)(n+2)$$

成立。

当 $n=44$ 时得

$$\frac{1}{6}\times 44\times(44+1)\times(44+2)=15180$$

即此垛果子数为 15180 个。

(3) 今有三角、四角果子垛各一所，共积六百八十五个，只云三角底子一面不及四角底一面七个，问二垛底子一面几何？

“三角果子垛”是每层皆正三角形的果子垛，“四角果子垛”是每层皆正方形顶上只一个果子的四棱锥垛。设三角垛底边为 x 个果子，则四角垛底边为$x+7$ 个果子，于是三角垛共有果子

$$\frac{1}{6}x(x+1)(x+2)$$

可以用归纳法证明四角垛有果子$\frac{1}{6}n$ $(n+1)$ $(2n+1)$，其中 n 是底边果子数。对于公式

$$1+2^2+3^2+\cdots+n^2=\frac{1}{6}n(n+1)(2n+1)$$

当 $n=1$ 时显然公式成立，若 $n=k$ 时，公式成立，即

$$1+2^2+3^2+\cdots+k^2=\frac{1}{6}k(k+1)(2k+1)$$

往证 $n=k+1$ 时，公式仍成立，即欲证

$$(1+2^2+3^2+\cdots+k^2)+(k+1)^2$$

$$=\frac{1}{6}(k+1)(k+2)(2k+3)$$

由归纳法假设，上式左端等于

$$\frac{1}{6}k(k+1)(2k+1)+(k+1)^2$$

$$=\frac{1}{6}(k+1)(k+2)(2k+3)$$

由数学归纳法知公式

$$1^2+2^2+\cdots+n^2=\frac{1}{6}n(n+1)(2n+1)$$

成立。

于是，

$$\frac{1}{6}x(x+1)(x+2)+\frac{1}{6}(x+7)(x+8)(2x+15)=685$$

$$3x^3+48x^2+339x-3270=0$$

解得 $x=5$。即三角垛底边为 5 个果子，四角垛底边为 $5+7=12$ 个

果子。

（4）今有四角岚峰形果子，积四百四十八个，问底子几何？

“四角岚峰形”果垛群如图 13-1。从左向右有若干列果子垛，第一列一垛，由一个果子组成；第二列两垛，每垛是底面每边两个果子的四角果子垛；第三列三垛，每垛是底面每边三个果子的四角垛，等等。于是可用数学归纳法证出这些垛的果子总数为（共 n 列）

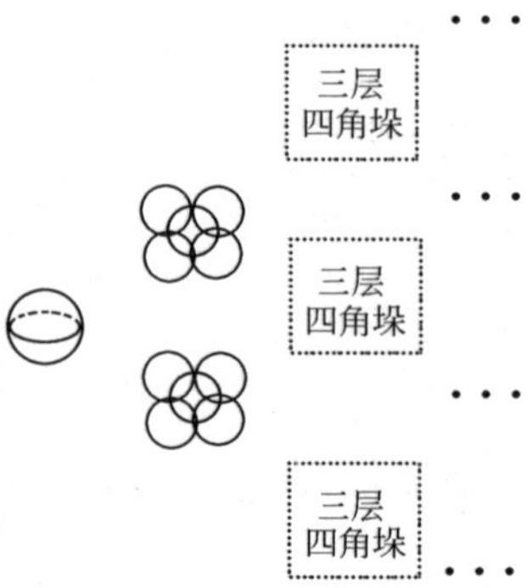

图 13-1

$$1\times1+(1+4)\times2+(1+4+9)\times3+\cdots+(1+4+9+\cdots+n^2)\times n$$
$$=\frac{1}{60}n(n+1)(n+2)\left[n\left(4n+\frac{3}{2}\right)+\left(4n+\frac{1}{2}\right)\right] \qquad (13.3)$$

事实上，当 $n=1$ 时，左端为 $1\times1=1$，右端为

$$\frac{1}{60}\times1\times(1+1)\times(1+2)\left[1\left(4\times1+\frac{3}{2}\right)+\left(4\times1+\frac{1}{2}\right)\right]=1$$

左=右；当 $n=2$ 时，左端为 $1\times1+(1+4)\times2=11$，右端为

$$\frac{1}{60}\times2\times(2+1)\times(2+2)\left[2\times\left(4\times2+\frac{3}{2}\right)+\left(4\times2+\frac{1}{2}\right)\right]=11$$

左=右，归纳法起步完成。假设对 $n=k$，公式（13.3）已成立，下证对于 $n=k+1$，公式（13.3）仍成立。即往证

$$[1+(1+4)\times2+\cdots+(1+4+9+\cdots+k^2)\times k]+[1+4+9+\cdots+k^2+(k+1)^2](k+1)$$
$$=\frac{1}{60}(k+1)(k+2)(k+3)\times\left\{(k+1)\left[4(k+1)+\frac{3}{2}\right]+\left[4(k+1)+\frac{1}{2}\right]\right\} \qquad (13.4)$$

由归纳法假设，

$$1+(1+4)\times 2+\cdots+(1+4+9+\cdots+k^2)\times k$$
$$=\frac{1}{60}k(k+1)(k+2)\left[k\left(4k+\frac{3}{2}\right)+\left(4k+\frac{1}{2}\right)\right]$$

为证（13.4）式，只需证

$$\frac{1}{60}k(k+1)(k+2)\left[k\left(4k+\frac{3}{2}\right)+\left(4k+\frac{1}{2}\right)\right]+\left[1+4+9+\cdots+(k+1)^2\right](k+1)$$
$$=\frac{1}{60}(k+1)(k+2)(k+3)\times\left\{(k+1)\left[4(k+1)+\frac{3}{2}\right]+\left[4(k+1)+\frac{1}{2}\right]\right\} \quad (13.5)$$

又已知

$$1+2^2+3^2+\cdots+n^2=\frac{1}{6}n(n+1)(2n+1)$$

故只需证

$$\frac{1}{60}k(k+1)(k+2)\left[k\left(4k+\frac{3}{2}\right)+\left(4k+\frac{1}{2}\right)\right]$$
$$+(k+1)\frac{1}{6}(k+1)(k+2)(2k+3)$$
$$=\frac{1}{60}(k+1)(k+2)(k+3)$$
$$\times\left\{(k+1)\left[4(k+1)+\frac{3}{2}\right]+\left[4(k+1)+\frac{1}{2}\right]\right\}$$

即是否

$$k\left[k\left(4k+\frac{3}{2}\right)+\left(4k+\frac{1}{2}\right)\right]+10(k+1)(2k+3)$$
$$=(k+3)\left\{(k+1)\left[4(k+1)+\frac{3}{2}\right]+\left[4(k+1)+\frac{1}{2}\right]\right\} \quad (13.6)$$

去括号合并同类项得（13.6）的两端皆为

$$4k^3+25.5k^2+50.5k+30$$

至此用数学归纳法证得朱世杰公式（13.3）成立。

是朱世杰告诉了我们公式（13.3），我们来用数学归纳法证实了“朱公式”的正确性，虽然证明中有比较麻烦的计算，但并未遇到实质性的困难。自问如果朱世杰不抛出公式（13.3），让我们来探求公式（13.3），则要比我们的证明更难完成。不怪人们戏称数学是“邱彼郑楠公主”（求比证难）。

数学自有数学之美，这种果垛群，从左向右看，犹如岚峰层叠，越远越高大宽阔，蔚为壮观。设最后一列的果垛每底边有 x 个果子，则由公式（13.3）及

$$4x^5+17\frac{1}{2}x^4+25x^3+12\frac{1}{2}x^2+x-26880=0$$

解得 $x=5$，即这个四角岚峰形果垛群共有五列，15 垛，最大的一垛底边有 5 个果子。

我们看到，朱汉卿把几何、堆垛、天元术有机结合，其间又有复杂的级数求和公式。列方程解方程，天元术高明，摆堆垛造岚峰，图景壮丽；实用性强，数理精深，是我国数学家对数学科学贡献的硕果。

赵元镇为《算学启蒙》作序说：“燕山松庭朱君笃学《九章》，旁通诸术，于寥寥绝响之馀，出意编撰算书三卷，分二十门，立二百五十九问，细草各辞，置图折体，训为《算学启蒙》……已足以贯通古今，发明后学……明天地之变通，演阴阳之消长，能穷未明之明，克尽不解之解，索数隐微，莫过乎此。是书一出，允为算法之标准，四方之学者归焉。”

到了朱世杰作数学的年代，中国古代数学已达到顶峰，之后则逐渐衰落了！一直到 20 世纪初，中国的数学家们多搞些珠算技术或对前人著述的传授注解等非创造性的工作，处于抱旧守古的状态。而 16 世纪到 20 世纪，西方数学却得到了翻天覆地的突破与发展，例如法国的笛卡儿等人创立了解析几何，英国牛顿、德国莱布尼茨发明了微积分等等。

秦始皇创始的封建制度，进行文化与思想专制，三纲五常，愚忠愚孝，统治者推行的腐朽思想文化与数学的科学思想，本质上是矛盾的，独裁者的统治思想是反科学的牢笼。秦始皇之后历代君主把孔孟之道作为正统思想。在中国古代数学中“寓理于算”、“学有所止”、疏于言证、“文词数学”等等，阻碍数学深入发展的思想局限皆来源于封建政治与思想的流毒。事实上，数学是以证明为其生命线的，例如哥德巴赫猜想：“大于 4 的偶数皆可表成两素数之和”，用手算可以从 4 起验证一大批偶数皆如此，华罗庚甚至证明出对几乎所有的偶数，哥德巴赫猜想成立，但人们还在努力探讨对一切大偶数哥德巴赫猜想是否成立？这种探

讨是必要的，例如

$$2+1=3，2^2+1=5，2^{2^2}+1=17，2^{2^{2^2}}+1=65537$$

都是素数，人们猜想$2^{2^{\cdot^{\cdot^{\cdot^2}}}}+1$是素数，但后来发现$2^{2^{2^{2^2}}}+1$有一个因数是 $2^{19}\times1575+1$，$2^{2^{2^{2^2}}}+1$并不是素数！不经严格证明，只凭直觉或经验归纳，可能会得出错误结论。中国古代数学明显存在重应用、轻理论的不良倾向。

八股取士的考试制度是一种窒息科学的教育制度，不懂数学照样可以“朝为田舍郎，暮登天子堂”，使得 20 世纪前坚持数学研究的人廖廖。另外，盲目排外、墨守成规是中国古代数学不能继续发展的另一个主要原因。

在中国的传统文明中，汉字的书写方式也不利于数学的发展。一直到 20 世纪初，汉字还是竖行书写，即使有时横行书写，也是从右向左写，设想我们这本书一定要排成竖行的版式，$\int\frac{\mathrm{d}x}{a+x}=\ln|a+x|+c$怎么个排法？长期排外，不接纳近代数学符号也对中国数学的发展产生过不小的阻碍，例如一直到 19 世纪，李善兰（1811～1882）翻译微积分时，硬是把

$$\int\frac{\mathrm{d}x}{a+x}=\ln|a+x|+c$$

翻译成

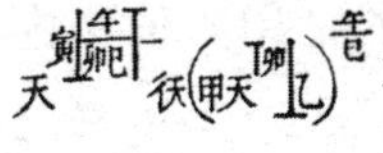
禾 $\frac{甲\perp天}{彳天}$ =（甲 ⊥ 天）对 ⊥ 丙

真让人啼笑皆非，既然是翻译，为什么不实录$\int\frac{\mathrm{d}x}{a+x}=\ln|a+x|+c$呢？当时的人们接受不了 a，$\mathrm{d}x$，ln，$\int$ 等洋字符；古代文人也许是怕被骂成是“洋奴”，是离经叛道，不敢使用世界通用的数学符号。

第十四回 神农幻方杨辉献艺 忧郁图版丢勒作秀

第八回中我们介绍过杨辉关于构作奇阶幻方的行为算法，杨辉构作的奇阶幻方称为“神农幻方”。

1687～1688年，法国的罗伯给出了奇阶幻方的另一种构作方法。以三阶幻方为例：画一个3×3的九格正方形R，再在它的上方与右侧加上一层格子，形成4×4的正方形，见图14-1。把0写在右上角，把1写在R的第一行中间位置，在1的右斜上方格子中写2，2已出R，则把2下降3格落位，填在该列最下空格；2的右上写上$2+1=3$，3已“出界”，左移3格落位，填在该行最左空格；3的右上方已有数1，在3的下方一格内写$3+1=4$；4的右上方写$4+1=5$；5的右上方写$5+1=6$，6的右上方已有数字0，$6+1=7$只好写在6下方一格内；7的右上方写8，8已出界，8左移三个格，填在该行最左空格；8右上方写$8+1=9$，9出界，下落3个格，填在该列最下空格。至此完成3阶幻方，在R中写出的就是3阶幻方。图14-2中写的是用罗伯法构作的5阶幻方。每行每列每条对角上数字之和皆65。

	9	2	0
8	1	6	8
3	5	7	3
4	9	2	

图14-1

	18	25	2	9	0
17	24	1	8	15	17
23	5	7	14	16	23
4	6	13	20	22	4
10	12	19	21	3	10
11	18	25	2	9	

图14-2

用罗伯的方法可以做出$(2k+1)\times(2k+1)$的任何奇阶幻方。

罗伯的构作方法明显地不如杨辉的构作方法巧妙。

任何一个三阶幻方，中心那个数一定是5。

事实上，由于幻方每行之和相等，设从 1 到 9 排成的 3 阶幻方如图 14-3，则每行之和每列之和每对角线之和皆为$\frac{1}{3}(1+2+3+4+5+6+7+8+9)=15$。于是

$x_4+x_5+x_6=x_2+x_5+x_8=x_3+x_5+x_7=x_1+x_5+x_9=15$

$x_1+x_2+x_3+x_4+x_5+x_6+x_7+x_8+x_9+3x_5=60$，

$3x_5=60-45=15$，$x_5=5$

另一个关于 3×3 幻方的性质是 1 与 9 不许在某个角上出现，事实上，若 1 在某角上出现，不妨设其出现在右上角，由于 5 在中央，所以左下角必为 9，见图 14-4。第一行还缺两个数，此二数之和应为 14，它们只能是 8 与 6，但 8 在左上角时，与同列的 9 之和超过了 15，6 在左上角时，6 与同列的 9 之和已经是 15，使得第二行第一个空格无数字可填，可见 9 与 1 不能摆在角上。

$$\begin{pmatrix} x_1 & x_2 & x_3 \\ x_4 & x_5 & x_6 \\ x_7 & x_8 & x_9 \end{pmatrix}$$

图 14-3

?		1
	5	
9		

图 14-4

德国数学家丢勒于 1514 年给出了一种 $4k$ 阶幻方的构作方法，例如 4×4 的幻方，构作方法如下：

（1）在 4×4 的方格纸上从第一行起从左向右依次抄入 1，2，3，…，16，见图 14-5。

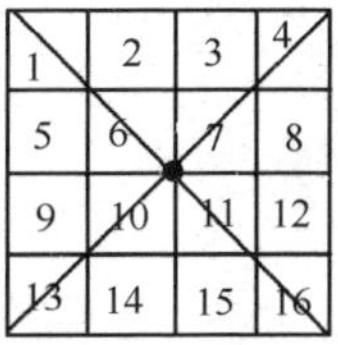

16	2	3	13
5	11	10	8
9	7	6	12
4	14	15	1

图 14-5

（2）把两对角线上的数字以 4×4 正方形中心为对称中心，对称点上的数字交换，则得一个 4 阶幻方。

对于 8×8 乃至 $4k\times4k$ 的幻方，构造方法相似，见图 14-6，步骤是：

把 1 至 64 从第一行起依次抄入 8×8 的正方形小格内；画上 4 个

1	2	3	4	5	6	7	8
9	10	11	12	13	14	15	16
17	18	19	20	21	22	23	24
25	26	27	28	29	30	31	32
33	34	35	36	37	38	39	40
41	42	43	44	45	46	47	48
49	50	51	52	53	54	55	56
57	58	59	60	61	62	63	64

64	2	3	61	60	6	7	57
9	55	54	12	13	51	50	16
17	47	46	20	21	43	42	24
40	26	27	37	36	30	31	33
32	34	35	29	28	38	39	25
41	23	22	44	45	19	18	48
49	15	14	52	53	11	10	56
8	58	59	5	4	62	63	1

图 14-6

4×4的子方格阵的对角线，以 8×8 的正方形中心为对称中心，把各对角线上对称位置的数字互换即得 8×8 幻方。

更高阶的 $4k\times4k$ 的幻方构作依此类推。读者已经有能力画一个 12×12 的幻方了，不信你试试看。

丢勒在 1514 年还构作了与图 14-5 不同的另一个 4×4 幻方，见图 14-7，称此幻方为“忧郁图版”。丢勒把年号 1514 写在此幻方之中（第 4 行中间），他事前希望这个幻方有以下有趣的性质：

（1）第一行与第二行各数平方和等于第三行与第四行各数的平方和。

（2）第一行与第三行各数的平方和等于第二行与第四行各数的平方和。

（3）对角线上各数之和等于不在对角线上各数之和。

（4）对角线上各数的平方和等于不在对角线上各数的平方和。

（5）对角线上各数的立方和等于不在对角线上各数的立方和。

16	3	2	13
5	10	11	8
9	6	7	12
4	15	14	1

图 14-7

丢勒的高超之处是他构造了一个满足性质（1）～（5）的幻方，而不是别人给他这个幻方图 14-7，他来验证出这 5 个性质；构造满足某种性质的数学结构比验证已给的数学结构满足某种性质要难得多，这就是戏称的“数学是一位叫作邱彼郑楠的公主”，“邱彼郑楠”是“求比证难”的谐音。例如证明 π 的存在以及 π 是无理数超越数虽然不易，但求

得 π 的准确值则是一个不能完成的题目。求比证难比比皆是。数学发展到 21 世纪，构造性数学逐渐时兴，但证明在数学中是永存的，即使是有大型计算机可用，一些计算还是由于时间复杂度太大而难以精确地完成。丢勒为构作满足条件（1）～（5）的 4×4 幻方，也曾因不能很快得到解决而忧郁。

在幻方构作当中，一般的偶阶幻方的构作至今未能彻底解决。

第十五回 三次方程闹剧获得公式解 神医卡丹内疚难舍诡辩量

12世纪，阿拉伯数学家海亚姆给出了一元三次方程的几何解法，海亚姆的名著《鲁拜集》已由郭沫若译成中文，他也是穆斯林的著名诗人。海亚姆用下面的作图方法求取三次方程

$$x^3+b^2x+a^3=cx^2 \tag{15.1}$$

的根，他把 a，b，c，x 视为线段之长度：

（1）作 $AB=\frac{a^3}{b^2}$：先用规尺作线段 z，使 z 满足 $\frac{b}{a}=\frac{a}{z}$，即 $z=\frac{a^2}{b}$。再用规尺作线段 AB，使得 AB 满足 $\frac{b}{z}=\frac{a}{AB}$，即 $AB=\frac{az}{b}=\frac{a^3}{b^2}$。

（2）作 $BC=c$，延长 CB 至 A，使 $AB=\frac{a^3}{b^2}$。见图15-1。

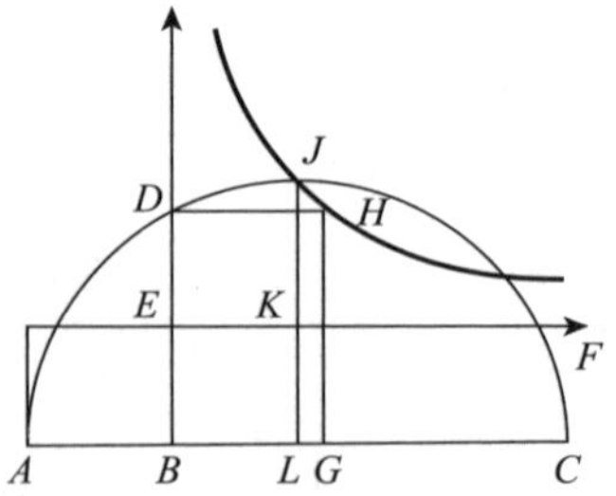

图 15-1

（3）以 AC 为直径作半圆，过 B 作 $BD\perp AC$，BD 与半圆交于 D。

（4）在 BD 上截取 $BE=b$，过 E 作 $EF/\!/AC$。

（5）在 BC 上取一点 G，使得 $(BG)\times(ED)=(BE)\times(AB)$。

（6）作矩形 $DBGH$。

（7）过 H 作以 EF 与 ED 为渐近线的等轴双曲线，与半圆交于 J。

(8) 过 J 作 DE 的平行线交 BC 于 L，交 EF 于 K，则 BL 之长是三次方程（15.1）的一个根。

事实上，容易证明

① $(EK)\times(KJ)=(BG)\times(ED)=(BE)\times(AB)$。

② $(BL)\times(LJ)=(BE)\times(AL)$。

③ $(LJ)^2=(AL)\times(LC)$。

④ $\dfrac{(BE)^2}{(BL)^2}=\dfrac{(LJ)^2}{(AL)^2}=\dfrac{LC}{AC}$。

⑤ $(BE)^2\times(AC)=(BL)^2\times(LC)$。

⑥ $b^2\left(BL+\dfrac{a^3}{b^2}\right)=(BL)^2(c-BL)$。

⑦ $(BL)^3+b^2(BL)+a^3=c(BL)^2$，即得知 BL 是（15.1）式的一个根。

例如用上述作图，可以求得 $x^3+2x+8=5x^2$ 的根为 $x_1=2$，$x_2=4$，$x_3=-1$。

法国大数学家笛卡儿解三次方程

$$ax^3+bx+c=0$$

则另有高招，他先在直角坐标系 xOy 中画 $y=ax^3$ 的图像，再画直线 $y=-(bx+c)$，两条线之交点的横坐标即为所求的实根。

如果是一般的三次方程 $ax^3+bx^2+cx+d=0$，则可令 $x=z-\dfrac{b}{3a}$ 变成关于 z 为未知数的没有二次项的方程，再用上述解法求其解。

几何方法虽有直观的优点，但在描点与测量（例如 BL 有多长?）时难免产生误差。

文艺复兴之后，欧洲告别了黑暗时代，16 世纪最为壮观的数学成就就是意大利的数学家们发现了三次与四次方程的代数解法。

公元前三世纪，阿基米德曾企图建立一元三次方程的求根公式，以失败告终。是不是由于人们对阿基米德的迷信，不少人误认为三次方程的求根公式的获得与三等分角一样的困难，此事一拖就是两千来年。1515 年，意大利数学家费罗宣布他得到了方程 $x^3+mx=n$（m，$n>0$）的求根公式，当时意大利数学界有一种帮会式的坏风气，不公开研究成果，只把成果私传给自己的亲信弟子，费罗把此公式传授给他的得意门生菲奥尔。1535年，意大利另一位有名数学家也宣布自己求得了三次方程的求根公式，因为这位数学家有严重的口吃，意大利语，口吃的音译是“塔塔利亚”，所以数学史上称这位数学家为塔塔利亚，其实他上学时的注册名字叫作塔那。菲奥尔则宣称塔塔利亚说自己获得了三次方程求根公式纯属欺骗，双方唇枪舌剑，最后菲奥尔向塔塔利亚下了战表，约塔塔利亚在米兰大教堂进行公开竞赛，双方各为对方出30道求解三次方程的挑战试题。打擂的结果是塔塔利亚大获全胜。当时正在米兰行医的外科神医卡丹那天也前往教堂观战，赛后卡丹央求塔塔利亚把此公式告诉自己，遭到塔塔利亚的回绝。

卡丹是16世纪的一位奇才，百科全书式的伟大学者，他是意大利家喻户晓的外科圣手，手到病除的神医，1526年获波尔维亚大学医学博士学位，但他自修数学成就斐然，是米兰大学的数学教授。他首创了斑疹伤寒这种此前不治之症的治疗方法，他的医疗方法至今医学界仍在用；他在机械方面发明了各国沿用至今的“卡丹万向轴节”，史学家评论说：“卡丹天赋聪慧，既有才华闪烁的想象力，又能刻苦治学；既是雄辩家，又是一位多才多艺的学者；既是几何学家，又是代数学家；既是天文学家，又是星象家；既是数学家，又是医学家；既是语言学家，又是博物学家。”

卡丹见塔塔利亚不肯轻易公开三次方程求根公式，于是以某贵族的名义给塔塔利亚写了一封信，约塔塔利亚去米兰教堂有要事相告，老实巴交的塔塔利亚哪知是诈，便准时赴约去见这位贵族大人，谁知一见面却是这位卡丹医生；卡丹不愧是语言学家，几经好言相求，又对天发誓，只要塔塔利亚能告知三次方程的求根公式，卡丹保证永不外传，且可免费治愈塔塔利亚的口吃。塔塔利亚于是便结结巴巴把求解公式的口诀说给卡丹听。回家之后，卡丹背弃自己的誓言，把塔塔利亚的求根公式在卡丹的名著《数学大典》中公之于世。当然卡丹也是一条好汉，他认为公布比不公布更有利于数学科学的进步，而且卡丹还给出了公式的严格证明与公式同时发表。在《数学大典》中卡丹充分肯定了塔塔利亚的首创权和塔塔利亚的才能。在该书中卡丹写道：“我的朋友塔塔利亚享有如此优异的、绝妙的、超人的聪明和人类精神的全部才能的这样一种发明的荣誉。这一发现实在是天赋，这样卓越的公式是他天赋的智慧之力量，对他来说，真是任何目标都不能认为是不可能达到的。”

数学史上有人认为卡丹在三次方程求根公式上“沽名钓誉”，事实上，卡丹的做法除了没有遵守自己向塔塔利亚“不外传”的许愿之外，再没有什么可以指责的，他已经公开地宣布公式的首创权属于塔塔利亚；而且卡丹还给塔塔利亚的公式补写了严格证明（塔塔利亚当时未给出证明），所以卡丹在数学史上对于三次方程求根公式的问世是有大功劳的，怪不得现代教科书上都把三次方程的求根公式称为“卡丹公式”。

卡丹是数学史上毁誉参半的奇才，他是一位律师的私生子，母亲是一个没有涵养的文盲，卡丹童年十分悲苦，经常受人的歧视、欺负和父母的虐待，使得他性情怪僻，居才自负，结交社会上三教九流不三不四的各种朋友。当然，这也有有利的一面，例如他的朋友当中，有不少是赌徒，他自己也是。1663 年，卡丹 16 世纪 20 年代的手稿《赌博论》在作品集中出版。成了现代博弈论的原始文献，对概率论的建立起到促进作用。他一生的各种科学论著 200 多种，是一位了不起的天才人物。他身上有不少毛病，可以说是集天才科学家与下贱无赖的气质于一身的怪杰，例如他在《我的生平》一书中宣称他通过星象观测得知自己将于 1576 年 9 月 21 日去世，结果那一天他真的死去了；有人说他是为了保全星象家的名誉而自杀。还有一次，他赌博输了钱，发脾气用手术刀把儿子的耳朵割掉，波尔维亚大学校长十分愤恨他这种不道德的暴行，解除了他的教授职务。

塔塔利亚和卡丹等建立并证明

$$x^3+px+q=0 \quad (p,q\in\mathbb{R})$$

的三个根为

$$x_1=\sqrt[3]{-\frac{q}{2}+\sqrt{\left(\frac{q}{2}\right)^2+\left(\frac{p}{3}\right)^3}}+\sqrt[3]{-\frac{q}{2}-\sqrt{\left(\frac{q}{2}\right)^2+\left(\frac{p}{3}\right)^3}}$$

$$x_2=\omega\sqrt[3]{-\frac{q}{2}+\sqrt{\left(\frac{q}{2}\right)^2+\left(\frac{p}{3}\right)^3}}+\omega^2\sqrt[3]{-\frac{q}{2}-\sqrt{\left(\frac{q}{2}\right)^2+\left(\frac{p}{3}\right)^3}}$$

$$x_3=\omega^2\sqrt[3]{-\frac{q}{2}+\sqrt{\left(\frac{q}{2}\right)^2+\left(\frac{p}{3}\right)^3}}+\omega\sqrt[3]{-\frac{q}{2}-\sqrt{\left(\frac{q}{2}\right)^2+\left(\frac{p}{3}\right)^3}}$$

其中　$\omega=\frac{1}{2}(-1+i\sqrt{3})$。

卡丹的证明如下：令

$$a=\sqrt[3]{-\frac{q}{2}+\sqrt{\left(\frac{q}{2}\right)^{2}+\left(\frac{p}{3}\right)^{3}}},\ b=\sqrt[3]{-\frac{q}{2}-\sqrt{\left(\frac{q}{2}\right)^{2}+\left(\frac{p}{3}\right)^{3}}}$$

由于

$$(a+b)^{3}=3ab(a+b)+a^{3}+b^{3}$$

而$a^{3}=-\frac{q}{2}+\sqrt{\left(\frac{q}{2}\right)^{2}+\left(\frac{p}{3}\right)^{3}}$，$b^{3}=-\frac{q}{2}-\sqrt{\left(\frac{q}{2}\right)^{2}+\left(\frac{p}{3}\right)^{3}}$，所以$a^{3}+b^{3}=-q$，$3ab=3\sqrt[3]{\left(\frac{q}{2}\right)^{2}-\left[\left(\frac{q}{2}\right)^{2}+\left(\frac{p}{3}\right)^{3}\right]}=-p$，若令$x_1=a+b$，则$x_1$满足方程$x^3+px+q=0$。

例如$x^3-15x-4=0$的三个根为

$$\begin{aligned}x_1&=\sqrt[3]{2+\sqrt{-121}}+\sqrt[3]{2-\sqrt{-121}}\\&=\sqrt[3]{(2+i)^3}+\sqrt[3]{(2-i)^3}=4\end{aligned}$$

$$x_2=(2+i)\frac{-1+\sqrt{3}i}{2}+(2-i)\frac{-1-\sqrt{3}i}{2}=-2-\sqrt{3}$$

$$x_3=(2+i)\frac{-1-\sqrt{3}i}{2}+(2-i)\frac{-1+\sqrt{3}i}{2}=-2+\sqrt{3}$$

如果$\left(\frac{q}{2}\right)^{2}+\left(\frac{p}{3}\right)^{3}$是负的，则$a$与$b$是共轭复数，又$\omega$与$\omega^2$也是共轭复数，所以这时必三个实根，可见在这里，不能再像过去一样，遇到负数开平方，就认为它无意义而舍去，君不见，如果舍去公式中如$\sqrt{-121}$这种量，则$x^3-15x-4=0$的三个实根都会扔掉。在卡丹的时代，人们还没有虚数与复数的概念，卡丹真乃有胆识有思想的人，他说："对这种量（指负实数开平方）进行运算，虽感到道德上的折磨，但结果总是令人满意的。"卡丹把这种负实数开平方所得的量戏称为"诡辩量"而保留下来。1637年，笛卡儿称这种"诡辩量"为虚数，1801年高斯引入符号$\sqrt{-1}=i$，把量$a+\sqrt{-1}b$写成$a+ib$，称为复数，挪威数学家韦塞尔对复数$a+ib$做了几何解释：在xOy坐标系中，点P的坐标为（a，b），则复数表示向量OP。至此数系的家谱已续完，复数域这一数学研究的主题已经完全确定。

尽管卡丹已声明三次方程求根公式是塔塔利亚首创的，但塔塔利亚还是对于卡丹不遵守在米兰教堂两人订下的不外传公式的君子协定耿耿于怀，说了不少难听的话，得理不饶人。卡丹的女婿费拉里忍无可忍，约塔塔利亚于 1548 年 8 月 10 日在米兰大教堂摆数学擂台，当天赴会的名流学者大有人在，盛况空前，结果有一道题难住了塔塔利亚，卡丹集团获胜。

塔塔利亚一生坎坷不幸，1499 年出生于赤贫家庭。1512 年，法军占领了他的故乡，法国士兵砍下了他父亲的头，塔塔利亚的头骨也被法国士兵的军刀劈开，险些毙命，他母亲没钱为他治伤，只能用舌头舔儿子的伤口。由于大脑受伤，所以留下严重口吃的后遗症。但塔塔利亚克服了贫穷和伤病的重重困难，成长为一个很有学问的数学家，他在意大利各城市流浪度日，靠传授数学和科学知识为生，居无定所，饥寒交迫，贫病交加，1557 年饿死于威尼斯街头。

对于 4 次方程 $ax^4+bx^3+cx^2+\mathrm{d}x+e=0$，用 $x=z-\dfrac{b}{4a}(a\neq 0)$ 可以变成没有 3 次项的 4 次方程。所以只需讨论形如

$$x^4+px^2+qx+r=0$$

的 4 次方程，把它改写成

$$(x^2+p)^2=px^2-qx+p^2-r$$

因此对任意的 y，

$$(x^2+p+y)^2=(p+2y)x^2-qx+(p^2-r+2py+y^2) \qquad (15.2)$$

我们选择 y，使得上式右端成为关于 x 的完全平方，这只需

$$q^2-4(p+2y)(p^2-r+2py+y^2)=0$$

这是一个关于 y 的三次方程，已有公式可以解得 y。进而对（15.2）式开平方，得到两个关于 x 的二次方程，进而解得 4 个根 x_1，x_2，x'_1，x'_2。

上述这套做法是卡丹的学生费拉里首先搞出的，这些内容写入了卡丹的《数学大典》。

至此已经可以用系数的有限次四则运算和根式运算来构作公式求得次数不超过 4 的代数方程的根，一个严重的问题是不低于 5 次的代数方程可以建立此类求根公式吗？

1824 年，挪威数学家阿贝尔发表论文“高于四次的一般方程的代数求解不可能性的证明”，证明了五次以上的代数方程一般不能指望有

根式的求解公式。此前，法国大数学家拉格朗日已经感到低于五次的代数方程的解法不能推广到不低于五次的一般代数方程，他也曾试图证明这一点，写了几百页的一篇论文，后来发现，他的证明是错误的！拉格朗日十分懊丧地说："这个问题好像在向人类的智慧挑战。"由此可见这个问题的难度以及阿贝尔这位青年数学家的功力之高。

阿贝尔（1802～1829）生于挪威的一个小岛，一生坎坷，生活在饥寒交迫之中，事业亦极不顺利。例如他把关于5次方程不可解的论文寄给当时的权威高斯审阅，根本没有得到高斯的重视。当年他只是个22岁的小青年，他不屈不挠，到德国、意大利和法国去作学术旅行，访问数学界的名人。在柏林著名的杂志《纯粹与应用数学杂志》上发表论文22篇。数学家厄米特说："阿贝尔文章中的丰富思想可以使数学家们忙碌500年"，这话真让他说着了，直至20世纪末，数学家们还在研究阿贝尔的理论。他在欧洲各国找不到工作，1827年返回家乡，由于奔波劳累、事业不顺利和生活条件太差，已是百病缠身，1829年在饥寒中悲凉地去世了，亡年仅26岁，未成家。去世3天之后，一封聘书寄给了阿贝尔："尊敬的阿贝尔先生：本校聘请您为数学教授，望万勿推辞为幸。柏林大学校长。"这时，阿贝尔这位数学史上的天才少年，已如数学天空中一颗神奇的流星，发射出灿烂的异彩之后，从苍穹中消逝了。

阿贝尔只是证明了"一般的"高于4次的代数方程没有根式解，但特殊情形还是可以解的，例如$x^{100}-1=0$，则有100个解，其中有两个实根$\sqrt[100]{1}=\pm1$。其他98个根是复数，它们代表的二维点落在单位圆周等分成100份的各分点，其中（1，0）是一个分点。

法国数学家伽罗瓦（1811～1832）给出了高次方程可以用根式求解的充分必要条件。在伽罗瓦的工作成果中，首创了近世代数的深刻理论，从此代数学在研究的对象、内容和方法上都发生了划时代的本质变化。

伽罗瓦的父亲忠厚、聪敏、富于自由主义和民主思想，曾任布拉雷纳市市长，后受到牧师的迫害而自杀。1829年，伽罗瓦率众举行反政府的游行示威而被他就读的巴黎高等师范学校开除。1831年5月，在一次宴会上，他一手举刀一手举杯为上任即施行暴政的路易·菲利普国王“干杯”，只见伽罗瓦手起刀落，把酒杯拦腰砍碎。第二天伽罗瓦便以煽动谋杀国王罪被捕，释放后又聚众游行示威，抗议暴政，再次被捕，判处 9 个月徒刑，关押在以虐待犯人而臭名昭著的圣佩拉吉监狱。在狱中，他忍受饥寒和打骂，继续研究代数学，并把研究结果写成了论文多篇。伽罗瓦是数学史上最突出的天才少年之一，他读大学时阅读教授指定的教材，就像看小说一样地容易，他自学当时他能找到的大数学家勒让德、雅可比、阿贝尔等人的专著，17 岁就完成了关于高次方程存在根式解的充分必要条件的里程碑式的论文。

1832 年 3 月，伽罗瓦在狱中染上霍乱，生命垂危，取保监控就医，在医院与医院院长的女儿相恋，可恨此女不久又找了个“第三者”，伽罗瓦出狱后挑战“第三者”，进行了荒唐的决斗，他一介书生，哪里是那个痞子“第三者”的对手，结果胸部中弹，当场气绝身亡，寿终之年仅仅 21 岁！决斗前伽罗瓦在遗嘱中写道：“我在数学方面做出的新发现，有些是关于代数方程论的，有些是关于函数论的，可以公开请雅可比或高斯，不是对这些理论的正确性而是对它们的重要性发表意见，以后我希望有些人将会发现，把这些东西注解出来是有益的。”

一直到 20 世纪末，数学界仍在继续深入研究伽罗瓦开创的理论。

第十六回 严刑逼供伽利略违心交出悔过书 死不悔改保释犯巧手发明扇形规

17 世纪初，意大利出了个伟大的物理和天文学家伽利略（1564～1642），他生于比萨，是破产贵族之子。17 岁去比萨大学学医，他看到学校礼堂大厅中的吊灯在不停地摆动，他连忙摸到自己的脉搏，同时数着吊灯往复的次数，他发现自己的脉搏每跳一百下的同时，吊灯往复的次数与吊灯被拉斜的角度大小无关，后来他又改变吊灯吊链的长度，发现摆的周期与吊链的长度有关，与吊链长度的平方根成正比，但与灯的重量无关。从此他对物理与数学发生了兴趣，他的同学奚落伽利略“被数学物理鬼迷了心窍”。他回家苦苦哀求父母，父母终于同意他改学数学与物理，而放弃了毕业后可以有高收入的医学专业。

25 岁，伽利略被聘为比萨大学数学教授，在任期间，他登上比萨斜塔，当着全校同学和老师的面，把两个铁球同时放手自由落下，其中大球的重量是小球的 10 倍。当时，连最权威的物理学教授也是按古希腊亚里士多德的观点教授学生：重物比轻物落得快。当天的落球实验伽利略上下斜塔 20 次，每次实验的结果大家都看了个分明：无一例外地是两球同时落地，当天伽利略还测得自由落体下落的距离与下落时间的平方成正比，后来写成公式 $h=\frac{1}{2}gt^2$。比萨大学的校长和教授们宁可不相信目睹的伽利略的实验结果，也不敢怀疑亚里士多德的错误信条，反而指责伽利略搞实验是对圣者亚里士多德的粗野无礼和离经叛道行为，是不能容忍的，悍然下令于 1591 年开除了伽利略在比萨大学的教授职务。

1610 年 1 月 7 日，伽利略用自己发明制作的天文望远镜发现了绕木星旋转的 4 颗卫星，证明了哥白尼所说的小星体绕大星体转动的理论。伽利略还发现了太阳的黑子，这些发现明白无误地与亚里士多德主张的地球与人是宇宙中心，太阳没有任何瑕疵的谬论相对抗。1633 年，伽利略写了一本支持哥白尼学说的著作。一年后，伽利略被扭送到宗教裁判所，凶恶的教徒们对伽利略这位百病缠身的老人酷刑拷问，强迫他在“悔过书”上签字画押。之后伽利略的书被列入禁书目录达 200 多年。伽利略内心并未屈服，他自言自语地说：“地球现在不是仍在绕着太阳转动吗!”1642 年伽利略在软禁中悲惨死去，同年，伟大的科学家牛顿诞生。伽利略的名言是：

“在科学上一千位权威也抵不上一个卑贱的人的充分论据。”

在人类历史上，不止一次地发生因发现真理而获罪的现象，是可忍，孰不可忍!

伽利略于 1597 年发明了一种称为“扇形圆规”的制图仪器，见图 16-1。这个仪器有一个旋轴连接在一起的两个臂，每条臂上从轴点起，均匀刻度了 1，2，3，…，10，…，n。用这种扇形规，可以做出平面几何的不少作图题。

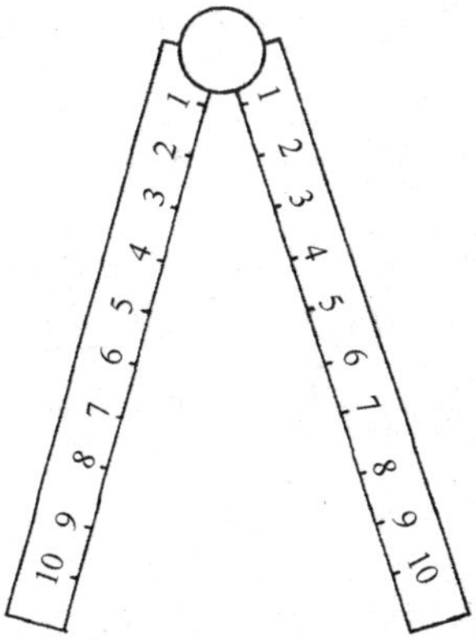

图 16-1

（1）把线段 k 等分。

例如已知线段为 AB，求$\frac{1}{5}AB$：把扇形规张开，平放在纸上，使 A 点与 B 点恰分别与扇形规上两臂刻有 100 的两点重合，用铅笔在两臂 $\frac{1}{5}\times100=20$ 的刻点处的纸上画两点 A'，B'，则线段 $A'B'$即为所求。

(2) 作 x，满足$\frac{a}{b}=\frac{c}{x}$，其中 a，b，c 是已知的自然数：在扇形圆规的一臂上找到刻度 a 与 b，在另一臂上找到刻度 c，把扇形规平放在纸上，用铅笔在纸上点上与上述刻度点相重合的点，分别为 A，B，C，作 $CD /\!/ AB$，CD 与另一臂的内侧交于 D，则 $OD=x$，O 是规的轴点。

(3) 用扇形规解存款问题：例如年复利为 6%，为了 5 年后购买一幢 150 万元的住房，问今年应存款多少元？

在扇形规两臂上找到 100 和 106 刻度，把它放在纸上张开，使得两个 106 点相距恰为 150（万），则两个 100 间的长度即为第 4 年的本利和，以第 4 年的本利和代替第 5 年本利和的角色，同样过程可以找到第 3 年的本利和，依此类推，可得到开始存入的钱数，见图 16-2。

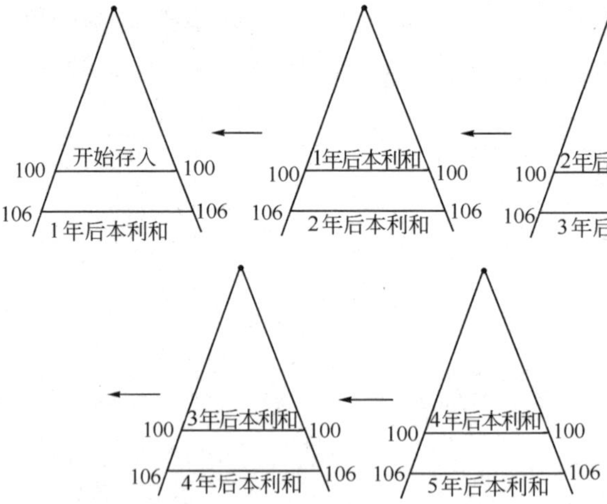

图 16-2

有兴趣的读者可以用两条木条自制一个伽利略扇形规，看看它还能帮你做些什么事。

伽利略这个人是一位有“大智慧”的科学家，从下面他提出的十分神奇又富含深刻数学思想的悖论中可以欣赏到这位科学大师的思想风格。

如图 16-3，一个小圆片固定在大圆片上成同心圆，大圆周沿直线从 A（切点）滚到 B 切点，恰好滚了一圈，所以 AB 是大圆周长。但小圆也转了一周，从 C 滚到 D；这么一来，这两个不等半径的圆的周长岂不一样长了吗？

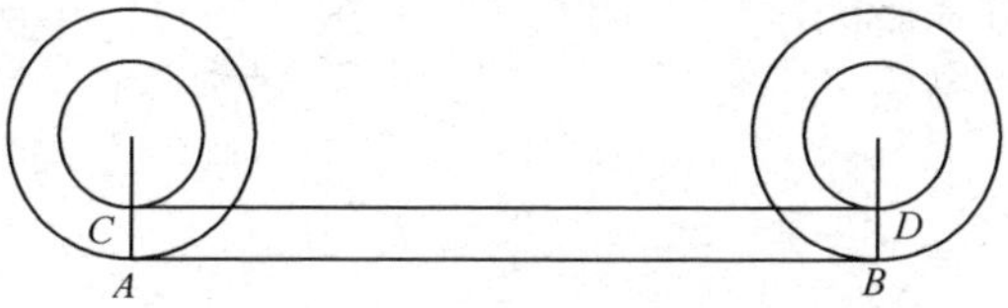

图 16-3

AB 是大圆的周长，但 CD 的长不是小圆的周长。小圆圆周上的点与 CD 上的点一一对应，但一一对应的点组成的两条曲（直）线段未必一样长。见图 16-4。事实上，在图 16-4（a）中，两个同心图通过一条大圆的半径建立了两圆周上点的一一对应，例如 C 与 C' 是对应点；但小圆周的长比大圆周的长小；在图 16-4（b）与（c）中，通过射线之交点建立了短线段与长线段之间点的一一对应，或一段弧 $\widehat{A'B'}$ 与线段 AB 间点的一一对应，但 $\widehat{A'B'}$ 的长比 AB 的长小。

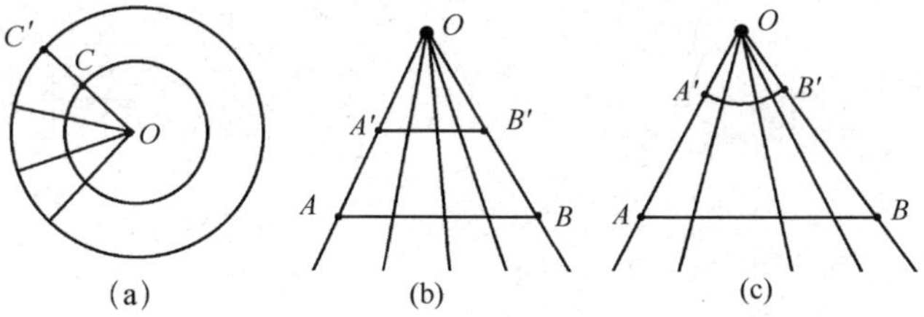

图 16-4

伽利略真是聪明，他故意拿出这个悖论来让直觉欺骗我们。在数学乃至所有科学中，直觉是启发发明创造的极其宝贵的一种功能，但也要小心可能上直觉的当！

伽利略说：在自然数范围，平方数（例如 1，4，9，16 等等）的个数不少于所有自然数的总数，这是因为每一个自然数都会产生自己的一个独有的平方数；另一方面所有自然数的总数也不少于平方数的个数，于是自然数个数与平方数一样多；可是，平方数只是自然数的一部分呀，你说怪不怪？

是的，尽管平方数只是自然数的一部分，但自然数与平方数之间存在一一对应关系，直觉中多的东西可以与直觉中少的东西之间建立一一对应。在这里部分与整体一样多，这正是无穷的神秘之处。有限与无穷两种“世界”有本质的区别，切不可把有限“世界”中的观念硬搬到无穷“世界”里去用。

第十七回　比萨才子宠养兔子成序列 斐波那契应试宫廷得满分

中世纪的意大利数学家斐波那契是文艺复兴前夕最杰出的数学家之一，生于比萨，是伽利略的“老乡”。其父是一位富商，斐波那契青少年时代随父旅行于古埃及、西西里、古希腊和叙利亚等数学科学发达的地区，吸收了古希腊与阿拉伯世界的数学精髓，著有《算盘书》（也译作《算经》）和《精华》等脍炙人口的数学经典名著，这些著作当中深刻精彩的内容表明斐波那契的才智超过了绝大多数同时代的数学家。在《数学聊斋》（王树和著，科学出版社）中讨论过兔子繁衍形成的所谓斐波那契序列，是数学史上的杰作之一，到20世纪在优选法中派上了大用场。

《算盘书》中有一个有趣的“遗产问题”：“老者临死遗嘱说：把他的遗产如下分配：给长子一个金币和剩下的$\frac{1}{7}$；从剩余的金币中给次子两个金币和余下的$\frac{1}{7}$；从再次剩余的金币中给三子三个金币和余下的$\frac{1}{7}$，如此继续分配下去，每个儿子比前面的哥哥多得一个金币再加上余下的$\frac{1}{7}$，到最后一个儿子得到余下的全部，这样使得每个儿子得到的一样多，问此老者几个儿子，有多少金币？”

此题在欧洲十分流行，甚至连大数学家欧拉也在他的著作中研究过这个“遗产问题”。

设老者共有金币x枚，每个儿子得到的金币为y枚，则大儿子得到$y=1+\frac{(x-1)}{7}$，二儿子得到$y=2+\frac{x-\left(1+\frac{x-1}{7}\right)-2}{7}$，令

$$1+\frac{x-1}{7}=2+\frac{x-\left(1+\frac{x-1}{7}\right)-2}{7}$$

解得 $x=36$，$y=6$，儿子数为$\frac{x}{y}=6$。

斐波那契在《算盘书》中还有一道惹人喜爱的趣题，称为“摘苹果问题”：

“一个人要经七道门进入果园，在果园里摘了若干苹果。离开果园时，给第一个守门人一半苹果加一个，给第二个守门人余下的一半加一个，对其他的五个守门人也依此赠送苹果，最后他仅带了一个苹果离开果园。试问这位摘苹果的人在果园里一共摘了多少个苹果?”

设 x_i 是摘苹果的人摘得苹果出果园时过第 i 道门前所持有的苹果，则

$$x_i-\left(\frac{x_i}{2}+1\right)=x_{i+1},i=1,2,3,4,5,6,7,x_8=1$$

(摘果人自己的家门是第八个门口)，则递推公式

$$\begin{cases}x_i=2(x_{i+1}+1),i=1,2,3,4,5,6,7\\x_8=1\end{cases}\tag{17.1}$$

$x_8=1$，递推得 $x_7=4$，$x_6=10$，$x_5=22$，$x_4=46$，$x_3=94$，$x_2=190$，$x_1=382$，即摘果人摘了 382 个苹果，绝大部分都给守门人送了“关税”，自己仅拿走一个。

还有一种公式解法，式（17.1）的解为

$$x_i=3\times2^8\left(\frac{1}{2}\right)^i-2$$

令 $i=1$，则得 $x_1=382$。

事实上，从 $x_i=2$（$x_{i+1}+1$）可得 $x_{i+1}=\frac{1}{2}x_i-1$，可以看出 $x_i\equiv-2$ 是一个解，对于方程 $x_{i+1}=\frac{1}{2}x_i$，不难看出$x_i=C\left(\frac{1}{2}\right)^i$ 是解，其中 C 是常数，于是（17.1）的解为

$$x_i=C\left(\frac{1}{2}\right)^i-2,\ x_8=1$$

从而 $1=C\left(\frac{1}{2}\right)^8-2$，$C=3\times2^8$，故得解

$$x_i = 3 \times 2^8 \left(\frac{1}{2}\right)^i - 2 \tag{17.2}$$

$x_1=382$。

一般而言，对于方程 $x_{i+1}=ax_i+b$，则 $x_i\equiv\frac{b}{1-a}$是一个特解，$a\neq 1$。而 $x_{i+1}=ax_i$ 有解 $x_i=Ca^i$，其中 C 是待定常数，$x_{i+1}=ax_i+b$ 的解形如

$$x_i = Ca^i + \frac{b}{1-a}$$

C 由已知条件定出，例如由 $x_1=\alpha$ 定出 $C=\frac{\alpha-\frac{b}{1-a}}{a}$。

用公式（17.2）可以解决过 10000 道门的相同问题，这时若不用公式，而用一道门一道门地递推则太繁琐了！由此可见计算时，利用求解公式的重要性。

德国皇帝弗里德里希二世早闻斐波那契有数学天才，一日这位爱才的开明皇帝把斐波那契请到宫中，摆宴相待。这位皇帝酒足饭饱之后，拿出了下面三道题来面试斐波那契：

（1）求一个有理数 x，使得 x^2+5 与 x^2-5 都是有理数的平方。

（2）求三次方程 $x^3+2x^2+10x=20$ 的根。

（3）三个人有一堆钱，他们分别占有$\frac{1}{2}$，$\frac{1}{3}$，$\frac{1}{6}$。每个人从这堆钱币中取一些钱，直到拿完为止。然后，第一个人归还他取的$\frac{1}{2}$，第二个人归还他取的$\frac{1}{3}$，第三个人归还他取的$\frac{1}{6}$。当这样归还的总数平均分给三个人时，发现每个人所有的钱正好是他们各自应占有的钱数。试问原来那堆钱一共是多少？每人从中取了多少？

斐波那契即席写出了这三个试题的答案，赴宴君臣皆惊叹不已，一同称斐波那契为老师。

问题（1）的答案是$\frac{41}{12}$。事实上$\left(\frac{41}{12}\right)^2+5=\left(\frac{49}{12}\right)^2$，$\left(\frac{41}{12}\right)^2-5=\left(\frac{31}{12}\right)^2$。

对于第二个问题，斐波那契回答说此方程无有理根，不能用圆规直尺作出它的根。事实上，令 $x=z-\frac{2}{3}$，则

$$\left(z-\frac{2}{3}\right)^3+2\left(z-\frac{2}{3}\right)^2+10\left(z-\frac{2}{3}\right)=20$$

$$z^3+\frac{26}{3}z-\frac{704}{27}=0$$

此方程是一般三次方程 $z^3+pz+q=0$ 的特例，此处 $p=\frac{26}{3}$，$q=-\frac{704}{27}$，代入卡丹公式：

$$a=\sqrt[3]{-\frac{q}{2}+\sqrt{\left(\frac{q}{2}\right)^2+\left(\frac{p}{3}\right)^3}}\text{，}b=\sqrt[3]{-\frac{q}{2}-\sqrt{\left(\frac{q}{2}\right)^2+\left(\frac{p}{3}\right)^3}}\text{，}$$

$$a=\sqrt[3]{\frac{352}{27}+\sqrt{\left(\frac{352}{27}\right)^2+\left(\frac{26}{9}\right)^3}}\text{，}b=\sqrt[3]{\frac{352}{27}-\sqrt{\left(\frac{352}{27}\right)^2+\left(\frac{26}{9}\right)^3}}$$

a 与 b 皆实数，但不是有理数，故此方程无有理根，所以它的根不可用规尺作出。

斐波那契在他的名著《精华》中给出这个方程的近似根 $x\approx 1.3688081075$，求此近似值要对实数开平方与开立方，可见斐波那契算术手段之高明，居然求得小数点后第 10 位数字。

对于第三试题，设总钱数是 w，甲拿走 x，乙拿走 y，丙拿走 z，则

$$\begin{cases}x+y+z=w\\ \frac{1}{3}\left(\frac{x}{2}+\frac{y}{3}+\frac{z}{6}\right)+\frac{x}{2}=\frac{1}{2}w\\ \frac{1}{3}\left(\frac{x}{2}+\frac{y}{3}+\frac{z}{6}\right)+\frac{2y}{3}=\frac{1}{3}w\\ \frac{1}{3}\left(\frac{x}{2}+\frac{y}{3}+\frac{z}{6}\right)+\frac{5z}{6}=\frac{1}{6}w\end{cases}$$

这是一个不定方程组，斐波那契交给皇帝的答案是甲拿走 33，乙拿走 13，丙拿走 1，总钱数是 47。

斐波那契还讨论了下面有趣的问题：一对兔子每月生一对兔子，一对新生的兔子从第二月起又开始生一对兔子，则得到下面的兔子对序列：

$$1，1，2，3，5，8，\cdots，x，y，x+y，\cdots$$

这个序列有许多奇妙的数学性质：

（1）满足递推公式

$$f(n)=f(n-1)+f(n-2),(n\geqslant 3,n\in N^{+})$$
$$f(0)=f(1)=1,n=2,3,\cdots$$

这种递推关系斐波那契在“摘苹果问题”中就曾研究过了。

（2）$f(n+1)f(n-1)=[f(n)]^2+(-1)^n,(n\geqslant 2,n\in N^{+})$。

用数学归纳法证明之：可以验证，$n=2$ 时，公式（2）成立，假设 $n=k$ 时（2）成立，则 $n=k+1$ 时，

$$\begin{aligned}f(k+2)f(k)&=[f(k+1)+f(k)]f(k)\\&=f(k+1)f(k)+[f(k)]^2\end{aligned}$$

由归纳法假设

$$\begin{aligned}f(k+2)f(k)&=f(k+1)f(k)+[f(k+1)f(k-1)-(-1)^k]\\&=f(k+1)f(k+1)+(-1)^{k+1}\\&=[f(k+1)]^2+(-1)^{k+1}\end{aligned}$$

由归纳法知（2）成立。

（3）$f(n)$与$f(n+1)$没有非 1 的公约数，即$f(n)$与$f(n+1)$互素。

事实上由（2），$f(n+1)f(n-1)=[f(n)]^2+(-1)^n(n\geqslant 2,n\in N^{+})$，若$f(n)$与$f(n+1)$有公因数 $\alpha>1$，则

$$\frac{f(n+1)}{\alpha}f(n-1)=\frac{[f(n)]^2}{\alpha}+\frac{(-1)^n}{\alpha}$$

上式左端是整数，而右端$\frac{[f(n)]^2}{\alpha}$是整数，$0<\left|\frac{(-1)^n}{\alpha}\right|<1$，所以上式不能成立，矛盾，故$f(n+1)$与$f(n)$互素。

$$f(n)=\frac{1}{\sqrt{5}}\left(\frac{1+\sqrt{5}}{2}\right)^{n+1}-\frac{1}{\sqrt{5}}\left(\frac{1-\sqrt{5}}{2}\right)^{n+1},n=0,1,2,\cdots$$

于是

$$\begin{aligned}\lim_{n\to\infty}\frac{f(n)}{f(n-1)}&=\lim_{n\to\infty}\frac{\frac{1}{\sqrt{5}}\left(\frac{1+\sqrt{5}}{2}\right)^{n+1}-\frac{1}{\sqrt{5}}\left(\frac{1-\sqrt{5}}{2}\right)^{n+1}}{\frac{1}{\sqrt{5}}\left(\frac{1+\sqrt{5}}{2}\right)^{n}-\frac{1}{\sqrt{5}}\left(\frac{1-\sqrt{5}}{2}\right)^{n}}\\&=\frac{1+\sqrt{5}}{2}\end{aligned}$$

所以$\lim\limits_{n\to\infty}\dfrac{f(n-1)}{f(n)}=\dfrac{2}{1+\sqrt{5}}=\dfrac{\sqrt{5}-1}{2}\approx 0.618$。在长 1 的线段上，距端点$\dfrac{\sqrt{5}-1}{2}$的点正是此线段的黄金分割点，见图 17-1。

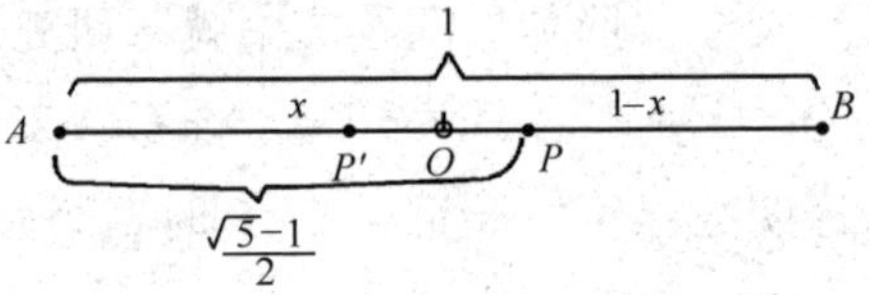

图 17-1

$x^2=1\times(1-x)$，即 $x^2+x-1=0$ 的正根恰为

$$x=\frac{\sqrt{5}-1}{2}$$

在图 17-1 中 $AP=\dfrac{\sqrt{5}-1}{2}$，P 点关于 AB 中点 O 的对称点 P'则是 AP 的黄金分割点。

事实上，由于 $AP=\dfrac{\sqrt{5}-1}{2}$，则 $AP'=1-\dfrac{\sqrt{5}-1}{2}=\left(\dfrac{\sqrt{5}-1}{2}\right)^2=AP\cdot\dfrac{\sqrt{5}-1}{2}$，可见 AP'是 AP 的$\dfrac{\sqrt{5}-1}{2}$，P'是 AP 的黄金分割点。这正是优选法中“对折法”的数学依据。

上面的讨论得到的结论是：若 P 是线段 AB 的黄金分割点，则 P 点关于 AB 中点的对称点 P'是 AP 的黄金分割点，其中 P'点在 AP 内，同时，P 是 BP'的黄金分割点；即得到一线段的黄金分割点之后，用对折法可以得出被黄金分割点分出的较长的那部分线段的黄金分割点（它就是对折时与上一代黄金分割点重合的那个点），把原线段从这两个黄金分割之一处剪掉较短的一段，再用对折的方法可以得到第三代黄金分割点，以至无穷次对折，每次皆可得到一条较长线段的黄金分割点，这就是黄金分割点的“对折繁殖法”。

诸如斐波那契弄出的这种“兔子序列”，从 13 世纪到 20 世纪遥遥 800 年，谁能料到这么一个数学游戏竟然派上了大用场，在今日优选法当中大显神通。不宜不分青红皂白地瞧不起数学游戏或趣味数学中的问题，说不定哪一道题日后会有重要用处。

第十八回 给我两个互素自然数 送君一枚正星多边形

很多国家的国旗上都有五角星，因为五角星端庄秀丽。五角星是把圆周等分成五等份，从某一分点出发，每过两段弧在分点间连一弦画出的。让我们把这种画法推广：任取自然数$n>3$,再任取自然数k与n互素，即$\frac{n}{k}$是既约分数，且$n>k$；把圆周n等分，从某分点起，按顺时针（逆时针也可）方向把各分点与其后面第k个分点间连一弦，如此得到的封闭直线形叫作一个(n,k)-正星多边形，也称为正n角星。例如五角星就是$(5,2)$-正星多边形，这种正星多边形有n个角，每个角度数一样，且是“一笔画”成的一颗漂亮的星，见图 18-1。

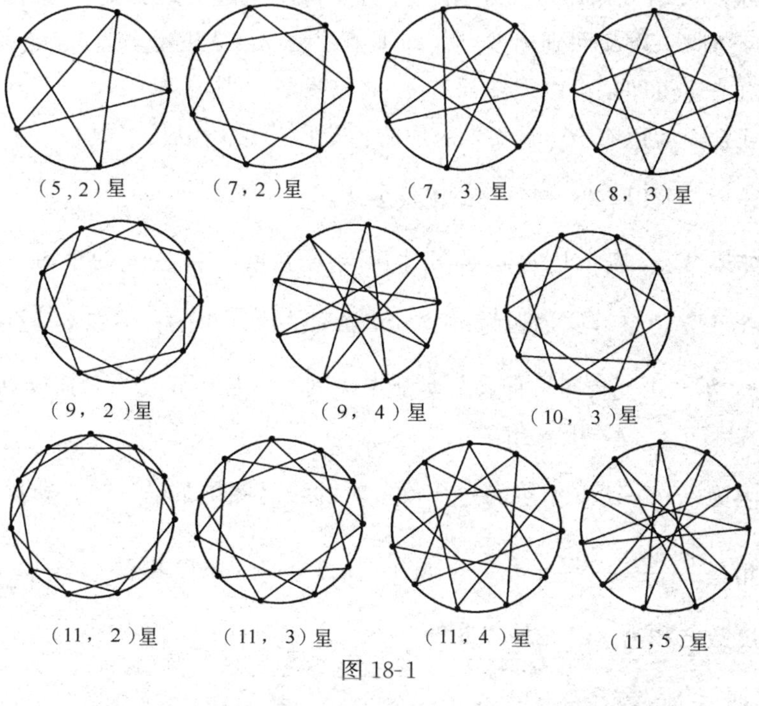

图 18-1

(n, 1)-正星多边形就是圆的内接正 n 边形。

显然，在同一个圆中(n,k)-正星多边形与($n,n-k$)-正星多边形是全等形。

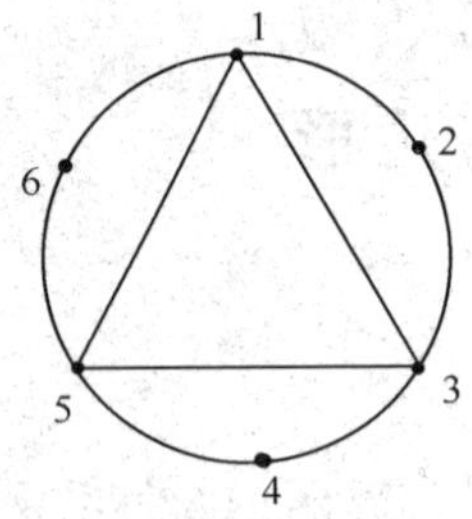
图 18-2

如果 n 与 k 不互素，则可能不存在(n,k)-正星多边形，例如(6,2)-正星多边形不存在，在图 18-2 中，从 1，2，3，4，5，6 这六个圆周的等分点的任一点（不妨认为是 1）出发，沿圆周每走两段弧画一弦，只能得到正三角形，不是一个有 6 个角一笔画的封闭图形，而沿圆周每隔三段弧画一弦则只能画出直径！

我们从图 18-1 发现：(5,2)，(7,2)，(7,3)，(8,3)，(9,2)，(9,4)，(10,3)，(11,2)，(11,3)，(11,4)，(11,5)都是互素数对。事实上，若 n 与 k 是互素数对时，则存在(n,k)-正星多边形。这是因为这时 nk 是 n 与 k 的最小公倍数，所以从一点出发沿圆周每步走过 k 段弧走 k 圈一定会回到出发点，又不会发生走 $r<k$ 圈就重复“落脚”的现象，不然 rn 不但是 n 的倍数而且是 k 的倍数，即 rn 是 n，k 的公倍数，又 $rn<kn$，与 kn 是最小公倍数相违。可见从一点出发每步走过 k 段弧走 k 圈恰在每个分点落脚一次又回到出发点，即画了一个(n,k)-正星多边形。

由上述道理，可以得知：若 $n>2$ 是素数，则 1，2，3，…，$n-1$ 都与 n 互素，所以有 $n-1$ 个 n 个顶的正星多边形，但其中只有一半是两两各异的，所以有$\frac{n-1}{2}$个 n 顶正星多边形。

如果 $\phi(n)$ 表示比自然数 n 小的与 n 互素的自然数的个数，则有$\frac{\phi(n)}{2}$个正 n 角星。这是因为每个与 n 互素的比 n 小的自然数 k 皆存有一个（n，k）-正 n 角星，而 k 与 n 互素，则 $n-k$ 与 n 亦互素，而(n,k)-正 n 角星与($n,n-k$)-正 n 角星全等。

因为(n,k)-正 n 角星的一个顶角对的弧是圆周的 $\frac{n-2k}{n}$，所以这个圆周角是$\frac{n-2k}{n}\cdot\frac{360^\circ}{2}=\frac{n-2k}{n}180^\circ$，($n,k$)-正 n 角星共有 n 个角，所以各角度数之和为（$n-2k$）180°。

第十九回 豪华广场追求地面别致 美丽石砖讲究边角适度

大到市府广场，小到家居装修，地面可用大理石等高级石材或各色瓷砖镶嵌，地面干净别致，目前已经不限于用正方形来铺装了。

如果要求把全等正多边形的角顶在一个点上，因为每个正 n 边形的一个内角为$\frac{(n-2)180^\circ}{n}$，所以在一个点处铺放的正多边形的个数 x 应满足

$$x\frac{(n-2)180^\circ}{n}=360^\circ$$

解得 $x=2+\frac{4}{n-2}$，为使 x 是正整数，n 只能取 $n=3$，$x_3=6$；$n=4$，$x_4=4$；$n=6$，$x_6=3$。即可以用全等正三角形或全等正四边形或全等正六边形铺地，这正是我们最常看到的装修方式，见图19-1。

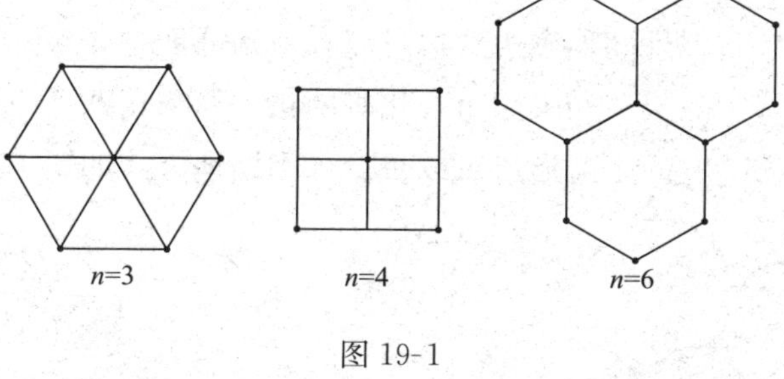

图 19-1

如果用全等正多边形铺地，且把一些多边形的共同顶点顶在另一个多边形的边上，则在一个顶处集结的多边形数 x 满足方程 $x\cdot\frac{n-2}{n}180^\circ=180^\circ$，$x=1+\frac{2}{n-2}$，$x$ 是自然数，所以只有 $n=3$，$x_3=3$；$n=4$，$x_4=2$ 两

种，一种用正三角形砖，一种用正方形砖，见图 19-2。

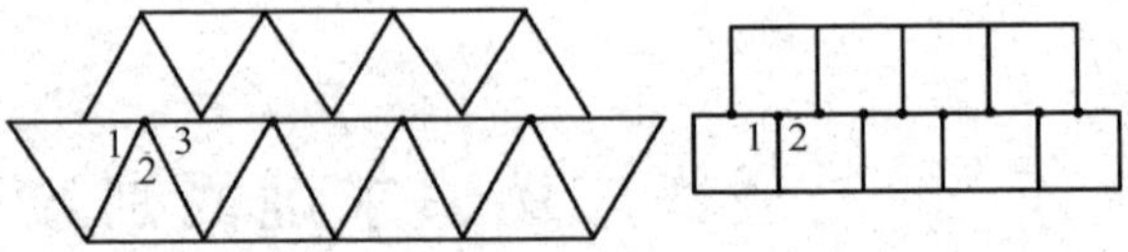

图 19-2

如果用两种正三角形铺地，大三角形边长是小三角形边长的 2 倍，则铺地方式如图 19-3，相同边长的两三角形边至多有一个公共点。

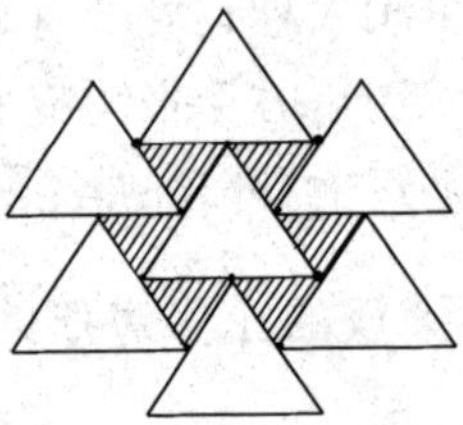

图 19-3

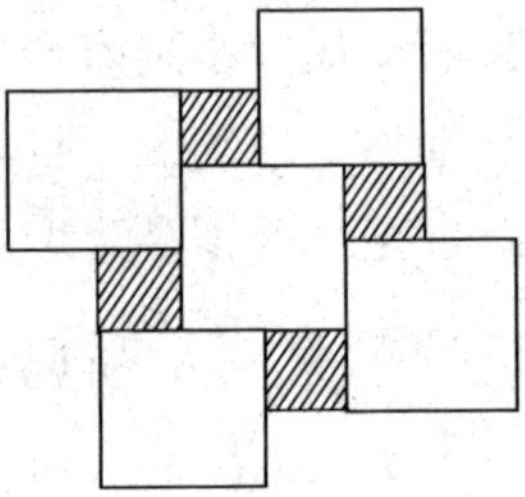

图 19-4

如果用两种正方形铺地，大正方形的边长是小正方形边长的 2 倍，且要求同样大的正方形边不重合，则铺地方式见图 19-4。

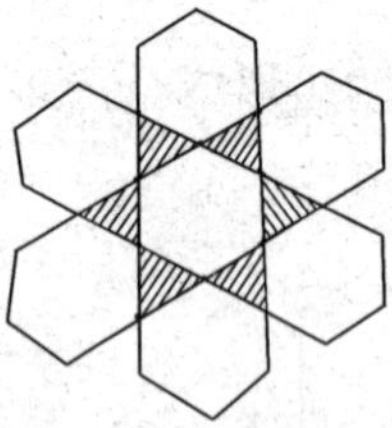

图 19-5

如果用边长相等的正三角形与正六边形铺地，且同种多边形也不重合，则铺地方式如图 19-5 所示。

如果用边长相等的正三角形与正十二边形铺地，且同种多边形边可复合，则铺地方式如图 19-6。

如果用边长相等的正方形与正八边形铺地，相同的多边形边可以重合，则铺地方式如图 19-7。

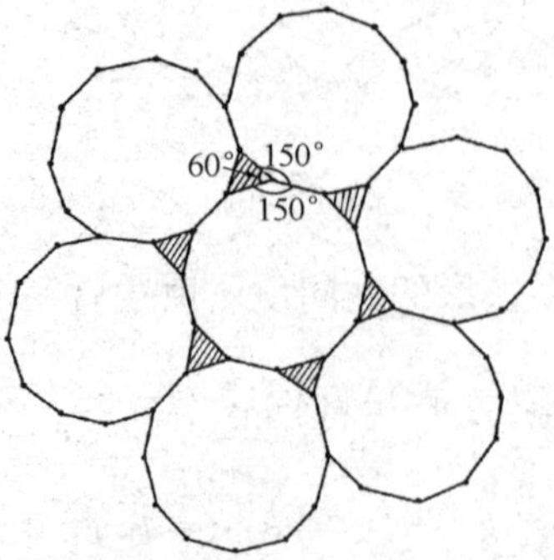

图 19-6

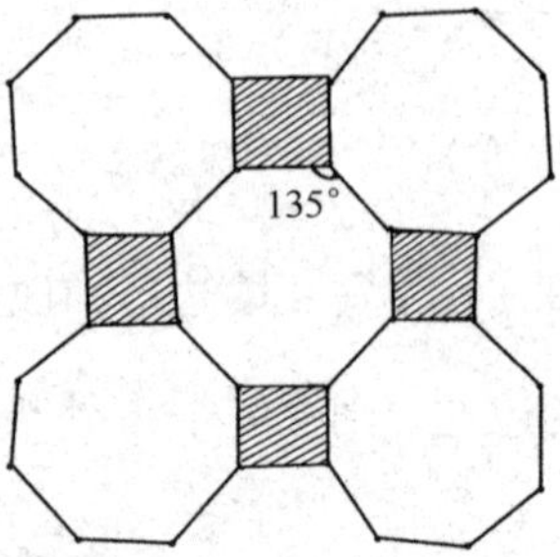

图 19-7

如果铺地砖时，每个顶点由三种正多边形拼成，这三种正多边形分别有边 p 条，q 条和 r 条，则

$$\frac{1}{p}+\frac{1}{q}+\frac{1}{r}=\frac{1}{2}$$

事实上，正 p 边形的每个内角为 $\frac{p-2}{p}180°$，于是

$$\frac{(p-2)180°}{p}+\frac{(q-2)180°}{q}+\frac{(r-2)180°}{r}=360°$$

$$3-2\left(\frac{1}{p}+\frac{1}{q}+\frac{1}{r}\right)=2$$

所以

$$\frac{1}{p}+\frac{1}{q}+\frac{1}{r}=\frac{1}{2}$$

$p=4$，$q=6$，$r=12$ 是这个方程的一组解，用正方形、正六边形和正十二边形铺地如图 19-8 所示。

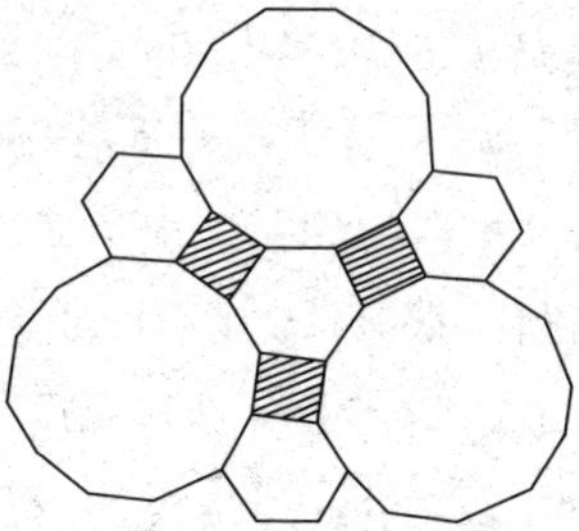

图 19-8

建筑装修工程虽不是什么尖端科学技术，但其中包含的数学内容却是如此之丰富多彩！既需要严密推理计算，又需要有灵巧的动手操作能力。

第二十回 欧拉函数奇妙无穷 费马定理难度有限

第十八回我们谈到当 n 与 k 互素时，存在一个(n,k)-正 n 角星，其中 $n>k$。若记比 n 小的与 n 互素的自然数的个数为$\phi(n)$，则正 n 角星有 $\frac{1}{2}\phi(n)$个。称 $\phi(n)$为欧拉函数。欧拉函数有许多奇妙的性质。确定欧拉函数值是数学中的难题之一，对于较大的数 n，十分麻烦。困难的症结在于没有一个有章可循的在合理的时间内可以完成的求 $\phi(n)$的算法。对比较小的 n，可以求得$\phi(n)$：

$\phi(2)=1$，$\phi(3)=2$，$\phi(4)=2$，$\phi(5)=4$，$\phi(6)=2$，$\phi(7)=6$，$\phi(8)=4$，$\phi(9)=6$，$\phi(10)=4$，$\phi(11)=10$，$\phi(12)=4$，…，$\phi(42)=12$

以 ϕ (42) ＝12 为例，在 1，~~2~~，$\overline{3}$，~~4~~，5，~~6~~，$\underline{7}$，~~8~~，$\overline{9}$，~~10~~，11，~~12~~，13，~~14~~，$\overline{15}$，~~16~~，17，~~18~~，19，~~20~~，$\overline{21}$，~~22~~，23，~~24~~，25，~~26~~，$\overline{27}$，~~28~~，29，~~30~~，31，~~32~~，$\overline{33}$，~~34~~，$\underline{35}$，~~36~~，37，~~38~~，$\overline{39}$，~~40~~，41 中，先划去偶数，因为 42 是偶数，它与偶数不是互素的；又 $42=2\times3\times7$，把能被 3 除尽的数划去（上面画了—）；把能被 7 除尽的数划去（下面画了—）。剩下的数有 12 个：

1，5，11，13，17，19，23，25，29，31，37，41

如此得出 $\phi(42)=12$。

42 还好，比较容易分解因数，一般的自然数 $n=p_1^{\alpha_1}p_2^{\alpha_2}\cdots p_r^{\alpha_r}$，但求 p_1，p_2，…，p_r 谈何容易，所以求 $\phi(n)$也就相应地很难了。

一般情形 n 是素数且是已知的，则 $\phi(p)=p-1$，即 1，2，…，$p-1$皆与 p 互素。

如果已知 $n=p_1^{\alpha_1}p_2^{\alpha_2}\cdots p_r^{\alpha_r}$，且 p_1，p_2，…，p_r 互素，则

$$\phi(n)=n\left(1-\frac{1}{p_1}\right)\left(1-\frac{1}{p_2}\right)\cdots\left(1-\frac{1}{p_r}\right) \tag{20.1}$$

这可以用 $\phi(42)=12$ 来验证：$42=2\times3\times7$，即 $p_1=2$，$p_2=3$，$p_3=7$，$n=42$，于是

$$\phi(42)=42\left(1-\frac{1}{2}\right)\left(1-\frac{1}{3}\right)\left(1-\frac{1}{7}\right)=12$$

事实上　$\phi(m_1m_2)=\phi(m_1)\phi(m_2)$，其中 m_1 与 m_2 互素，所以

$$\phi(n)=\phi(p_1^{\alpha_1})\phi(p_2^{\alpha_2})\cdots\phi(p_r^{\alpha_r})$$

$\phi(p_1^{\alpha_1})=$？与 $p_1^{\alpha_1}$ 不互素且不大于 $p_1^{\alpha_1}$ 的自然数为 p_1，$2p_1$，$3p_1$，…，$p_1^{\alpha_1-1}p_1$，一共 $p_1^{\alpha_1-1}$ 个，所以从 1 到 $p_1^{\alpha_1}$ 与 $p_1^{\alpha_1}$ 互素的自然数个数为 $p_1^{\alpha_1}-p_1^{\alpha_1-1}=p_1^{\alpha_1}\left(1-\frac{1}{p_1}\right)$。由此知 $\phi(p_1^{\alpha_1})=p_1^{\alpha_1}\left(1-\frac{1}{p_1}\right)$，进而

$$\begin{aligned}\phi(n)&=p_1^{\alpha_1}\left(1-\frac{1}{p_1}\right)p_2^{\alpha_2}\left(1-\frac{1}{p_2}\right)\cdots p_r^{\alpha_r}\left(1-\frac{1}{p_r}\right)\\&=n\left(1-\frac{1}{p_1}\right)\left(1-\frac{1}{p_2}\right)\cdots\left(1-\frac{1}{p_r}\right)\end{aligned}$$

即公式（20.1）成立。

用公式（20.1）可以计算一些较小的 n 的 $\phi(n)$，而不必像上面那样用逐个审查划掉一些不互素的数的笨法子了。例如$\phi(360)=$？

$360=2^3\times3^2\times5$，用公式（20.1）中符号，$p_1=2$，$p_2=3$，$p_3=5$（$\alpha_1=3$，$\alpha_2=2$，$\alpha_3=1$），于是

$$\begin{aligned}\phi(360)&=360\left(1-\frac{1}{2}\right)\left(1-\frac{1}{3}\right)\left(1-\frac{1}{5}\right)\\&=96\end{aligned}$$

即在 1 到 359 这 359 个自然数当中，与 360 互素的有 96 个。

欧拉函数 ϕ（n）的一个非平凡的性质是：若 n 与 m 互素，则 $m^{\phi(n)}$ 被 n 除一定余 1，其中 $m>1$，n 与 m 皆自然数。例如

$m=2$，$n=9$，则 m 与 n 互素，且 $m^{\phi(n)}=2^{\phi(9)}=2^6=64$，$64\div9$ 商 7 余 1。

$m=3$，$n=8$，则 m 与 n 互素，且 $m^{\phi(n)}=3^{\phi(8)}=3^4=81$，$81\div8$ 商 10 余 1。

$m=4$，$n=7$，则 m 与 n 互素，且 $m^{\phi(n)}=4^{\phi(7)}=4^6=4096$，$4096\div7$ 商 585 余 1。

$m=5$，$n=6$，则 m 与 n 互素，且 $m^{\phi(n)}=5^{\phi(6)}=5^2=25$，$25\div6$ 商 4

余1。

$m=6$，$n=5$，则 m 与 n 互素，且 $m^{\phi(n)}=6^{\phi(5)}=6^4=1296$，$1296\div 5$ 商259余1。

$m=7$，$n=4$，则 m 与 n 互素，且 $m^{\phi(n)}=7^{\phi(4)}=7^2=49$，$49\div 4$ 商12余1。

$m=8$，$n=3$，则 m 与 n 互素，且 $m^{\phi(n)}=8^{\phi(3)}=8^2=64$，$64\div 3$ 商21余1。

$m=9$，$n=2$，则 m 与 n 互素，且 $m^{\phi(n)}=9^{\phi(2)}=9^1=9$，$9\div 2$ 商4余1。

事实上，设 r_1，r_2，…，$r_{\phi(n)}$ 是小于 n 的与 n 互素的自然数，则当自然数 m 与 n 互素时，mr_1，mr_2，…，$mr_{\phi(n)}$ 分别被 n 来除的余数集合一定是 $\{r_1, r_2, \cdots, r_{\phi(n)}\}$，这是因为若 mr_i 被 n 除余 q_i 时，则 $mr_i=k_in+q_i$，由于 m 与 n 互素，且 r_i 与 n 互素，所以 $\frac{mr_i}{n}=\frac{k_in+q_i}{n}$ 是既约分数，于是 $\frac{q_i}{n}$ 是既约分数，$q_i\in\{r_1, r_2, \cdots, r_{\phi(n)}\}$。又 mr_j 被 n 除余 q_i，则 $mr_j=k_2n+q_j$，$i\neq j$；$mr_i-mr_j=n(k_1-k_2)+(q_i-q_j)$，若 $q_i=q_j$，则 $m(r_i-r_j)=n(k_1-k_2)\neq 0$，由于 m，r_i，r_j 皆与 n 互素，r_i，r_j 都比 n 小，于是 $\frac{m(r_i-r_j)}{n}$ 是既约分数，而 $\frac{n(k_1-k_2)}{n}$ 不是既约分数，矛盾。至此知 mr_1，mr_2，…，$mr_{\phi(n)}$ 被 n 除会产生 $\phi(n)$ 个相异余数，它们皆属于 $\{r_1, r_2, \cdots, r_{\phi(n)}\}$。从而 $r_1r_2\cdots r_{\phi(n)}$ 与 $(mr_1)(mr_2)\cdots(mr_{\phi(n)})=m^{\phi(n)}r_1r_2\cdots r_{\phi(n)}$ 被 n 除的余数一样，进而 $m^{\phi(n)}r_1r_2\cdots r_{\phi(n)}-r_1r_2\cdots r_{\phi(n)}=[m^{\phi(n)}-1]r_1r_2\cdots r_{\phi(n)}$ 可被 n 除尽。又 r_1，r_2，…，$r_{\phi(n)}$ 皆与 n 互素，故 $m^{\phi(n)}-1$ 可被 n 除尽，即 $m^{\phi(n)}$ 被 n 除余1。

由这一性质可以推导出著名的“费马小定理”：

若 p 是素数，则对任何自然数 m，m^p 与 m 被 p 除余数一致。

事实上，$\phi(p)=p-1$，所以 $m^{\phi(p)}=m^{p-1}$，于是 m^{p-1} 被 p 除余1，进而 $m\cdot m^{p-1}=m^p$ 被 p 除与 m 被 p 除余数一致。

费马还提出了一个闻名遐迩的“费马大定理”。这个“大定理”相对于“费马小定理”，其证明的难度确实大了很多。

费马大定理如下：

满足方程 $x^n+y^n=z^n(n>2)$ 的正整数解 (x,y,z) 不存在。

为证明费马大定理，只需证明对大于 2 的素数 n，方程 $x^n+y^n=z^n$ 不存在正整数解；事实上，若 $n\geqslant 6$ 不是素数，$n=n_1\cdot n_2$，其中 n_2 是大于 2 的素数，则方程变成 $(x^{n_1})^{n_2}+(y^{n_1})^{n_2}=(z^{n_1})^{n_2}$，如果能对一切大于 2 的素数证明费马大定理成立，而有一个 $n\geqslant 6$ 不是素数，对于这个 n，$x^n+y^n=z^n$ 却存在正整数解，则 x^{n_1}，y^{n_1}，z^{n_1} 是方程 $u^{n_2}+v^{n_2}=w^{n_2}$ 的正整数解，即对于素数 $n=n_2>2$，费马大定理的结论不成立，与对一切大于 2 的素数费马大定理成立相违，故这时对一切大于 2 的自然数 n，只要证明了 $n>2$ 是素数的情形，则证出了费马定理。

对于 $n=4$ 的情形，由勾股定理，考虑边为 $a=2mn$，$b=m^2-n^2$，$c=m^2+n^2$ 的直角三角形，它的面积为 $A=\frac{1}{2}ab=mn\cdot(m^2-n^2)$。令 $x^2=m$，$y^2=n$，$x^4-y^4=z^2$，则

$$A=x^2y^2(x^4-y^4)=x^2y^2z^2$$

所以如果 $x^4-y^4=z^2$ 有正整数解 x，y，z，则存在面积为平方数 $(xyz)^2$ 的直角三角形。但 1770 年拉格朗日证明出：

边长为整数的直角三角形面积不是平方数。

所以 $x^4-y^4=z^2$ 没有正整数解；如果有正整数 x，v，z 满足方程 $x^4+v^4=z^4$，则

$$z^4-v^4=(x^2)^2$$

有正整数解，于是 $x^4-y^4=z^2$ 有正整数解，矛盾。至此证明了 $n=4$ 的情形费马大定理成立。

勾股定理本是几何问题，它却用来证明非几何的费马大定理（$n=4$ 时的情形），数学科学是一个整体，把自己局限在一个狭窄分支之内，对别的分支的知识知之甚寡，不会在数学上有太大作为。

费马大定理最终于 1994 年由英国大数学家怀尔斯证出。

费马大定理的一个用场是证明下面的命题：曲线 $x^n+y^n=1$（$n>2$，自然数）上除与坐标轴之交点外，不存在有理坐标的点。

事实上，若有理坐标点 $\left(\frac{a}{b},\frac{c}{d}\right)$ 在曲线 $x^n+y^n=1$ 上，其中 a，b，c，d 是整数，则

$$(ad)^n+(cb)^n=(bd)^n$$

此与费马大定理相违。

费马（1601～1665）被称为“业余数学之王”，他是一个皮革商的儿子，在大学学的是法律专业，毕业后以律师为业，成了一位社会活动家，议会议员。他廉洁奉公，性格内向，谦逊文雅，敏于思而慎于言，和哲学家笛卡儿是莫逆之交。他利用业余时间钻研数学，在微积分、解析几何、概率论和数论等方面都做出了重大的开创性贡献，和笛卡儿几乎同时独立地创立了解析几何。1637 年，费马研究古希腊数学家丢番图（250～275）的名著《算术》，这本书在数学史上可与欧几里得的《几何原本》相媲美。费马谈到丢番图的命题“分一个给定的平方数为两个平方数”时，在该页页边上评注说：“分一个立方数为两个立方数之和，分一个四次幂（或者一般地，任何次幂）为两个同次幂，这是不可能的；我确实找到了一个巧妙的证明，但这个页边太窄，写不下”。费马当时是否真的想出了这个问题的证明，这是一个无法判定的千古之谜，但这个页边上的评注却给后世数学家们布置了一道极端令人难堪的“作业题”，经过 300 多年众多大数学家的冲击，直到 1993 年 6 月 23 日，在英国剑桥大学牛顿研究所的学术报告会上，数学家怀尔斯宣读了他关于费马大定理的证明，当即引起会场内外一阵狂欢，热烈鼓掌达十分钟之久。当年毕达哥拉斯学派发现勾股定理时，杀牛摆了百牛宴，把$x^2+y^2=z^2$ 当且仅当 x，y，z 是一个直角三角形之边长的定理称为“百牛定理”。怀尔斯对费马大定理的证明人们来不及杀百牛设宴相庆，会场内外的欢腾比设宴更为喜庆，此事件立刻引起各国新闻媒体的极大关注，电子邮件以最快的方式向全世界播散这一好消息，各国数学界和大学纷纷举办关于费马大定理的报告会。怀尔斯的第一稿长达 200 多页，数学界对如此重大的成果当然按惯例采取了严肃谨慎的态度，迅速组织成由当代这方面权威的 6 名数学家成立审查小组，经审阅发现了怀尔斯稿子上的漏洞。怀尔斯是一位久经考验不屈不挠的成熟数学家，他拿回稿子，闭门苦干了一年，终于在 1994 年 9 月拿出修改稿，修改稿经严格审查无错误存在，300 多年的数学难题费马猜想，即“$x^n+y^n=z^n$（$n>2$，n 是自然数）无正整数解”已被严格证明是成立的。

当年怀尔斯刚超过 40 岁，过了获数学界相当于诺贝尔奖的菲尔兹奖的年龄限制，1996 年，怀尔斯获得了世界数学界终身成就奖——沃尔夫奖，这是科学界的最高奖项之一。

第二十一回 算术游戏岂止诙谐惬意 数学小品绝非粗俗作秀

法国数学家梅齐利亚克（1581～1638）是数学史有名的巧人之一，他的代表作《既有趣又令人惬意的问题》是一部数学“开心辞典”，它富含数理的愉悦和智慧的光芒，是数学史上人见人爱的佳品，不信我们来鉴赏它的几个小题目。

【例 1】 ①要求一个人秘密地选定一个自然数，然后三倍它。②问他这两个数的积是偶数还是奇数。若是偶数，要求他取其半，若是奇数，要求他加上 1 再取其半。③告诉他，把②中的结果乘以 3，且要他告知从这个乘积中最多可以取出 9 的多少个整数倍，譬如说 n 个。④于是原来他选定的数是 $2n$ 或 $2n+1$，依①中的结果是偶是奇而定。

事实上：①设原来这个人选的自然数是 x，3 倍之为 $3x$；②若 $3x$ 是偶数，则取 $\frac{3x}{2}$；若 $3x$ 是奇数，则取 $\frac{3x+1}{2}$；③$3\cdot\frac{3x}{2}=\frac{9x}{2}$（当 x 是偶数），$3\cdot\frac{3x+1}{2}=\frac{9x+3}{2}$（当 x 是奇数）；$\frac{9x}{2}-9n=r_1$（$0\leqslant r_1<9$）（当 x 为偶数），于是 $9x=18n+2r_1$，$x=2n+\frac{2}{9}r_1$，由于 x 是自然数，$0\leqslant r_1<9$，所以 $r_1=0$，$x=2n$；$3\cdot\frac{3x+1}{2}-9n=r_2$（当 x 为奇数），其中 $0\leqslant r_2<9$，于是

$$\frac{9x+3}{2}-9n=r_2,\quad 9x+3=18n+2r_2$$

$$x=2n+\frac{2r_2-3}{9}$$

其中$\frac{2r_2-3}{9}$是非负整数，因为$-\frac{3}{9}\leqslant\frac{2r_2-3}{9}\leqslant\frac{16-3}{9}=\frac{13}{9}$。由于 x 是自

然数，所以整数$\frac{2r_2-3}{9}\in\{0.1\}$，又$\frac{2r_2-3}{9}=0$，只有 $2r_2-3=0$，即 $r_2=\frac{3}{2}$，而 r_2 是整数，所以$\frac{2r_2-3}{9}=1$，$x=2n+1$。④可见当 x 为偶数时，$x=2n$，x 为奇数时，$x=2n+1$。

【例 2】 要求一个人秘密地选定一个小于60的数，要他宣布此数被 3，4，5 除所得的余数 a，b，c，则原来他选的数是 $40a+45b+36c$ 除以 60 所得的余数。

事实上，设他选的数是 x，则

$$x=3a'+a,\ x=4b'+b,\ x=5c'+c,\ a=x-3a',$$
$$b=x-4b',\ c=x-5c'$$

因此

$$\frac{40a+45b+36c}{60}=\frac{2}{3}a+\frac{3}{4}b+\frac{3}{5}c$$
$$=2x-(2a'+3b'+3c')+\frac{x}{60}$$

因 $x<60$，可见 $40a+45b+36c$ 除以 60 商为 $2x-(2a'+3b'+3c')$余 x。

【例 3】 赵某秘密选定多于 5 的任何数目的筹码，并且钱某秘密地取 3 倍那么多，要求赵某给钱某 5 个筹码，要求钱某转给赵某相当于赵某余下的 3 倍；你可以告诉钱某，他现有 20 个筹码。

事实上，设赵某原来取了 x 个筹码，则钱某取了 $3x$ 个筹码；赵某给钱某 5 个筹码后剩下 $x-5$ 个筹码，这时钱某有 $3x+5$ 个筹码；钱某转给赵某剩下的 3 倍那么多的筹码后，钱某剩下的筹码为 $3x+5-3(x-5)=20$。

推广之：把 3 改为 p，把 5 改成 q，则钱某剩下的筹码为$(p+1)q$ 个。

【例 4】 孙某秘密地从一个奇数和一个偶数中选定一个数，另一个数给了李某，要求孙某 2 倍他的数，李某 3 倍他的数，求两个积之和。如果这个和是偶数，则孙某选的是奇数，否则孙某选的是偶数。

事实上，设此二数为 $2k$ 和 $2l+1$，若孙选 $2k$，则 2 倍孙数加 3 倍李数得奇数

$$2(2k)+3(2l+1)=4k+6l+3$$

若孙选 $2l+1$，则 2 倍孙某数加 3 倍李某数得偶数

$$2(2l+1)+3(2k)=6k+4l+2$$

可见 2 倍孙某数加 3 倍李某数为偶数时，孙某选的一定是奇数；否则孙某选的是偶数。

【例 5】 要求某人考虑一个钟点，譬如是 m；然后触到表上标着某个别的钟点，譬如是 n；如果从触到的这个数开始按逆时针方向逐次地轻敲表上的数，心里数着 m，$m+1$，…，一直数到 $n+12$，则最后敲到的数就是他原来心里想的那个数 m。

若从你心中的点数 m 顺时针"读"（数）起：m，$m+1$，…，12，$12+1$，…，$12+n$，即读到 n 点则读（数）出 $12+n$，与此过程相逆的过程，即从 n 按逆时针方向读（数）起：m，$m+1$，…，读出 $n+12$ 时就是写着 m 的那个点（图 21-1）。

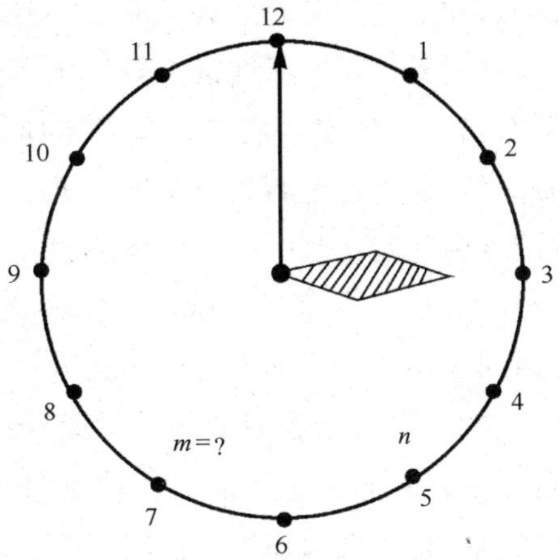

图 21-1

第二十二回 帕普斯五线一点求轨迹 笛卡儿一夜三梦得魔钥

古希腊是几何的故乡，但欧几里得、阿基米德和阿波罗尼奥斯去世后，古希腊的几何乃至它的整个数学停滞不前。在阿波罗尼奥斯死后500年，亚历山大城又出生了一位几何天才，他就是对数学事业有热心有能力的帕普斯（约300～350），他努力想使古希腊几何学东山再起，他果然获得了很大的成功。他的名著《数学汇编》中，囊括了古希腊几何学的大部分知识，并对其作了实质性推广与补充。在该书中帕普斯研究了30多位古希腊有名几何学家的成果，是名副其实的古希腊几何学家们的安魂曲，情深意切地为古希腊几何学家唱了一曲动人的挽歌。书中有大量有启发性的著名问题，其中对近代数学的成长有极大影响的是三线一点、四线一点与五线一点这三个所谓“帕普斯问题”。其中五线一点求轨迹的帕普斯问题，帕普斯本人自称解决不了，遗留给后人。但直到17世纪，仍无人能解决这个看似初等的平面几何问题！此题问的是：“若平面上给定五条直线和一个动点，从动点向每条直线上的一个点连一条线段，使之与该直线夹已知角，且使其中三条线段之长的积等于另两线段长之积的一个固定的倍数，求满足此要求的动点的轨迹。”

对于有三条直线或四条直线的相似问题，帕普斯自己给出了答案：动点的轨迹是圆锥曲线；即两条线段之积是另一条线长的固定倍数或两条线段长之积是另两条线段长之积的固定倍数时，动点的轨迹是圆锥曲线。

帕普斯之后，古希腊数学继续走下坡路，幸亏出了一位数学才女希帕蒂娅（约370～415）来接帕普斯的班，她和帕普斯是老乡，都是亚力山大城人。希帕蒂娅是历史上第一位女数学家，她在数学、哲学和医学上都是杰出的专家，在亚历山大里亚大学教授数学，吸引了广泛的听众并受到普遍的赞誉。她终生未嫁，她说："我和真理结了婚。"希帕蒂娅为人善良和蔼，仪表端庄秀美，是古希腊全国人爱戴的偶像；但由于她的自然科学和哲学思想与教会教条发生矛盾，受到教会当局的残酷迫害。一日，希帕蒂娅从学校下课回家，几个教徒把她从车上拉下，扯掉她的秀发，脱光她的衣服，穷凶极恶地毒打她，最后用牡蛎壳刮去她的皮肉，遗骨放火焚烧，如此罪行，令人发指。至此，古希腊数学与才女希帕蒂娅的惨死一起夕日西沉了！

16世纪，法国拉艾城出生了一个长大后改变了整个数学面貌的伟人，他就是哲学家笛卡儿（1596～1650）。他对帕普斯的"五线一点求轨迹"问题颇感兴趣，因为那是一个难住全世界所有数学家一千两百年的怪问题。他不愧为哲学家，用了先特殊后一般的思维路线，首先拿下面这个比较规范的问题开刀：直线$l_1 \parallel l_2 \parallel l_3 \parallel l_4$，且是等距的，邻近的两条相距为$a>0$，直线$l_5 \perp l_1$，见图22-1，$P$为动点，求满足条件

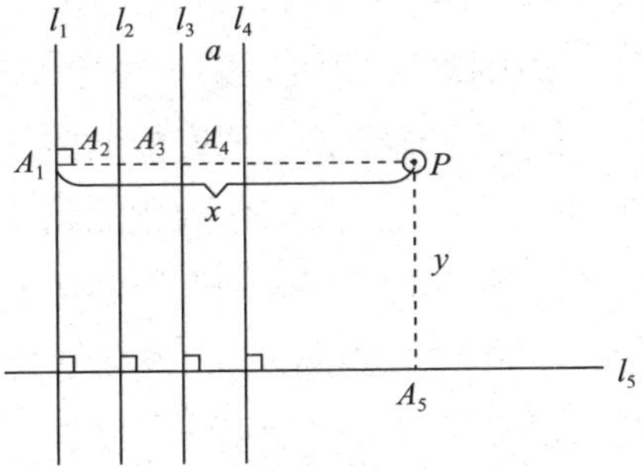

图22-1

$$PA_1 \times PA_2 \times PA_3 = kPA_4 \times PA_5 \quad (k\text{是非零常数}) \qquad (22.1)$$

的P点的轨迹，其中$PA_i \perp l_i$，$A_i \in l_i$。

笛卡儿令P到l_5的距离为y，距l_1为x，则把式（22.1）化成

$$(x-3a)(x-2a)(x-a)=kxy$$

$$x^3-6ax^2+11a^2x-6a^3=kxy \qquad (22.2)$$

如此把一个平面几何问题化成了用式（22.2）表达的代数问题。

笛卡儿把"五线一点"的情形推广到多条直线的情形：

设p_1，p_2，…，p_m，p_{m+1}，…，p_{m+n}是从点P向$m+n$条直线所引的与这些直线形成给定角度的$m+n$条线段之长，并且，如果要求

$$p_1 p_2 \cdots p_m = k p_{m+1} p_{m+2} \cdots p_{m+n}$$

其中 k 是常数，求动点 P 的轨迹。

m 和 n 不超过 2 的情形已被帕普斯解决了，笛卡儿对$n>2$或 $m>2$ 的情形也如“五线一点”一样地进行了代数化研究。

笛卡儿青少年时代学的并非数学，他在巴黎普瓦捷大学获得的是法学博士学位，毕业后以律师为业。他的童年过得很惨淡，其母生笛卡儿时难产身亡，笛卡儿也险些婴死腹中，他父亲为他命名“重生”（法文是 Re ́re)。笛卡儿自幼身体孱弱，好睡早觉和躺着看书，他的大部分成果的思路都是早上躺在床上沉思的产物。他不喜欢欧几里得几何，觉得它缺乏统一的方法和动感；也不喜欢代数，觉得它缺乏直观。他幻想着把两者嫁接起来，保留两者的长处而剔除两者的缺点。他对此昼思夜想，梦寐以求。1619 年，他随他参加的法国军队驻扎在多瑙河畔，那时没有战事，军营里平静无扰。11 月 10 日，他一夜做了连贯的三个怪梦：第一梦梦见他被狂风吹得立足不稳；第二梦梦见他被狂风吹到一间大厦，厅内一声霹雳，周围火花四溅；第三梦梦见他读到一本书上写着：“我将追求什么道路”，且拾到了一把奇异的钥匙。

第二天醒来，他领悟到要沿着几何代数化之路搞数学，于是忙拿笔和纸搞出了上面所写的那种处理“五线一点”问题的解析表达方法，他梦中拣到的那把魔钥就是引入变量 x，y 和坐标系为几何问题建立代数式的开锁之钥。从此一发不可收，终于创建了解析几何这门数学中划时代的学科。1692 年，德国数学家莱布尼兹把笛卡儿解决帕普斯“五线一点问题”时的 x 与 y 分别称为横坐标和纵坐标，把直线 l_5 与 l_1 加上箭头指示方向称为坐标轴。与此同时，法国数学家费马与笛卡儿独立地创立了实质上与笛卡儿的工作思路一致的解析几何的理论与方法。

笛卡儿对数学有精辟的见解，他说：“所有那些旨在研究顺序和度量的科学，都与数学有关。至于所求的变量是关于数的呢，形的呢，声的呢，还是其他什么东西呢，都是无关紧要的。因此，应当有一门普遍的科学，去解释所有我们能够知道的顺序与度量，这门科学已经有了自身的专名，它叫作数学。它之所以在心灵活动和重要性上远远超过那些依赖于它的科学，是因为它完全包括了这些科学的研究对象。”

笛卡儿说：“上帝是按照数学规律建立自然界的。”

笛卡儿说："我思，故我在。"

笛卡儿说："一切问题都可以化成数学问题，一切数学问题都可以化成代数问题，一切代数问题都可以化成方程求解的问题。"

对于"五线一点"的轨迹，P 点的坐标满足的代数方程 $x^3-6ax^2+11a^2x-6a^3=kxy$，可以在 xOy 坐标系中画出这一轨迹的图像，后被牛顿称之为笛卡儿三次曲线或"三叉戟曲线"，见图 22-2，当 $a=k=1$ 时，由于

$$y=x^2-6x+11-\frac{6}{x},\ y'=2x-6+\frac{6}{x^2},\ y''=2-\frac{12}{x^3}\ (x\neq 0),$$

从 $y=x^2-6x+11-\frac{6}{x}$ 知 y 轴是渐近线。$y=x^2-6x+11$ 是一条开口向上的抛物线，$\Delta=6^2-4\times 11<0$，所以 $y=x^2-6x+11$ 是一条在上半平面的曲线，而当 $x<0$ 时，$-\frac{6}{x}>0$，故 $x<0$ 时，曲线 $y=x^2-6x+11-\frac{6}{x}$ 在第二象限，$x\to-\infty$ 时，$y\to+\infty$。当 x 沿 x 轴的正半轴趋于零时，y 趋于 $-\infty$，$x\to+\infty$ 时，y 趋于 $+\infty$，可知三叉戟曲线有一个分支在一、四两个象限。

由 $y'=2x-6+\frac{6}{x^2}$，令 $y'=0$ 来考查它的极值点，$2x-6+\frac{6}{x^2}=0$ 化成三次方程

$$x^3-3x^2+3=0$$

令 $x=z+1$，得

$$z^3-3z+1=0$$

代入卡丹公式，这里 $p=-3$，$q=1$。

$$a=\sqrt[3]{-\frac{q}{2}+\sqrt{\left(\frac{q}{2}\right)^2+\left(\frac{p}{3}\right)^3}},\ b=\sqrt[3]{-\frac{q}{2}-\sqrt{\left(\frac{q}{2}\right)^2+\left(\frac{p}{3}\right)^3}}$$

于是 $\left(\frac{q}{2}\right)^2+\left(\frac{p}{3}\right)^3=\left(\frac{1}{2}\right)^2+(-1)^3<0$，这时有三个不等的实根。事实上，这时 a 与 b 是共轭复数，$a+b$ 是一个实数。$\omega=\frac{-1+i\sqrt{3}}{2}$，$\omega^2=\frac{-1-i\sqrt{3}}{2}$，$\omega$ 与 ω^2 也是共轭复数，故 $\omega a+\omega^2 b$ 与 $\omega^2 a+\omega b$ 也是实数，

这三个实根 x_1，x_2，x_3 对应于三个极值点。

由 $y''=2-\frac{12}{x^3}=0$，得 $2-\frac{12}{x^3}=0$，$x^3=6$，$x=\sqrt[3]{6}$ 是一个拐点（拐点就是曲线凸状与凹状的分界点）。

不难求得 $y=x^2-6x+11-\frac{6}{x}$ 有三个零点 $x_1^0=1$，$x_2^0=2$，$x_3^0=3$。综上分析，绘成三叉戟曲线如图 22-2。

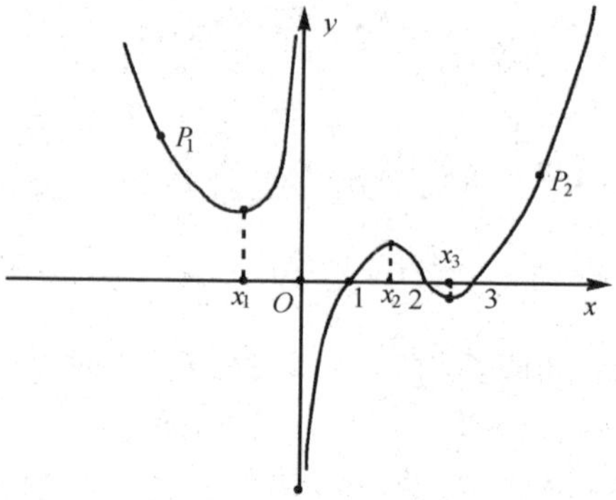

图 22-2

笛卡儿的数学代表作是《几何学》，此书是解析几何的开山之作。比笛卡儿大 32 岁的伟大科学家伽利略因坚持自然科学的真理（例如地球是太阳系的行星）而受到了教会的迫害，听说此事，生性内向、胆小怕事的笛卡儿打消了出版关于宇宙物理的著作《世界体系》的计划，就连关于解析几何这种对什么人也不会构成威胁的纯数学问题，他也生怕得罪了哪路无知的神圣，所以笛卡儿未能单独地把他的这一伟大的数学发明公布于世，而是作为一本称作《方法论》的书的附录问世的，这部分内容占 100 多页，数学史上称这部分内容为《几何学》。笛卡儿一生办事谨慎，与世无争，但因其有真学问、搞的是数学与自然科学这些与教义无助的科学，对宗教并不那么热衷和顶礼膜拜，梵蒂冈还是没有饶过笛卡儿，1647 年宣布笛卡儿的著作是“禁书”，必须全部焚毁！笛卡儿作为“危险人物”有家不能回，他只好去北欧的瑞典避难。由于北国风寒，1650 年感冒转成肺炎不治身亡。在教会那只看不见的“凶手”的淫威之下，这位对哲学和数学做出过划时代贡献的世界级伟人去世，竟无人去送花圈致悼词，几个邻居把他的尸骨草草掩埋了事。直到 17

年之后，才把笛卡儿的骨灰送回他的祖国法兰西，安葬在法国伟人墓地，1799 年移入法国历史博物馆，1819 年保存在圣日耳曼圣心堂，墓碑上书：

“笛卡儿，

欧洲文艺复兴以来，

为人类争取并保证理性权利的第一人。”

我们应当永远缅怀伟人笛卡儿，设想没有解析几何，没有变量和坐标系，数学还剩下些什么呢？当然，别人也会迟早搞出解析几何的，例如费马，但笛卡儿在解析几何和变量数学（即高等数学）方面的功劳是头等的。

第二十三回 牛顿求导表述欠妥 牧师发难搬弄是非

对于 $y=x^n$，n 是自然数，我们知道 $y'=nx^{n-1}$；即使对 n 是实数的情形，这个结果也是正确的。这个结果是历史上牛顿与莱布尼兹发明微积分时，第一批成果中的重要内容。经验告诉我们，任何有重大价值的科学创造，在它的开始阶段，几乎都是不完善的，需要后来的不断修正，微积分的创生发展过程也不例外，为了获得圆满结论与正确的论证，开始时是一定要经历挫折乃至失败的，不会在第一天就交上 100 分的答卷。

牛顿作为一个物理学家，他发明微积分的出发点是物理，表述的方式也是“半物理的”。1691 年他在其名著《曲线求积术》中论证 $y=x^n$ 的导数（他当时叫流数，“流”这个字眼带有浓厚的物理色彩）时，推导论证如下：

“设量 x 均匀地流动，问题是欲求 x^n 的流数。

在 x 因流动变成 $x+o$ 的同时，量 x^n 变成了 $(x+o)^n$，于是

$$(x+o)^n=x^n+nox^{n-1}+\frac{n^2-n}{2}oox^{n-2}+\cdots+o^n$$

增量 o 与 $(x+o)^n-x^n=nox^{n-1}+\frac{n^2-n}{2}oox^{n-2}+\cdots+o^n$ 之比等于 1 与 $nx^{n-1}+\frac{n^2-n}{2}ox^{n-2}+\cdots+o^{n-1}$之比。

现令增量消失，它们的最终比将变成 $1:nx^{n-1}$。”

英国有位哲学家叫作伯克莱，他文学、逻辑学和哲学都功夫深厚，可恨他是一位牧师，对于不信神的自然科学家们骨子里怀有敌意。1734 年，这位牧师出版了一本颇为得势的小册子《分析学家，或致一位不信神的数学家》，点名道姓地攻击牛顿、莱布尼兹及其拥护者的微积分成

果是诡辩。

伯克莱假装公允地说："流数方法是一把通用的钥匙，当代数学家们借助于它来解开几何学的、最终也是大自然的奥秘，这一方法使数学家们能够在发现定理和解决问题方面大大超越古人。正因为如此，其发挥、应用便成为今日那些号称深刻几何学家们主要的（如果不是唯一的）事业。然而这些方法究竟是否清楚，是否没有矛盾，并且可以加以证明；或者相反，只是一种含糊的、令人反感的和不可靠的方法？我将以最公正的方式来提出这样的质疑，以便让你们，让每一位正直的读者做出自己的判断。"

事实上，牛顿与莱布尼兹初创的微积分，的确存在可修改的漏洞，逻辑基础不甚牢固，无穷小概念不够明确，曾引起过不少科学家善意的批评和建议。例如荷兰的数学家纽文蒂（1654～1718）就直言批评牛顿的流数求法阐述不够清楚的问题。正常的学术切磋是必要和有益的，但伯克莱的动机则值得推敲。

伯克莱说："在推导任意次幂的流数时，如果让增量消失，亦即让增量变成零，那么原来的关于增量存在的假设也就不能成立，而由这一假设引出的结果即借助于增量而得到的表达式却必须保留，这种推理是站不住脚的"。

这一论述就是有名的"伯克莱悖论"。

事实上牛顿为了急于求得流数，确实有重结果轻逻辑的倾向。在求 $y=x^n$ 的流数那段推导当中，牛顿不留神做了"偷换假设"的"犯规"动作，先说增量可以比，即有增量，不为零，接着让增量消失，变成无，这样说话着实令人费解，应予修正。

怎奈伯克莱越说越情绪化，越说越凶相毕露。伯克莱接着说了或者更准确地说是骂了下面一大串恶言恶语：

"因为我们如果假设增量消失，理所应当也就必须假设它们的比、它们的表达式以及由于假设其存在而导出的一切东西都必须随之消失。

我所非议的不是您的结论，而是您的逻辑与方法，您是怎样进行证明的？您所熟悉的对象是什么？关于它们您的表达是否清楚？您依据的原理是什么？它们是否可靠？您是如何应用它们的？

这些消逝的量是什么呢？难道我们不能称它们为消逝的鬼魂吗？

分明是诡辩，是招摇撞骗，把人们引入歧途。

莱布尼兹及其追随者，在进行微分运算时，竟从不脸红地首先承认然后舍弃无穷小量，稍具思考能力的人，在理解问题时仔细一点，在推理时公正一点，就不会接受这一套。”

也有一些对数学一窍不通的文人跟着伯克莱瞎说八道，例如大思想家伏尔泰冷嘲热讽地说：“微积分是计算和度量其存在性是不可思议的事物的艺术。”

伯克莱们的挑战激起数学家们群起反击，写了许多反驳伯克莱的文章，但皆因不能把当时微积分中的逻辑搞清楚而没有把伯克莱驳倒，这就是数学史上耸人听闻的第二次数学危机。正如法国大数学家达兰贝尔豪爽地说：“向前进，你就会产生信念。”由于把这种基础不牢的微积分用于天文、力学和物理等科学，总能获得可喜的重大成果，所以尽管有第二次数学危机阴影的笼罩，数学家们还是对微积分充满信心，当时在微积分园地上需要赶紧收割的东西太多了，无暇顾及去修补基础理论的漏洞，逻辑严密性的问题当时也只好先等一等再解决了。

第二十四回 伯克莱悖论一波未平 油漆匠谬言惊澜再起

17 世纪，牛顿与莱布尼兹刚刚发明了微积分的计算方法，例如微积分基本定理：对于在 $[a, b]$ 上的连续函数，$\int_a^b f(x)\mathrm{d}x = F(b) - F(a)$，其中 $F'(x) = f(x)$。有人计算了下面两个题目：

(1) 求双曲线 $xy=6$，$x=2$ 与 x 轴之间夹的面积，见图 24-1。

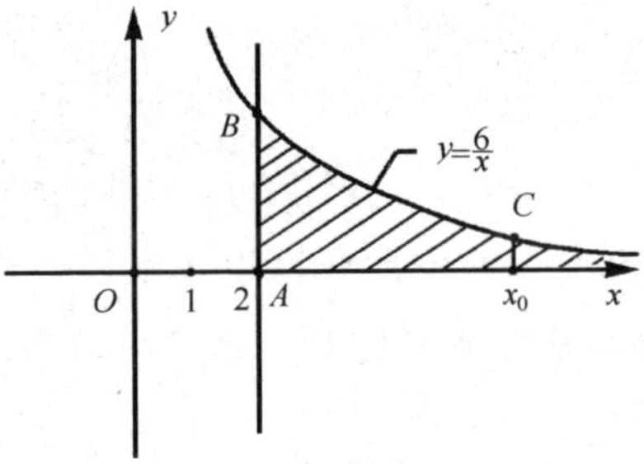

图 24-1

(2) 求 (1) 中面积绕 x 轴旋转所得旋转体的体积，见图 24-2。

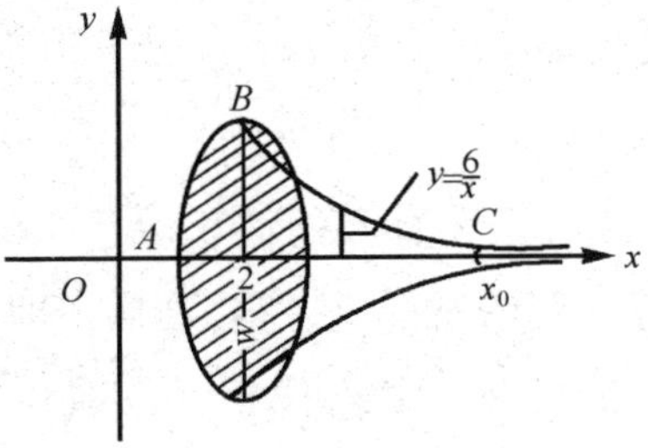

图 24-2

对于 (1)，曲边梯形 $ABCx_0$ 的面积为 $y=\dfrac{6}{x}$ 为被积函数的积分

$\int_{2}^{x_0}\frac{6}{x}\mathrm{d}x=6[\ln x_0-\ln 2]$，所以曲线 $xy=6$，$x=2$ 和 x 轴之间夹的面积为

$$\lim_{x_0\to+\infty}\int_{2}^{x_0}\frac{6}{x}\mathrm{d}x=\lim_{x_0\to+\infty}6[\ln x_0-\ln 2]=+\infty$$

对于（2），任取 x 轴上一点 $x_0>2$，用垂直于 x 轴的平面过点（x_0，0，0）截这个旋转体，得到一个以半径为 $y_0=\frac{6}{x_0}$ 的圆，它的面积是 $\pi\frac{36}{x_0^2}$。所以此旋转体体积为

$$V=\lim_{x_0\to+\infty}\int_{2}^{x_0}\pi\frac{36}{x^2}\mathrm{d}x=\lim_{x_0\to+\infty}36\pi\left[-\frac{1}{x_0}+\frac{1}{2}\right]=18\pi$$

一位油漆工听到这个结果便说："我虽然不懂得你们的微积分，我只是一个文盲大老粗，但凭我的多年工作经验，我敢判定你们的计算方法是错误的，因为（1）求得的面积既然是无穷大，那么，若让我对这块面积进行着色上漆，必须用无限多的油漆，用有限的油漆显然不够。然而，这块面积是含在（2）中的那个'喇叭'里，你们既然算出这个喇叭的体积是有限的（18π），那我用有限的油漆可以灌满你这个喇叭，也就把那个无穷面积的（1）中阴影区上了油漆，可是我说过，给（1）中这个阴影区上漆需要无限多油漆呀！由此可以看出，你们的积分法是有矛盾的，不可信。"

要么油漆匠的话说错了，要么积分学有错误，究竟谁之错？

如果油漆 10 平方米的面积只用 0.1 千克漆，那么（1）中那个无穷大的面积当然需要无穷多油漆，这话他说得好像没什么错；油漆匠后半段的话听起来也似乎在理，于是为难了对油漆匠这个职业没有什么经验的一些数学家。

事实上，用油漆为一个无穷大的面积着色，确实需要无穷多油漆，因为每个油漆分子有一定的直径 $d>0$，这样，即使是上漆时，平面区域上只有一层油漆分子，也会造成耗用（设面积为 S）$2S\times d$ 这么多（立方）的油漆，今 S 是无穷的，所以确实是油漆（1）中面积需要无穷多油漆。

至于用油漆灌满（2）中那个喇叭，（1）中的那个面积只是和一些油漆分子相截，不能算对这个平面上了漆。另一方面，（1）中那个面积

在（2）中的喇叭内并不占有大于零的体积，对于三维空间的度量（体积），它内部任何一块平面块的体积只能说等于零，即点没有长度，直线没有面积，平面没有体积，所以（1）中的那块平面即使你硬说它浸在油漆中就是上了漆，所用的漆也只是零体积。如此说来，油漆工的话不正确，上述积分运算不能被这段油漆匠的话否定。

第二十五回 欧拉柯西众贤加固微积分
魏尔斯特拉斯力驳伯克莱

牛顿和莱布尼兹都没有把微积分的基本概念（例如导数和积分的定义）搞清楚，更不用说是弄严格了。他们不能严格地掌握这些概念，而逻辑是靠成果的彼此无矛盾和多产的应用来过日子，并没有沿着严格化的轨道推动微积分的车轮安全运转。到 17 世纪末，微积分的基础仍然不牢靠，甚至五花八门更加混乱，有人继续谈“最初比和最后比”，有人使用无穷小的非零量，17 世纪的微积分在这种无章可循的状态下结束了，迎来了微积分获得巨大繁荣的 18 世纪。

18 世纪是欧拉的世纪，他虽然不像牛顿与莱布尼兹那样出风头，但没有一个人像他那样多产，像他那样巧妙地把握数学，也没有一个人能像他那样收集和利用代数、几何与分析的手段去生产那么多令人惊叹的成果。他是绝妙数学方法的设计师，鬼斧神工的数学巨匠。生活中，他是一位慈祥乐观，童心终生不泯的好人，有十三个子女，经常和子孙们在一起做游戏，讲故事。欧拉 1707 年生于瑞士，是一位名副其实的全球科学家。他是俄国彼得堡科学院教授，柏林科学院领导人。18 世纪微积分的主要成就几乎全部在欧拉的关于微积分的三部名著中体现出来，这三部著作是

[1]《无穷小分析引论》，1748，两卷集。

[2]《微分学原理》，1755，两卷集。

[3]《积分学原理》，1768～1770，三卷集。

18 与 19 世纪的微积分教学，不是直接选用以上这三部著作就是用那些抄袭这三部书的著作，或者是抄袭“抄袭这三部书的书”的书。欧拉文笔流畅，善于把深刻难懂的数学理论阐述得通俗易懂、津津有味。欧拉 13 岁考入瑞士巴塞尔大学，师从当时欧洲最出名的数学家约翰·伯努

利。欧拉 17 岁获硕士学位，26 岁任数学教授。约翰·伯努利对欧拉说："我给你上微积分课时，这门学科还是个孩子，正是您把它带大成人。"欧拉是以下数学符号的发明人

$f(x)$：表示自变量 x 的函数

e：表示自然对数的底

r：表示圆半径

$\sum$：表示连加求和

i：表示 $\sqrt{-1}$

他首创的公式

$$e^{i\pi}+1=0$$

联系着数学中最重要的五个常数：0，1，i，e，π。他还机智地解决了哥尼斯堡七桥问题，从而创立了图论，又在图论中建立了凸多面体欧拉公式

$$\nu-\varepsilon+\phi=2$$

其中 ν 是顶点数，ε 是边数，ϕ 是面数，欧拉的成果如此之多，以至于几乎数学的每个分支都有他的重要成果。

28 岁，欧拉右眼失明，56 岁时，左眼也失明了！就像音乐家贝多芬失去听力一样，一个靠眼睛读书写文章的数学家欧拉却是一个盲人！但是欧拉有孜孜不倦的毅力、罕见的聚精会神的能力和惊人的记忆力，失明并没有对他的研究造成太大的障碍，他依靠超常的记忆，甚至在最嘈杂的扰乱之中仍能高度集中地从事创造性工作，口述他的新成果或在大石板上写下他创造的新公式，让子女或学生替他写在笔记本上。他在世时出版发表 530 本书和论文，死后遗留的手稿 47 年间不断地在圣彼得堡科学院学报上发表。他的不朽著作写成了近百册大四开本的《欧拉全集》。

1783 年 9 月 18 日，欧拉和他的朋友研讨天王星运动时，突然烟斗坠地，戛然中止了生命。人们无限敬佩和悲伤地说，伟大的科学家欧拉计算到他生命的最后一秒钟。

智者千虑必有一失，即使是欧拉这么天才的人物，也有出错的记录，例如他猜想：对于 $n>2$，一个 n 次幂要表示成 n 次幂的和，至少要 n 个加数。1966 年有人用电子计算机举出反例

$$27^5+84^5+110^5+133^5=144^5$$

欧拉还对他同时代的数学家开过如下的玩笑：在实数范围内任取一数 $x\neq0$，因为 $(-x)^2=x^2$，所以 $\lg(-x)^2=\lg x^2$，从而 $2\lg(-x)=2\lg x$，于是$\lg(-x)=\lg x$，但负数在实数范围内无对数，$x\neq0$ 时，x 与 $-x$ 中必有一个是负数，所以不能写 $\lg(-x)=\lg x$。

一个正确的命题是：若 x 是非零实数，则 $\lg x^2=2\lg|x|$。

欧拉用上述玩笑提醒人们计算或证明时一定要首先审查是否符合公式要求的条件，对于细节一点也不能马虎。

1673 年，有人问莱布尼兹

$$1+\frac{1}{2^2}+\frac{1}{3^2}+\frac{1}{4^2}+\cdots=?$$

莱布尼兹算不出来，让雅各布·伯努利来算，伯努利也无计可施。欧拉真老道，真巧妙，他算出来这个题的答数为$\frac{\pi^2}{6}$。欧拉的解法如下：

因为

$$\sin z=z-\frac{z^3}{3!}+\frac{z^5}{5!}-\cdots \tag{25.1}$$

对于 $z\neq0$，而使得 $\sin z=0$ 的 z 为 $\pm\pi$，$\pm2\pi$，$\pm3\pi$，…，对于这些$z=\pm k\pi$，

$$\frac{\sin z}{z}=1-\frac{z^2}{3!}+\frac{z^4}{5!}-\frac{z^6}{7!}+\frac{z^8}{9!}-\cdots=0$$

令 $w=z^2$，则

$$1-\frac{w}{3!}+\frac{w^2}{5!}-\frac{w^3}{7!}+\frac{w^4}{9!}-\cdots=0$$

此方程根的倒数和为一次项系数的负值（韦达定理），即

$$\frac{1}{6}=\left(\frac{1}{\pi}\right)^2+\left(\frac{1}{2\pi}\right)^2+\left(\frac{1}{3\pi}\right)^2+\left(\frac{1}{4\pi}\right)^2+\cdots$$

于是得

$$1+\frac{1}{2^2}+\frac{1}{3^2}+\frac{1}{4^2}+\cdots=\frac{\pi^2}{6} \tag{25.2}$$

用上述技巧，欧拉又求得

$$1+\frac{1}{3^2}+\frac{1}{5^2}+\frac{1}{7^2}+\cdots=\frac{\pi^2}{8}$$

事实上 $(\sin x)'=\cos x$，又

$$\sin x=x-\frac{x^3}{3!}+\frac{x^5}{5!}-\frac{x^7}{7!}+\frac{x^9}{9!}-\cdots$$

把上式对 x 求导得

$$\cos x=1-\frac{x^2}{2!}+\frac{x^4}{4!}-\frac{x^6}{6!}+\frac{x^8}{8!}-\cdots \tag{25.3}$$

$\cos x=0$ 的根为 $x=\pm\frac{2k+1}{2}\pi$，$k=0$，1，2，…

令 $w=x^2$，$1-\frac{w}{2!}+\frac{w^2}{4!}-\frac{w^3}{6!}+\frac{w^4}{8!}-\cdots=0$，各根倒数之和为$\frac{1}{2}$，即

$$\left(\frac{1}{\frac{\pi}{2}}\right)^2+\left(\frac{1}{\frac{3\pi}{2}}\right)^2+\left(\frac{1}{\frac{5\pi}{2}}\right)^2+\left(\frac{1}{\frac{7\pi}{2}}\right)^2+\cdots=\frac{1}{2}$$

$$\frac{1}{1^2}+\frac{1}{3^2}+\frac{1}{5^2}+\frac{1}{7^2}+\frac{1}{9^2}+\cdots=\frac{\pi^2}{8} \tag{25.4}$$

如果问

$$\frac{1}{1^2}-\frac{1}{2^2}+\frac{1}{3^2}-\frac{1}{4^2}+\frac{1}{5^2}-\cdots=?$$

由于

$$\frac{\pi^2}{8}\times2=\frac{\pi^2}{4}=2+\frac{2}{3^2}+\frac{2}{5^2}+\frac{2}{7^2}+\cdots$$

$$\frac{\pi^2}{6}=1+\frac{1}{2^2}+\frac{1}{3^2}+\frac{1}{4^2}+\cdots$$

于是（形式地）得

$$\frac{\pi^2}{4}-\frac{\pi^2}{6}=\frac{\pi^2}{12}=\left(2+\frac{2}{3^2}+\frac{2}{5^2}+\frac{2}{7^2}+\cdots\right)-\left(1+\frac{1}{2^2}+\frac{1}{3^2}+\frac{1}{4^2}+\cdots\right)$$

$$=1-\frac{1}{2^2}+\frac{1}{3^2}-\frac{1}{4^2}+\frac{1}{5^2}-\frac{1}{6^2}+\frac{1}{7^2}-\cdots$$

从上面这些计算，我们可以欣赏到欧拉的神出鬼没的计算高招。数学史家说欧拉进行微积分运算就像我们呼吸空气一样地自由和轻易。

对微积分的建设出了很多力的另一位历史功臣是法国大数学家柯西（1789～1857），他是 19 世纪前半叶最杰出的数学分析（微积分与复变函数论）专家。柯西是巴黎理工大学道路桥梁专业的毕业生，毕业后当了一名建筑工程师，但他对数学比对搞建筑更有兴趣。在大数学家拉格朗日和拉普拉斯的鼓励之下，他断然放弃土木工程的优厚待遇，深入自修数学，熟读了拉普拉斯的名著《天体力学》和拉格朗日的《解析函数

论》等当时的顶尖专著。1816 年，柯西工程师终于应聘就任巴黎大学等名牌大学的数学教授职位。事实上，柯西从小就是超常少年，一日柯西父亲的好朋友拉格朗日和拉普拉斯来柯西家做客，两位大数学家第一次见到童年的柯西正跪在地板上玩积木，他的堆垒技术很有数学意义，两位大师笑道："这小子将来是个了不起的人物。"要知道这两位"L"（法国历史上有 4 位大数学家拉格朗日（Lagrange，1736～1813），拉普拉斯（Laplace，1749～1827），勒让德（Legendre，1752～1833）和勒贝格（Lebesgue，1875～1941），号称数学名家 4L）是不会轻易说人好话的，他们对人的才能要求很严，看人看得很准。柯西的才智被他们一眼看穿，柯西后来果真成了了不起的大数学家。有一个"巴黎纸贵"的故事，说的是年轻的柯西向巴黎科学院学报投稿的数学论文如此之多，如此之快，印刷厂为了印制这些论文抢购了巴黎市所有纸店的存货，使得市面上纸张短缺，纸价大增，印刷厂成本上升，于是科学院通过决议，以后发表论文每篇篇幅不得超过 4 页。柯西不少长篇论文不能在本国发表，只能改投别国刊物，他的论文不仅具有创造性，而且数量巨大，是数学史上仅次于欧拉的第二个"高产户"。《柯西全集》大四开本共 24 册；柯西发表论文 789 篇，还有多部专著。

柯西对微积分的建设主要有以下几个方面：

（1）给出导数定义

$$f'(x)=\lim_{\Delta x\to 0}\frac{f(x+\Delta x)-f(x)}{\Delta x}$$

（2）给出定积分的定义

柯西说："设函数 $y=f(x)$ 关于变量 x 在两个有限界限 $x=x_0$ 与 $x=X$ 之间连续，我们用 x_1，x_2，…，x_{n-1} 来表示 x 的位于两个限之间的一些值，且是递增的或是递减的。我们用这些值把 $X-x_0$ 划分成元素

$$x_1-x_0,\ x_2-x_1,\ x_3-x_2,\ \cdots,\ X-x_{n-1}$$

这些元素都有相同的符号，我们把每个元素与该元素左端所对应的函数值 $f(x)$ 相乘，即元素 x_1-x_0 乘以 $f(x_0)$，x_2-x_1 乘以 $f(x_1)$，…，元素 $X-x_{n-1}$ 乘以 $f(x_{n-1})$，设

$$S=(x_1-x_0)f(x_0)+(x_2-x_1)f(x_1)+\cdots+(X-x_{n-1})f(x_{n-1})$$

显然 S 依赖于：

①差被分成的元素个数 n。

②这些元素的值，从而也就依赖于所采用的划分方法。

如果这些元素的值变得非常小而数 n 变得非常大，那么划分方法对 S 的值将没有实质性影响。

这样，如果我们让这些元素的值随着它们的个数的无限增加而无限减小，那么就一切实用的目的而言，S 值最终将变成常数，或者说，它最终将达到一个确定的极限，这个极限值仅依赖于函数 $y=f(x)$ 和边界值 x_0 与 X，这个极限叫作定积分。”

这是历史上首次亮相的积分定义，现在中学与大学的微积分教学当中，教材上写的定积分定义，你仔细推敲一下，不就是柯西这个首创定义的“翻版”吗？只不过是改了一些表述用字，变得更紧凑一些罢了。柯西的功劳真大，谢谢柯西。

（3）微积分基本定理

柯西说：“在定积分

$$\int_{x_0}^{X} f(x)\mathrm{d}x$$

中，$f(x)$ 连续，我们又假设两限之一，例如 X 可以变化，积分值本身也将随 X 的变化而变化。如果用 x 来代替这个现在已成为可变的积分限 X，我们就得到一个新函数，设这个新函数为 $F(x)$，即 $F(x)=\int_{x_0}^{x} f(x)\mathrm{d}x$。

可以推得

$$\int_{x}^{x+\alpha} f(x)\mathrm{d}x=\int_{x_0}^{x+\alpha} f(x)\mathrm{d}x-\int_{x_0}^{x} f(x)\mathrm{d}x$$
$$=\alpha f(x+\theta\alpha),\ 0\leqslant\theta<1$$

于是

$$F(x+\alpha)-f(x)=\alpha f(x+\theta\alpha)$$
$$\frac{F(x+\alpha)-f(x)}{\alpha}=f(x+\theta\alpha)$$

令 $\alpha\to 0$ 得

$$F'(x)=f(x)$$

这样$\int_{x_0}^{x} f(x)\mathrm{d}x$作为$x$的函数$F(x)$，$f(x)$为这个函数$F(x)$的导数”。

上面这段话就是我们现在大中学课本中微积分基本定理微分形式的表述。

稍加改写，则得积分形式的微积分基本定理：

事实上，由于$F(x)=\int_{x_0}^{x} f(x)\mathrm{d}x$，$f(x)$是［$x_0$，$X$］上连续函数，则

$$F(X)=\int_{x_0}^{X} f(x)\mathrm{d}x,\ F(x_0)=0$$

于是

$$\int_{x_0}^{X} f(x)\mathrm{d}x=F(X)-F(x_0)$$

这不就是计算定积分的基本公式吗，其中$F'(x)=f(x)$。

数学史上的才子，后生阿贝尔赞叹柯西“是数学史上最懂得怎样对待数学的人。”

微分学的核心概念导数和积分学的核心概念定积分都是用极限定义的，第二次数学危机也是由于牛顿与莱布尼兹事先来不及建立严格的极限理论闹出的漏洞。到底应该如何定义极限，从而使整个微积分的理论和逻辑系统完备化，克服诸多不够严格的瑕疵，彻底平息第二次数学危机呢？德国的伟大数学家魏尔斯特拉斯（1815～1897）完成了这一伟业，为数学科学造了福。

魏尔斯特拉斯的父亲希望儿子长大后去做普鲁士的文官，看起来欧洲人过去也流行过“学而优则仕”。1834年，魏尔斯特拉斯考入波恩大学管理系，但他根本不喜欢其父为他选择的这种专业，在校期间他自学了拉普拉斯的名著《天体力学》和雅可比的名著《椭圆函数新理论基础》，所谓椭圆函数是指函数

$$z=\int_0^w \frac{\mathrm{d}t}{\sqrt{(1-t^2)(1-k^2t^2)}}$$

的反函数，记之为$w=\mathrm{sn}(z, k)$。

1838年，魏尔斯特拉斯主动放弃可以到手的法学博士学位，他对数学入了迷，毅然离开波恩大学。去做一所文科初级中学的教员，教过孩子们历史、地理、书法、植物和体育等各种科目，只为争取到更多的

业余时间和赚点伙食费，以便聚精会神地研究数学科学。

1854 年，魏尔斯特拉斯在著名杂志《纯粹与应用数学杂志》上发表了一篇关于函数论的文章，这篇出自一位无名初中教员之手的文章立刻引起欧洲数学界的轰动，大数学家刘维尔称这篇文章是“数学当中划时代的工作之一”。哥尼斯堡大学因此授予魏尔斯特拉斯荣誉博士学位，在学位授予大会上，哥尼斯堡大学的校长在祝词中当着来自欧洲各国的众多有名数学家说：“魏尔斯特拉斯不仅是德国一所初级中学的老师，而且他是我们大家的老师。”那时他已经 40 多岁，才开始得到数学界的承认。他很快被聘为柏林大学数学教授，后任柏林大学校长，柏林科学院院士。他的一生除了对数学科学贡献了众多头等的创造性成果之外，还是一位模范的大学老师，培养了很多出类拔萃的数学家。例如来自俄国的柯瓦列夫斯卡娅，就是魏尔斯特拉斯的早期得意门生之一。

柯瓦列夫斯卡娅（1850～1891），莫斯科人，当时的沙皇农奴制，女孩子没有受教育的权利。柯瓦列夫斯卡娅靠自学修完高中的全部课程，想报考彼得堡大学，被校方拒绝报名，只得在家里继续自学高等数学。听说西欧可能招收部分女生，柯瓦列夫斯卡娅请邻居一位叫作柯瓦列夫斯基的莫斯科大学生物系的毕业生帮忙；当时这位男生正准备去西欧出国深造，柯瓦列夫斯卡娅请他与自己到教堂演出一场假婚礼，以便以“陪读”名义办出国手续。这位生物系的同学是一位好心人，答应了柯瓦列夫斯卡娅的要求。如此，柯瓦列夫斯卡娅取道欧洲，考入德国海德堡大学。1870 年，柯瓦列夫斯卡娅仰慕大数学家魏尔斯特拉斯，决心去柏林大学上学，可恨当时柏林大学也不收女生，这件事被诲人不倦的魏尔斯特拉斯听说了，他立即唤来这位来自俄国的女孩子，出难题对她进行考试，发现这孩子确实数学天分不俗，便决定收下这位学生，在自己家里为柯瓦列夫斯卡娅开设只有一位学生听课的“班级”。经过一师一生 4 年的科班教学，柯瓦列夫斯卡娅不仅学完了柏林大学数学系的全部课程，还写出三篇科研论文。这位没有大学正式文凭的 24 岁女孩写的这三篇文章的任何一篇，都达到了数学家的水准。为报答柯瓦列夫斯基当年带她出国的知遇之恩，这位天才美丽的姑娘真的嫁给了柯瓦列夫斯基，且名曰柯瓦列夫斯卡娅，在魏尔斯特拉斯作为主婚人的隆重的真婚礼上成了亲。

柯瓦列夫斯卡娅是偏微分方程理论的奠基人之一，又解决了难住包括拉格朗日等大数学家在内的众多数学家上百年的号称“数学水妖”的难题，这是一个研究刚体绕定点转动的问题，柯瓦列夫斯卡娅在她提供的悬赏论文的密封式封面上只签署了这么一句话：

“说你知道的话，做你应做的事，成为你想做的人。”

巴黎科学院院长皮埃尔·杨森评价柯瓦列夫斯卡娅的获奖成果时说：“当今最辉煌、最难得的荣誉的桂冠，落在一位女孩子头上。本科学院的成员们发现，她的工作不仅证明她拥有广博深刻的科学知识，而且显示了她巨大的创造性才智。”

柯瓦列夫斯卡娅不仅是一位杰出的数学家，而且是一位文笔隽秀的文学家，她的小说《童年的回忆》和《一个女虚无主义者》以及剧本《为幸福而斗争》译成了各种文字，流传至今，反映了她政治上进步的民主主义思想和对封建专制的憎恶。

1891 年 41 岁的天才数学家柯瓦列夫斯卡娅因肺炎英年早逝，她是数学史上第一位女博士，第一位女院士，曾长期担任瑞典斯德哥尔摩大学教授，俄国科学院院士，荣获过巴黎科学院的大奖。1948 年《柯瓦列夫斯卡娅全集》出版，1950 年，莫斯科和斯德哥尔摩分别举行隆重纪念大会，纪念柯瓦列夫斯卡娅诞辰 100 周年。

魏尔斯特拉斯与柯瓦列夫斯卡娅情同父女的师生关系，是数学史和教育史上的佳话，值得每一位教师学习。

魏尔斯特拉斯被誉为“现代分析之父”，他的关于极限的“ε-δ”定义可以说拯救了微积分，现代任何一本讲微积分的书上如下的极限定义，就是魏尔斯特拉斯首先给出的：

设函数 $y=f(x)$在 x_0 的某个“去心邻域”内有定义（在 $x=x_0$ 函数 $y=f(x)$未必有定义），对于任给的 $\varepsilon>0$，存在 $\delta=\delta(\varepsilon)>0$，使得当

$$0<|x-x_0|<\delta$$

时成立不等式

$$|f(x)-A|<\varepsilon$$

则称 A 是函数 $f(x)$当 x 趋于 x_0 时的极限，记成

$$\lim_{x\to x_0} f(x)=A$$

用魏尔斯特拉斯创立的这个极限的定义，可以干净利落地排除第二

次数学危机。

事实上，按柯西关于导数的定义，对于函数 $y=x^n$，n 是大于 1 的自然数，则

$$y'=\lim_{o\to 0}\frac{(x+o)^n-x^n}{o}=nx^{n-1} \tag{25.5}$$

这里 o 可以写成 Δx。按魏尔斯特拉斯的“ε-δ”定义，欲证（25.5）式成立，即往证以 o 为变量的函数$\frac{(x+o)^n-x^n}{o}$ ［在（25.5）的极限过程中，x 视为暂固定的量，$\frac{(x+o)^n-x^n}{o}$只是自变量为 o 的一元函数 f（o）］当 o 趋于 0 时的极限是 nx^{n-1}（nx^{n-1}相当于定义中的 A，0 相当于定义中的 x_0）。这个函数 $f(o)=\frac{(x+o)^n-x^n}{o}$在 $o=0$ 的一个去心邻域内有定义，对于任给的$\varepsilon>0$，我们来找一个 $\delta>0$，使得 δ 满足要求：当 $0<|o-0|<\delta$ 时

$$\left|\frac{(x+o)^n-x^n}{o}-nx^{n-1}\right|<\varepsilon$$

由于（$x+o)^n-x^n=nox^{n-1}+\frac{n^2-n}{2}oox^{n-2}+\cdots+o^n$，在不等式 $0<|o|<\delta$ 的约束之下，注意$|o|>0$，所以 o 可以做分母，做除法，于是

$$\left|\frac{(x+o)^n-x^n}{o}-nx^{n-1}\right|\leqslant\left|\frac{n^2-n}{2}x^{n-2}\right||o|+\cdots+|o|^{n-1}$$

欲使

$$\left|\frac{n^2-n}{2}x^{n-2}o+\cdots+o^{n-1}\right|<\varepsilon$$

只需

$$M[|o|+|o|^2+\cdots+|o|^{n-1}]<\varepsilon \tag{25.6}$$

其中 M 是$\frac{n^2-n}{2}x^{n-2}o+\cdots+o^{n-1}$中$o$，$o^2$，…，$o^{n-1}$的系数的最大值，则 $M\geqslant 1$；不妨设 $0<\varepsilon<1$。

为了（25.6）成立，只需取 $\delta=\frac{\varepsilon}{M\ (n-1)}$，于是 $0<\delta<1$，当 $0<|\ o\ |<\delta$ 时，

$$M[|o|+|o|^2+\cdots+|o|^{n-1}]<$$

$$M\Big[\underbrace{\frac{\varepsilon}{M(n-1)}+\frac{\varepsilon}{M(n-1)}+\cdots+\frac{\varepsilon}{M(n-1)}}_{n-1\text{ 项}}\Big]=\varepsilon$$

即（25.6）式成立。

对于 $n=1$ 的情形，当 $o\neq 0$ 时

$$\frac{(x+o)-x}{o}=1$$

这时 $(x)'=1$。

由上述推导，根据魏尔斯特拉斯“$\varepsilon-\delta$”的极限定义得（25.5）成立。

第二十六回　伯努利摆擂征解速降线　牛莱欧应战创立变分法

1696 年 6 月，瑞士数学家约翰·伯努利（Johann Bernoulli，1667～1748）在《教师学报》上提出脍炙人口的所谓“速降线”问题：

A，B 两点不在同一铅直线上，A 点较高，求路径 AMB，使得动点 M 在自身重力作用下沿此路径由 A 点滑至 B 点所耗时间最少。

这是一个人人都听得明白的实际问题，从所求（即一条满足所述条件的曲线）来看，此题似有几何问题的味道。从动点运动用时最少来看，此题似有物理问题的味道。伯努利评价说这是一个难解而有用的挑战性问题，谁有办法解决这一问题，即可扬名于天下，建立不朽的丰碑。他激励当代所有的几何学家不服气者可以来比试一番。当有人问伯努利，使尽浑身解数，全力以赴攻克这一问题之后，会得到什么奖赏，伯努利生气地说，当然不奖黄金，也不奖白银，满手铜臭的人我们不相信他有能力给出这个问题的答案。我们认为名声和美德是最高的奖赏，解出上述速降线问题者得到的是神圣的由荣誉与赞美做成的桂冠。伯努利还指出，这一问题暴露了普通几何学的局限性，应该以此题为契机，创造一种新的数学方法。

问题提出不到半年，伟大的物理学家和数学家牛顿就给出了一种极其精美的解法：

设想一道光线以速度 v_1 从 A 点射至 P 点而进入光密媒质，之后以 $v_2<v_1$ 的传播速度在光密媒质里射到 B 点，则从 A 到 B 用时为

$$T=\frac{1}{v_1}\sqrt{a^2+x^2}+\frac{1}{v_2}\sqrt{b^2+(c-x)^2}$$

见图 26-1。

又光线对路线有选择性，它选耗时最短的路线行进，即 $\frac{\mathrm{d}T}{\mathrm{d}t}=0$，

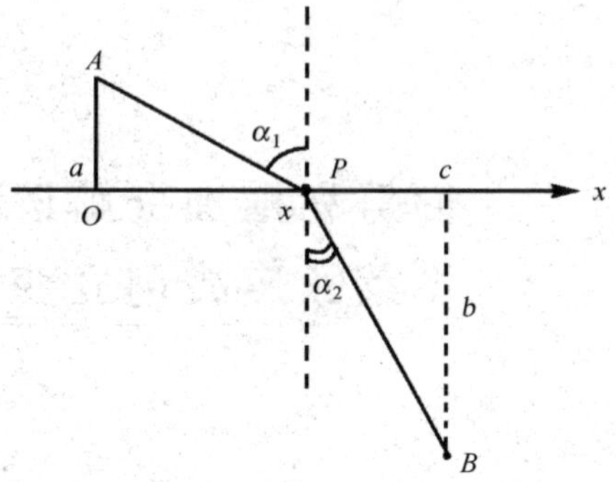

图 26-1

于是

$$\frac{x}{v_1\sqrt{a^2+x^2}}-\frac{c-x}{v_2\sqrt{b^2+(c-x)^2}}=0$$

此式即折射定律

$$\frac{\sin\alpha_1}{v_1}=\frac{\sin\alpha_2}{v_2}$$

牛顿不愧为大物理学家和微积分的创造者，他把物理与微积分相互联系得珠联璧合。

若有多层媒质，则有

$$\frac{\sin\alpha_1}{v_1}=\frac{\sin\alpha_2}{v_2}=\frac{\sin\alpha_3}{v_3}=\cdots=\frac{\sin\alpha_n}{v_n}=\cdots$$

当各层厚度的最大值趋于零时，则有

$$\frac{\sin\alpha}{v}=k\text{（常数）}$$

设想动点 M 如光似的从 A 起按最省时间地滑行到 B 点，路径为 $y=y(x)$，见图 26-2。

由于$\frac{\sin\alpha}{v}=k$，又由导数定义

$$\frac{\mathrm{d}y}{\mathrm{d}x}=\tan\beta$$

以及 $\sin\alpha=\cos\beta=\sqrt{\frac{1}{1+\tan^2\beta}}$得

$$vk=\sqrt{\frac{1}{1+[y'(x)]^2}} \tag{26.1}$$

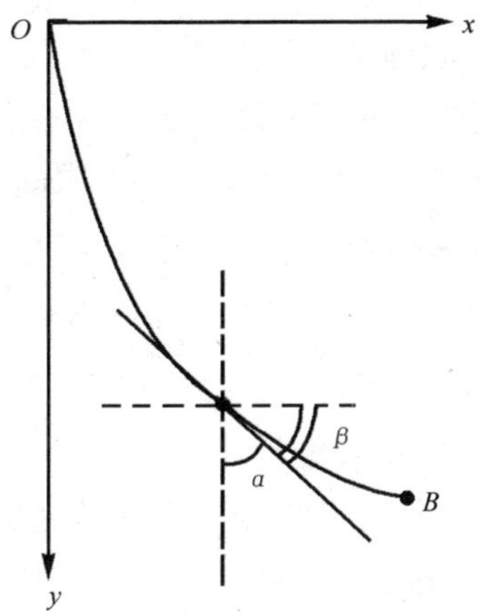

图 26-2

由能量守恒定律得

$$\frac{1}{2}mv^2=mgy$$

$$v=\sqrt{2gy} \tag{26.2}$$

(26.2) 代入 (26.1) 得

$$\sqrt{2gy}k=\sqrt{\frac{1}{1+[y'(x)]^2}}$$

两端平方得

$$y\left[1+(y'(x))^2\right]-\frac{1}{2gk^2}=0$$

即所求路径 $y=y(x)$满足方程

$$y\left[1+(y'(x))^2\right]=C \tag{26.3}$$

其中 $C=\frac{1}{2gk^2}$，求得一阶常微分方程 (26.3) 的解，即为欲求的速降线。

方程 (26.3) 的解法过一会儿就讲。

据说牛顿是在一天夜间梦醒后产生了思路，用了一个小时给出上述解答的。他匿名发表了他的关于速降线的解答，擂主约翰·伯努利阅读了不知是何人所为的这种解法后，佩服得五体投地，对哥哥雅各布·伯努利说："我们周围有一头科学的雄狮，这篇关于速降线的论文，只是他露出的一条尾巴。”

1697年春天，在《教师学报》上发表了好几个关于速降线的解答，其中有伯努利兄弟的两篇，莱布尼兹和洛必达各一篇。以牛顿的那篇的解法最为精彩易懂，难怪17世纪欧洲流传着下面家喻户晓的诗句：

宇宙和它的秘密隐藏在黑暗之中，
上帝通知：
生出牛顿吧，
一切将会变得光明。

牛顿和阿基米德、高斯合称古今三大数学之王。

随着速降线等问题的研究解答，“一种新的方法”创造了出来，这种新的数学方法名曰“变分法”。在这个数学分支上作了开创性工作的人物有牛顿、莱布尼兹、伯努利、欧拉和拉格朗日等大数学家。伯努利家族的约翰与雅各布是其中的骨干分子。

17到18世纪，瑞士的伯努利家族子孙多人对数学做出了重大贡献，伯努利家族是科学史上最著名的科学世家之一，他们的家族中有众多有非凡本领的数学和物理学家。

唱戏的、行医的、画画的、演杂技的或功于书法的，那些带有一定技艺性的行当，往往出现父传子，子传孙的“××世家”，但以逻辑思维为主的数学家极少有子承父业，其父是大数学家，其子亦是著名数学家的家族，而瑞士巴塞尔的伯努利家族则是罕见的数学世家。这个家族的祖辈尼古拉·伯努利为了逃避天主教的迫害从荷兰迁居比利时，又从比利时流亡到瑞士的巴塞尔。瑞士是个爱好和平、热爱科学文化的国度，巴塞尔大学是欧洲最古老最著名的大学之一，巴塞尔可谓人杰地灵，科学天国。尼古拉·伯努利到巴塞尔之后，有幸和一位有教养的大家闺秀成了亲，从此到20世纪30年代，伯努利家族的后代男儿120多位，近半数是优秀人物，其中有学者、教授、艺术家、数学家和物理学家等等，载入史册者大有人在。特别是数学家，在这个家族中有几十位之多，他们对微积分等学科的发展起到了举足轻重的作用。例如雅各布·伯努利和约翰·伯努利两兄弟，是继牛顿、莱布尼兹之后17世纪两位最重要的微积分建设者。其中约翰·伯努利是数学大师欧拉的老师。哥哥雅各布·伯努利聪明绝顶，1691年，雅各布·伯努利研究了下面有趣的几何问题：

在平面上求到相距为 $2a$（$a>0$）的两个定点距离之积等于 a^2 的动点的轨迹。

雅各布·伯努利把两个定点取为 $A(-a,0)$ 与 $B(a,0)$，见图 26-3，则动点 P 到两点 A 与 B 距离之积为

$$\sqrt{(x-a)^2+y^2}\cdot\sqrt{(x+a)^2+y^2}=a^2$$

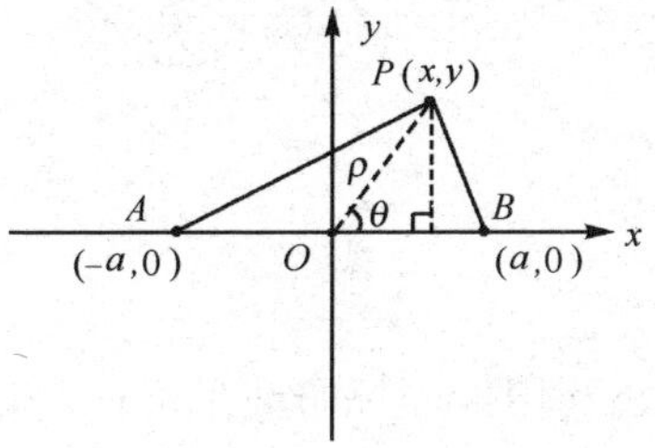

图 26-3

化简得 P 点的坐标 (x,y) 满足方程

$$(x^2+y^2)^2-2a^2(x^2-y^2)=0 \tag{26.4}$$

为了画出此曲线的图像和讨论它的性质，方程（26.4）很不好用，为此，雅各布·伯努利破天荒创立了极坐标，他用一个点到原点的距离 ρ 和该点与原点连线与 x 轴的夹角 θ 来确定该点的位置，例如距原点为 1 的点 P，若该点与原点的连线 OP 与 x 轴夹角（逆时针为正）为 $45°$，则该点的位置可记成 $\left(1,\frac{\pi}{4}\right)$；一般而言，一个点的位置可用 (ρ,θ) 数对来表达，其中 ρ 叫作向径，θ 叫作极角，(ρ,θ) 称为该点的极坐标，对于同一个点 P，其直角坐标 (x,y) 与其极坐标 (ρ,θ) 之间有关系式（图 26-3）

$$\begin{cases}x=\rho\cos\theta\\ y=\rho\sin\theta\end{cases}$$

于是 $x^2+y^2=\rho^2$，$x^2-y^2=\rho^2\cos2\theta$，进而方程（26.4）化成

$$\rho^2=2a^2\cos2\theta \tag{26.5}$$

由式（26.5）知，$\theta=\pm\frac{\pi}{4}$ 时，$\rho=0$，为保证（26.5）式左端 $\rho^2\geqslant 0$，所求轨迹在四个象限的角平分线形成的含 x 轴的对顶角内部。由于 $\cos2\theta$ 是偶函数，即 $\cos2\theta=\cos(-2\theta)$，所以所求轨迹关于 x 轴对称，

又因 $\cos(\pi+2\theta)=-\cos 2\theta$，所以轨迹关于 O 点中心对称；至此可绘成它的图像如图 26-4 所示。图 26-4 中的曲线酷似一个别致的双纽蝴蝶结，所以数学家们称其为“伯努利双纽线”。

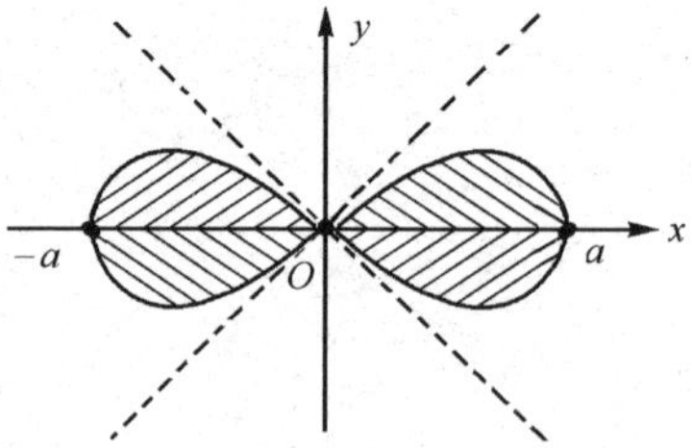

图 26-4

雅各布·伯努利还利用极坐标研究了下面的动点轨迹：

动点与 x 轴正向夹角等于该动点到原点距离的以 a（$a>0$，$a\neq 1$）为底的对数，求动点轨迹。

按他发明的极坐标，此动点应满足方程

$$\theta=\log_a\rho$$

于是动点轨迹的极坐标方程为

$$\rho=a^{\theta} \tag{26.6}$$

（26.6）即数学史上著名的对数螺线，由于 $a>0$，$a\neq 1$，对于 $a>1$，当动点按逆时针旋转时，ρ 是不停地变大，见图 26-5。

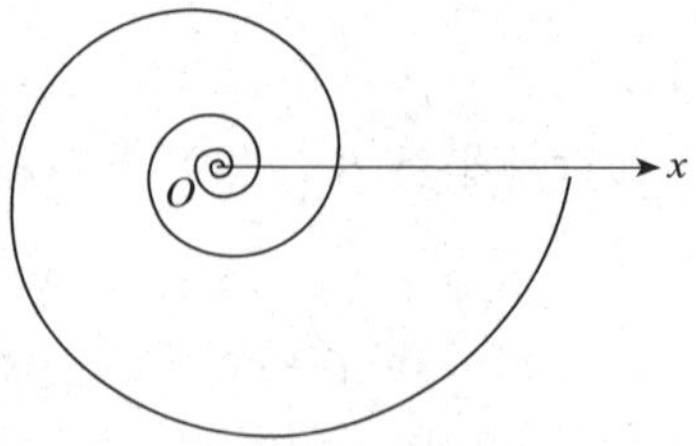

图 26-5

1691 年，雅各布·伯努利研究了如下的悬链线问题：

一条不可伸缩的柔软细线，把它挂在两个定点 P_1 与 P_2 之间，求此线在自身重力作用下静止后的形状。

设此细线的最低点为 A，曲线的表达式是函数 $y=y(x)$，y 轴通过A点，见图26-6，又设w（s）是细线的线密度，其中s是从A点到点（x，y）的弧长，A点处有水平张力T_0，（x，y）点有张力T，T沿切线作用，T_0、T与A到（x，y）点间线的重力达到平衡，由此得

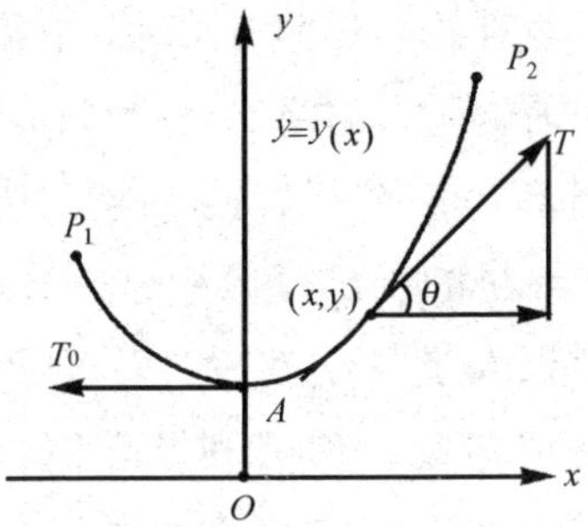

图26-6

$$T\cos\theta=T_0$$

$$T\sin\theta=\int_0^s w(s)\mathrm{d}s=T_0\tan\theta=T_0\frac{\mathrm{d}y}{\mathrm{d}x}$$

于是

$$T_0\frac{\mathrm{d}^2y}{\mathrm{d}x^2}=\left[\frac{\mathrm{d}}{\mathrm{d}s}\int_0^s w(s)\mathrm{d}s\right]\frac{\mathrm{d}s}{\mathrm{d}x}$$

$$y''=\frac{w(s)}{T_0}\sqrt{1+(y')^2}$$

如果$w(s)$是常数，令$a=\dfrac{w(s)}{T_0}$，则$y=y(x)$这条曲线应满足

$$y''=a\sqrt{1+(y')^2}$$

令$y'=z$则

$$\frac{\mathrm{d}z}{\sqrt{1+z^2}}=a\mathrm{d}x$$

两端积分得

$$z=\mathrm{sh}a(x+c_1)$$

其中sh是双曲正弦，$\mathrm{sh}x=\dfrac{e^x-e^{-x}}{2}$。由$z=y'(x)$，和$x=0$时$y'=0$得$c_1=0$，$z=\mathrm{sh}ax$；平移$x$轴，使得$x=0$时，$y=\dfrac{1}{a}$，则对$z(x)$积分得$y(x)=\dfrac{1}{a}\mathrm{ch}ax$，其中ch是双曲余弦，$\mathrm{ch}ax=\dfrac{e^{ax}+e^{-ax}}{2}$。

雅各布·伯努利还是概率论的奠基者之一，1713年他的名著《猜变术》出版，此书乃概率论的开山经典之一。

弟弟约翰·伯努利年轻时被其父送去经商，后又学医，并于1694年获医学博士学位，但他对数学却情有独钟，在哥哥雅各布·伯努利指导下钻研数学，当时法国骑兵大尉洛必达(L'Hospital)迷上了莱布尼兹发明的微积分，与雅各布·伯努利志同道合，共同研究，洛必达请约翰·伯努利写出世界上最早的一部《微积分讲义》。1695年，约翰·伯努利被聘为荷兰格罗宁根大学数学教授，1705年，哥哥雅各布·伯努利去世，巴塞尔大学聘请约翰·伯努利继任他哥哥的教授职位，1699年当选为法国科学院院士，1712年当选为英国皇家学会会员，他还是柏林科学院和彼得堡科学院名誉院士。现在冠名为“洛必达法则”的求分子分母皆趋于零的$\frac{0}{0}$型极限的方法其实是约翰·伯努利首次发现的一个很好用的算法。

约翰·伯努利的孙子约翰三世是伯努利家族的一颗明星，他先学法律，后钻研数学，19岁就被柏林科学院聘为数学教授，而且在天文学上贡献颇丰。伯努利家族的血统似有亲和数学的内在遗传基因。但是据生理学家统计，遗传因素起主导作用的天才人物不足2%。事实上，搬运工与数学家之间的初始差别并不像人们想象的那么大，决定两者不同命运的是社会条件，但伯努利家族确为罕见的天才世家。

1744年，约翰·伯努利的学生欧拉将速降线问题推而广之，发表著名论文《求某种具有极大或极小性质曲线或解最广义的等周问题的技巧》，1761年，大数学家拉格朗日发表《论确定积分极大和极小值的一种新方法》。约翰·伯努利和欧拉、拉格朗日从速降线问题出发，开创了一门叫作“变分法的重要数学”分支。

拉格朗日（Lagrange，1736～1813）生于意大利都灵市，其父是富商，后破产沦为城市贫民。拉格朗日谈到自己的家史时不无庆幸地说：“谢天谢地，上帝有眼让我父亲的商业倒闭，不然我只能是一个投机商人而与数学科学无缘了！”

拉格朗日17岁才开始入迷地研究牛顿与莱布尼兹发明的微积分，如醉如痴。18岁他独立地证明了关于两函数之积的n阶导数公式

$$[u(x)v(x)]^{(n)}=u^{(n)}v^{(0)}+C_n^1u^{(n-1)}v^{(1)}+C_n^2u^{(n-2)}v^{(2)}+\cdots+u^{(0)}v^{(n)}$$

其中 $v^{(i)}$ 表示函数 $v(x)$ 的 i 阶导数。拉格朗日得意地把自己的结论写信告诉了欧拉，欧拉回信指出这个公式 50 年前已由莱布尼兹证出。此事并没有使拉格朗日感到沮丧，他倒是很有一点自我欣赏，看到自己的数学才能与莱布尼兹也差不了多少，从此强化了他一心研究数学的志向。

拉格朗日从 19 岁起研究变分法，1756 年向柏林科学院提交了关于变分法的研究报告，在这篇变分法的开山之作中第一次提出“变分法”这一术语。

拉格朗日 19 岁任都灵皇家炮兵学院教授，20 岁当选为柏林科学院通讯院士。拉格朗日不仅数学上成果累累，而且是一位了不起的天文学家，1764 年，他因正确解答了月球为什么总是同一面对着地球这一千古难题而获法国科学院大奖。1766 年，他又因解决太阳、木星和木星的四个卫星之间的所谓“六体运动问题”而再次获得法国科学院大奖。1772 年，他的论文《论三体问题》与欧拉同时获奖，1774 年和 1779 年，发表《论月球长期方程》和《由对行星活动的试验来研究彗星的摄动理论》又获两项大奖。

1766 年，德国普鲁士王腓特烈大帝邀请拉格朗日到柏林任柏林科学院物理数学研究所所长。德国国王在邀请信中称拉格朗日是当时欧洲“最大的数学家和最大的天文学家”。拉格朗日在代数、数论和微分方程等领域也成就斐然，法兰西学院院长、法国科学院院士拉普拉斯评价拉格朗日时说：“牛顿和拉格朗日是世界上对科学进展最有功绩的人，他们能高度地掌握一般原理、发现科学实质的方法，这种方法能够对抽象理论做出罕见的最优美的说明，这就是拉格朗日的特点。”

1787 年，拉格朗日接受法国路易十六国王的邀请到巴黎工作，在此后的 20 多年里，他对世界科学界贡献了《分析力学》、《解析函数论》和《函数计算讲义》三大名著。1813 年 4 月 10 日，这位彪炳科学史的伟大数学家与世长辞，意大利、德国和法国三国都为拉格朗日举行了国家级隆重的追悼大会。拿破仑下令收集拉格朗日的一切论文手稿和任何笔迹，作为国宝级文物由巴黎科学院图书馆珍藏。

回到约翰·伯努利的速降线问题，见图 26-7，设所求的速降线从

A 点起到 B 点止，A 的坐标为（x_1，y_1），B 的坐标为（x_2，y_2），此曲线为 $y=y(x)$。

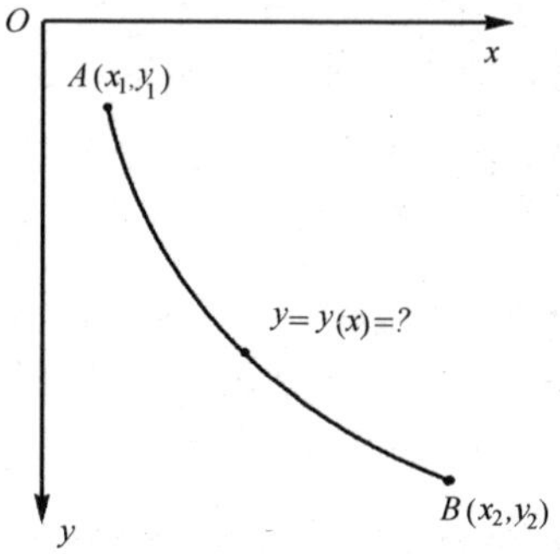

图 26-7

设一小球沿曲线 $y=y(x)$ 从 A 点开始下滑，由能量守恒定律知球在（x，$y(x)$）点的得到的动能与损失的势能相等，于是在（x，$y(x)$）点球速为

$$v=\sqrt{2g(y-y_1)}$$

球从 A 到 B 的耗时为

$$T=\int_0^l \frac{\mathrm{d}s}{v}=\int_{x_1}^{x_2}\frac{\sqrt{1+(y')^2}}{\sqrt{2g(y-y_1)}}\mathrm{d}x$$

其中 $l=|\widehat{AB}|$，目标是求一个满足下列条件的函数 $y=y(x)$：

$$\begin{cases}\displaystyle\int_{x_1}^{x_2}\frac{\sqrt{1+(y')^2}}{\sqrt{2g(y-y_1)}}\mathrm{d}x=\text{最小}\\ y(x_1)=y_1, y(x_2)=y_2\end{cases}\tag{26.7}$$

把（26.7）式一般化，就是如何求二次连续可微函数 $y=y(x)$，使其满足

$$\begin{cases}\displaystyle\int_{x_1}^{x_2}F(x,y,y')\mathrm{d}x=\text{最小}\\ y(x_1)=y_1,\ y(x_2)=y_2\end{cases}\tag{26.8}$$

为此取函数族

$$\overline{y}(x)=y(x)+\alpha\eta(x)$$

其中 $\alpha\in\mathbb{R}$（实数集），$\eta(x)$是在［x_1，x_2］上二次连续可微的函数，且 $\eta(x_1)=\eta(x_2)=0$，$|\alpha|\ll 1$，$y(x)$是满足（26.8）式要求的函数，令

$$S(\alpha)=\int_{x_1}^{x_2}F(x,y(x)+\alpha\eta(x),y'(x)+\alpha\eta'(x))\mathrm{d}x$$

$S(\alpha)$应在$\alpha=0$时取极小，故$S'(0)=0$。

$$\begin{aligned}S'(0)&=\int_{x_1}^{x_2}\left[\frac{\partial F(x,y,y')}{\partial y}\eta(x)+\frac{\partial F(x,y,y')}{\partial y'}\eta'(x)\right]\mathrm{d}x\\&=\int_{x_1}^{x_2}\left[\frac{\partial F(x,y,y')}{\partial y}\eta-\left(\frac{\mathrm{d}}{\mathrm{d}x}\frac{\partial F}{\partial y'}\right)\eta\right]\mathrm{d}x\\&=\int_{x_1}^{x_2}\eta(x)\left[\frac{\partial F}{\partial y}-\frac{\mathrm{d}}{\mathrm{d}x}\frac{\partial F}{\partial y'}\right]\mathrm{d}x\end{aligned}$$

由$\eta(x)$的任意性知

$$\frac{\partial F(x,y,y')}{\partial y}-\frac{\mathrm{d}}{\mathrm{d}x}\frac{\partial F(x,y,y')}{\partial y'}=0 \tag{26.9}$$

(26.9）式称为 Euler 方程。

如果F中不显含x，这时由（26.9）式得

$$0=y'\left[\frac{\mathrm{d}}{\mathrm{d}x}\frac{\partial F(y,y')}{\partial y'}-\frac{\partial F(y,y')}{\partial y}\right]=\frac{\mathrm{d}}{\mathrm{d}x}\left[\frac{\partial F}{\partial y'}y'-F\right]$$

事实上，

$$\begin{aligned}\frac{\mathrm{d}}{\mathrm{d}x}\left[\frac{\partial F}{\partial y'},\ y'-F\right]&=\left(\frac{\mathrm{d}}{\mathrm{d}x}\frac{\partial F}{\partial y'}\right)y'+\frac{\mathrm{d}y'}{\mathrm{d}x}\frac{\partial F}{\partial y'}-\frac{\mathrm{d}F}{\mathrm{d}x}\\&=\frac{\mathrm{d}}{\mathrm{d}x}\left(\frac{\partial F}{\partial y'}\right)y'+\frac{\mathrm{d}y'}{\mathrm{d}x}\frac{\partial F}{\partial y'}-\left(\frac{\partial F}{\partial y}y'+\frac{\partial F}{\partial y'}y''\right)\\&=\frac{\mathrm{d}}{\mathrm{d}x}\left(\frac{\partial F}{\partial y'}\right)y'-\frac{\partial F}{\partial y}y'=y'\left[\frac{\mathrm{d}}{\mathrm{d}x}\left(\frac{\partial F}{\partial y'}\right)-\frac{\partial F}{\partial y}\right]\end{aligned}$$

对于速降线，$F(x,y,y')=\dfrac{\sqrt{1+(y')^2}}{\sqrt{2g(y-y_1)}}$，$F$中不显含$x$，故应有（取$x_1=0$，$y_1=0$）

$$0=\frac{\mathrm{d}}{\mathrm{d}x}\left[\frac{\partial F}{\partial y'}y'-F\right]=\frac{\mathrm{d}}{\mathrm{d}x}\left[\frac{(y')^2}{\sqrt{2gy}\sqrt{1+(y')^2}}-\frac{\sqrt{1+(y')^2}}{\sqrt{2gy}}\right]$$

进而

$$\frac{(y')^2}{\sqrt{2gy}\sqrt{1+(y')^2}}-\frac{\sqrt{1+(y')^2}}{\sqrt{2gy}}=C$$

其中C是常数。

$$C\sqrt{2gy}\sqrt{1+(y')^2}=(y')^2-[1+(y')^2]=-1$$
$$y[1+(y')^2]=C_1$$

C_1是常数，令$y'(x)=p(x)$，则$(1+p^2)y=C_1$，$y=C_1\dfrac{1}{1+p^2}$

$$\frac{\mathrm{d}y}{\mathrm{d}x}=p=C_1\frac{-2p\frac{\mathrm{d}p}{\mathrm{d}x}}{(1+p^2)^2},\ \mathrm{d}x=-2C_1\frac{1}{(1+p^2)^2}\mathrm{d}p$$

再令 $p=\tan\varphi$，$\mathrm{d}p=\frac{1}{\cos^2\varphi}\mathrm{d}\varphi$，$\mathrm{d}x=-2C_1\frac{1}{(1+p^2)^2}\frac{1}{\cos^2\varphi}\mathrm{d}\varphi=-2C_1\cos^2\varphi\mathrm{d}\varphi$，对于 $\mathrm{d}x=-2C_1\cos^2\varphi\mathrm{d}\varphi$ 积分得

$$x+C'=-2C_1\int\cos^2\varphi\mathrm{d}\varphi=\frac{C_1}{2}[-2\varphi+\sin(-2\varphi)]+C''$$

令 $-2\varphi=t$,则

$$x=\frac{C_1}{2}[t+\sin t]+C''$$

而已得 $y=C_1\frac{1}{1+p^2}=C_1\frac{1}{1+\tan^2\varphi}=C_1\cos^2\varphi=C_1\frac{1+\cos^2\varphi}{2}=C_1\frac{1+\cos t}{2}$,令 $t=\pi+\theta$,则

$$\begin{cases}x=\frac{C_1}{2}(\pi+\theta-\sin\theta)+C''=\frac{C_1}{2}(\theta-\sin\theta)+C'''\\y=\frac{C_1}{2}(1-\cos\theta)\end{cases}$$

由 $x=0$ 时 $y=0$ 得 $x=0$ 时，$\theta=0$，进而 $C'''=0$，最后得

$$\begin{cases}x=a(\theta-\sin\theta)\\y=a(1-\cos\theta)\end{cases}$$

此即速降线的以 θ 为参数的方程，它的图像见图 26-8。这种曲线是一个半径为 a 的圆沿 x 轴滚动时，圆周上一点在平面上扫描出的轨迹，称其为旋轮线。在图 26-8 中，粗实线的雁翅形曲线对于 x 轴的对称图形酷似故宫太和殿或北京大学办公楼大屋顶的瓦棱，由速降线的定义，下雨天此种屋顶上的雨水在屋顶停留的时间最短，对屋顶有益，至少可以减少雨水对屋顶的浸蚀，而且屋顶造型也充满一种和谐雄伟的数学力学的壮美感。

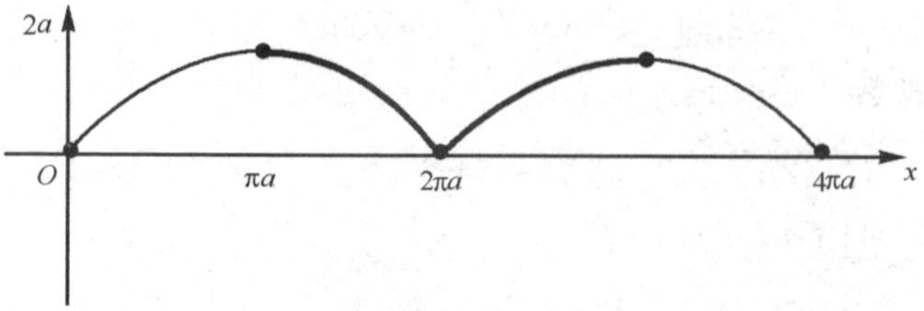

图 26-8

雅各布·伯努利搞的悬链线在工程技术上也有不少重要应用，大跨度的桥梁的拱线多采用悬链线形。其实悬链线与变分法有密切关系。

问：对于两端固定在 $P_1(x_1,y_1)$ 与 $P_2(x_2,y_2)$ 的曲线，取何形状 $y=y(x)$，才使此曲线绕 x 轴旋转所得的旋转曲面面积最小？

我们知道，该旋转体的表面积为

$$S=\int_{x_1}^{x_2} 2\pi y(x)\sqrt{1+(y')^2}\,\mathrm{d}x$$

这就是 $F(x,y,y')=2\pi y\sqrt{1+(y')^2}$ 的变分法问题。代入 Euler（26.9）方程得

$$2\pi y\frac{(y')^2}{\sqrt{1+(y')^2}}-2\pi y\sqrt{1+(y')^2}=C$$

$$C_1 y'=\sqrt{y^2-C_1^2}$$

C 与 C_1 是常数，积分得

$$x=C_1\ln\left[\frac{y+\sqrt{y^2-C_1^2}}{C_1}\right]+C_2,\quad y=C_1\operatorname{ch}\left(\frac{x-C_2}{C_1}\right)$$

由 $y(x_1)=y_1$，$y(x_2)=y_2$ 得

$$\begin{cases} y_1=C_1\operatorname{ch}\left(\dfrac{x_1-C_2}{C_1}\right) \\ y_2=C_1\operatorname{ch}\left(\dfrac{x_2-C_2}{C_1}\right) \end{cases}$$

从此解得常数 C_1，C_2。

我们看到，造成这种具有极小表面积的旋转体的曲线 $y=y(x)$ 恰为一条悬链线。

第二十七回 帕斯卡费马分赌本 伯努利卡丹论概率

1654 年，法国著名数学家帕斯卡和费马多次书信往来，讨论两个赌徒因故（例如警察来抓赌）赌博中断后合理分割赌本的问题。假设开赌前每人出 32 个金币做赌本。甲乙约定仅当一个人掷出六点朝上而另一人没有掷出六点朝上时，掷出六点者得 1 分，另一人得 0 分，不然每人都得 0 分。

先得 3 分者把 64 个金币全拿走。

现在甲已得 2 分，乙已得 1 分，这时因故中断赌博，如何分割赌本？

甲说："我一定能得至少 32 个金币，因为即使我在下一局输给你，也是打成平手；我先拿走 32 个金币，至于另外的那 32 个金币，不是我能得到它，就是你能得到它，我们的机会是相等的，所以我们应当均分它，即我再拿走 $32\times\frac{1}{2}=16$ 枚金币，于是我应分得总共 $32+16=48$ 枚金币，其余的 $64-48=16$ 枚归你。"

假设甲已得 2 分而乙只得 0 分，这时又应如何分赌本呢？

甲说："如果继续玩下去，若我再赢 1 分，我要拿 64 个金币；若我输了，就形成前面讲过的形势，我拿 48 个金币；总之，我保险能拿到至少 48 个金币，请首先把 48 个金币交给我，至于剩下的 $64-48=16$ 个金币，你我赢得它的机会相等，应平分它，所以应再给我 $16\div2=8$ 个金币，即我共应分得 $48+8=56$ 个金币，你拿 8 个金币。"

假设甲已得 1 分而乙已得 0 分，这时应如何分赌本？

甲说："如果继续玩下去，若我再赢 1 分，则形成 2∶0 的局面，根据上面所论证的，我要拿 56 个金币；如果我输 1 分，则形成 1∶1 的局面，我也有权得 32 个金币；可见我应分得$\frac{1}{2}(56+32)=44$ 个金币。”

以上是帕斯卡给费马写信所述的部分内容。费马在给帕斯卡的信中叙述了下面一种分赌本的方法。

甲乙两赌徒约定每人出 32 个金币为赌本，每人至多掷骰子八次为一局，掷出 6 个点朝上时把 64 个金币的赌本全拿走。

如果甲放弃第一次掷的机会，甲应从全部赌本中拿走$\frac{1}{6}$。

如果甲继续放弃第二次掷的机会，甲应从所剩赌本中拿走$\frac{1}{6}$，即拿全部赌本的$\frac{1}{6}\times\left(1-\frac{1}{6}\right)=\frac{5}{36}$。

如果甲继续放弃第三次掷的机会，甲应从所剩的赌本中拿走$\frac{1}{6}\times\left(1-\frac{1}{6}-\frac{5}{36}\right)=\frac{25}{216}$。

如果甲第四次弃权，他应拿走第三次拿走后所剩的赌本的$\frac{1}{6}$，即拿走$\frac{1}{6}\times\left(1-\frac{1}{6}-\frac{5}{36}-\frac{25}{216}\right)=\frac{125}{1296}$。

如果甲掷了前三次都没掷出 6 点朝上，乙建议甲不要掷第四次，拿走全部赌本的$\frac{125}{1296}$算了，甲不同意，甲说我前三次什么钱也没拿走，赌金总数不减，我第四次弃权应让我拿走全部赌本的$\frac{1}{6}$才对。如果甲真的掷了前四次，一次也没出现 6 点朝上，那么甲如果放弃第五次，则甲有权拿走全部赌本的$\frac{1}{6}$。

卡丹和惠更斯（Huygens，1629～1695，荷兰）也研究了赌博中的数学问题，1663 年出版了卡丹名著《赌博论》，卡丹本人就是一位几十年不间断的痴迷赌徒；1657 年惠更斯的名著《论赌博中的计算》是概率论中最早的成型著作之一。

雅各布·伯努利证明：掷 n 颗骰子所得总数为 m 的情况的数目恰为

$$(x+x^2+x^3+x^4+x^5+x^6)^n$$

展开式中 x^m 的系数。伯努利家族成员对概率的兴趣很大，例如约翰·伯努利之子尼古劳斯·伯努利曾提出下面有趣的问题：

甲掷硬币，第一次掷出"正面"时奖励一个便士，第二次才掷出正面时奖励两个便士，第三次才掷出正面时奖励四个便士，第四次才掷出正面时奖励八个便士，如果他不停地掷下去，他能收入多少便士？

第一次掷出正面的可能是$\frac{1}{2}$，他得奖的期望值为$\frac{1}{2}\times 1=\frac{1}{2}$便士；

第二次才掷出正面的可能是$\frac{1}{2^2}$，他得奖的期望值为$\frac{1}{2^2}\times 2=\frac{1}{2}$便士；

第三次才掷出正面的可能是$\frac{1}{2^3}$，他得奖的期望值为$\frac{1}{2^3}\times 4=\frac{1}{2}$便士。

可见他掷第 n 次的得奖期望值仍为$\frac{1}{2}$便士；他可以得到无穷多的便士。这个结论似有些可疑之处，他掷第 n 次，例如 $n=1000000000000$，连续出现反面仅最后一次出现正面的可能是极小的，几乎是不可能事件，但还是可以期望得$\frac{1}{2}$个便士，这是因为可能性虽小，但中奖后奖金 2^{n-1} 却是很高的。

1713 年雅各布·伯努利的关于概率论的名著《猜度术》出版，在该书中给出了概率论当中第一个极限理论的成果（现称之为伯努利大数定律）：

在独立试验中，事件 A 出现的概率 p 满足：对任给的 $\varepsilon>0$

$$\lim_{n\to\infty} P\left\{\left|\frac{m}{n}-p\right|<\varepsilon\right\}=1$$

其中 m 是 n 次试验事件 A 出现的次数。$P\left\{\left|\frac{m}{n}-p\right|<\varepsilon\right\}$ 表示 $\left|\frac{m}{n}-p\right|<\varepsilon$ 这种情形出现的概率。

雅各布·伯努利在《猜度术》一书中有一段发人深省的话，把概率的思想说了个深入浅出。他说：

"每个人都清楚，利用少量观测结果来预言未来事件是不可靠的，需要进行大量的观测才行。即使一个没有受过教育的家庭妇女或者一个文盲，仅凭他们的生活经验也会心中有数地说，提供的有关观测数据越丰富，发生判断错误的风险越小。尽管人们都以直觉的方式意识到这一结论，但这个原理的数学证明却十分之不平凡。有些问题需要更深入讨论，例如是否随着观测次数的增加，记录下来的赞成与不赞成的比值与客观比值的接近程度也随之不断地增加，使得这一概率超过任意的确信度呢？例如，一个罐子里装了3000个白球和2000个黑球，这些数目我们事先并不知道，企图用试验确定罐子里白球与黑球的比例，我们把球一个接一个地从罐子里取出来，逐一登记它们的颜色，且立刻再把它们放回罐子里，搅拌一下。我们企图通过无限地扩大试验次数，例如成千上万次地不断从罐子里取出球来登记颜色且放回，登记的白黑之比就会与罐子里白球数与黑球数之比相符，近似3∶2。是的，用这种方法，我们几乎能精确地事后确定这个比值，尽管我们事先并不知道这个比值。这种方法能使我们对带有偶然性的事件做出预测。很多事物，例如大气或人体，犹如上面的罐子，在它的内部隐藏着种种变化（例如风雨或疾病），如同罐子里隐藏了白球与黑球一样。这时我们同样可以通过观测与统计来算出其中某事件将比另一事件更频繁发生的可能性有多大。

当然，反映不同事件之间实际比例不可能通过试验观测与计算绝对精确地获得，因为观测终究是有限的；一般情况下，我们获得的比例是近似的。”

雅各布·伯努利的上述论述说得是何等精辟而通俗啊！

1812年，法国大数学家拉普拉斯（Laplace，1749～1827）出版《概率的分析理论》，总结此前关于概率的研究成果，明确给出概率的古典定义，且用微积分方法来研究概率论，所以史称拉普拉斯创立了“分析概率”（以微积分为主体的数学称为分析数学）。关于概率，拉普拉斯提出许多精辟而有趣的论述。

按拉普拉斯的理论，当某一事件在每次试验中都发生时，这种事件称为必然事件，它发生的概率等于1；但当某事件概率为1时，在某次试验中是否一定会发生这一事件则仍然是不确定的，例如从$[0,1]$区间上任取一实数x_0，x_0为无理数的概率为1，但某次试验仍然可能取到有理数，概率为1和实际发生是两回事。拉普拉斯还指出，预知的信息量的多少会影响同一事件的概率之大小。例如甲、乙、丙三个罐子，已知其中两个罐子盛的是白球，另一个罐子盛的是黑球，但从封闭的罐子外看不见里面是什么球，这时，从甲罐中摸出一个球，这个球是黑球的概率是$\frac{1}{3}$。如果告知甲罐盛的是白球，欲摸出一个黑球，我们当然要从乙与丙两个罐子里去摸，这时，摸到一个黑球的概率是$\frac{1}{2}$；如果告知甲与乙两个罐子里都是白球，要求摸出一个黑球，我们当然只需从丙罐里摸了，这时，取得黑球的概率是 1，$1>\frac{1}{2}>\frac{1}{3}$，即知道的附加信息越多，事件发生的概率越大（或越小），这犹如懂得交通规则越多，发生车祸的概率越小。

概率这个数的求得与求一个一元二次方程的根有本质的区别，前者是随机现象的一种数字指标，它有时不是绝对客观的，与人们的知识量有一定的关联。而一个一元二次方程的根是存在唯二的（重根算两个根），不依人们的信息量多少为转移，只要知晓这个方程的系数 a，b，c，则 $ax^2+bx+c=0$ 的根是确定的。

拉普拉斯，1749 年生于法国诺曼底地区一个贫农家庭，16 岁考入开恩大学。18 岁时开恩大学的一位教授给著名学者达朗贝尔写了一封推荐信，介绍拉普拉斯向达朗贝尔学习，达朗贝尔信不过这种推荐信，硬是把拉普拉斯拒之门外，于是拉普拉斯回到旅馆立即提笔把自己关于力学原理的论文抄一份寄给了达朗贝尔。达朗贝尔回信说：“你本来就不需要旁人的介绍，你自己的成果才是最有力的推荐信。”达朗贝尔热情邀请拉普拉斯来身边学习，在达朗贝尔的帮助下，拉普拉斯到巴黎军事学院做了数学教授。

拉普拉斯研究“n 体问题”，比拉格朗日研究的“三体问题”要复杂得多，由于这方面的突出成就，24 岁的拉普拉斯荣获巴黎科学院院士的头衔。他在数学上专心研究几十年，于 1825 年出齐了五卷集巨著《天体力学》，对太阳系各星体的运动进行了数学分析，书中的数学推导十分精细严格。1796 年，拉普拉斯又把《天体力学》中的命题通俗化，写成文笔优雅、深入浅出的高级科普著作《宇宙体系解说》，此书中拉普拉斯提出太阳系生成的“星云假说”。

拉普拉斯对概率的研究不仅仅停留于纸面上，他对伦敦、彼得堡、柏林和法国全国的婴儿出生性别比进行了广泛的统计工作，除巴黎市之外，各大城市的男婴与婴儿出生数之比 10 年间皆在$\frac{22}{43}$=51.16%上下，而巴黎则有 40 年（1745～1784）为$\frac{25}{49}$=51.02%上下，拉普拉斯对巴黎统计数字的偏差又进行了认真的考查，终于发现，当时巴黎有些地方有抛弃男婴的陋习，所以才使男婴比下降，拉普拉斯把巴黎抛弃的男婴添加上之后，结果巴黎的男婴比亦为$\frac{22}{43}$。

拉普拉斯是一位伟大的数学天文学家，但他在政治上的表现却令人不敢恭维。1785 年，36 岁的拉普拉斯升任巴黎科学院院长，同年，他做了军事考试委员会的主席，对 16 名应试者进行选优考试，他故意仅仅录取了拿破仑为优秀军官。后来拿破仑当权，拉普拉斯对拿破仑极尽阿谀奉承之能事。在尔虞我诈的政治斗争中，他先后任政府的各种高官，他能随机应变，俨然是一位圆滑政客，政权虽几经更迭，但拉普拉斯则是几朝天子一老臣。1799 年，拿破仑发动雾月政变上台，不忘拉普拉斯考试偏袒之恩，封拉普拉斯为伯爵，授荣誉军团大十字勋章和骑士勋章，升任内务大臣；可是当路易十八复辟之后，拉普拉斯立即在宣判拿破仑的判决书上签了字画了押，路易十八则任命拉普拉斯这位敌对政权的内务大臣为巴黎理工大学重建委员会主席。拿破仑在圣勒拿岛流放谈起拉普拉斯时，轻蔑地说："拉普拉斯是第一流的数学家，但事实证明他在政治上只是一个平庸的官僚；他从不认真对待任何政务工作，而是到处钻营，他没有自己的立场，把无限小人物的低俗精神带进了他的待人接物之中。"

拉普拉斯是一个伟大的数学天文学家，他对数学与宇宙有深刻的认识，他说："自然的全部效力仅在于有限的几个定律的数学结论；概率论则是用数值来表达的共同意识。"他声称："我们知道的，是很少的；我们不知道的，是无限的。"

第二十八回 投针求π数理不凡 随机画弦悖论真刁

法国18世纪出了个了不起的科学家，叫蒲丰（Buffon，1707～1788），他10岁入耶稣学院主修法学，21岁转入自然科学专业，开始学数学和植物学，26岁当选为法国科学院院士，1739年任巴黎植物园园长。他还是一位了不起的科学史专家，他排山倒海般搜集包括微积分发展史在内的浩瀚资料，写出巨著《科学史》，计划出50卷，他生前写出36卷，其中含物种进化、地质史、数学史和天文学史等宝贵史料，他提出太阳与彗星相撞产生了行星的一种天文学理论。

在数学方面，1777年，蒲丰提出"投针求π"的方法，开蒙特卡罗法与几何概率之先河。

令长l的匀质细针随机地掷于画了等距平行线族的平面上，相邻两平行线相距为a，$a>l$，求针与平行线相交的概率是多少？

这里所谓随机是指针中心的落点与针的方向都是等概率的，中心落点与针的方向无关。

设x为针中点到最近平行线的距离，则$x\in\left[0,\ \frac{a}{2}\right]$。

设θ是针与平行线的夹角，则$\theta\in[0,\ \pi]$。

由图28-1知仅当

$$0\leqslant x\leqslant\frac{l}{2}\sin\theta,\ \theta\in[0,\ \pi]$$

时，针与平行线相交，即针的中心x，与交角组成方位二数组$(\theta,\ x)$属于图28-1的阴影区时，针与平行线相交，于是所求概率

$$p=\frac{\text{阴影区面积}}{\text{矩形}\ OABC\ \text{面积}}$$

$$=\frac{\int_0^{\pi}\frac{l}{2}\sin\theta d\theta}{\frac{a}{2}\times\pi}=\frac{2l}{a\pi}$$

从而

$$\pi=\frac{2l}{ap}$$

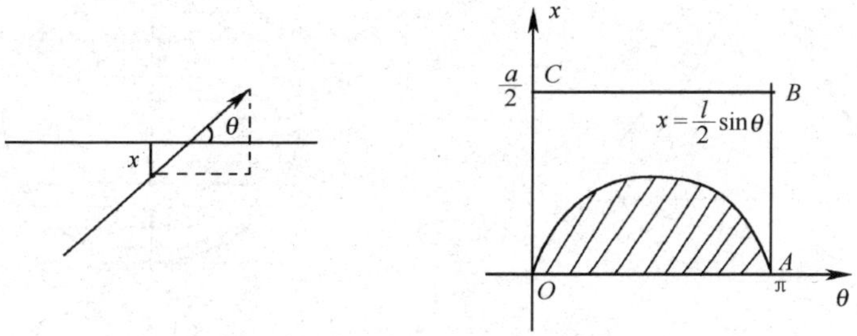

图 28-1

1901 年，意大利青年数学家拉泽里尼投针 3408 次，他用压线的频率代替 p，即取 $p=\frac{m}{3408}$，m 是针与平行线相交的次数，求得 $\pi=3.141592$。

投针求 π 比割圆求 π 轻松得多了，此事显出了概率论的神奇功用。

如果欲求一个不规则平面块的面积，当它的边界曲线没有解析表达式时，是不宜用积分来求其面积的，这时可以把这个平面块放在一个长与宽都已知的较大矩形内部，用随机地向这块矩形投“豆粒”的方法，看有多少豆粒落在那块平面块上，设落在矩形上的豆粒共 n 个，落在平面块上的豆粒为 m 个，则平面块面积与矩形面积之比近似为$\frac{m}{n}$，又矩形面积容易算出，所以可以通过这个比例近似求得不规则平面块的面积，这就是蒙特卡罗法的原始思想。

这种与几何有关的概率问题虽然精彩有用，但它也给概率论惹出不少麻烦，1899 年，法国学者贝特朗提出下面的问题：

在半径为 r 的圆内随机地选择弦，弦长超过圆内接正三角形边长的概率是多少？

(1) 如果考虑从圆周上任一点 A 引的弦，$\triangle ABC$ 是圆的内接正三角形，作以 A 为切点的切线 MN，如图 28-2，则夹在 $\angle BAC$ 中的弦合乎要求，又 $\angle MAB=\angle BAC=\angle NAC$，而从 A 点引的弦中还有 $\frac{1}{3}$ 夹在 $\angle MAB$ 内，$\frac{1}{3}$ 夹在 $\angle NAC$ 内，所以所求概率为 $\frac{1}{3}$。

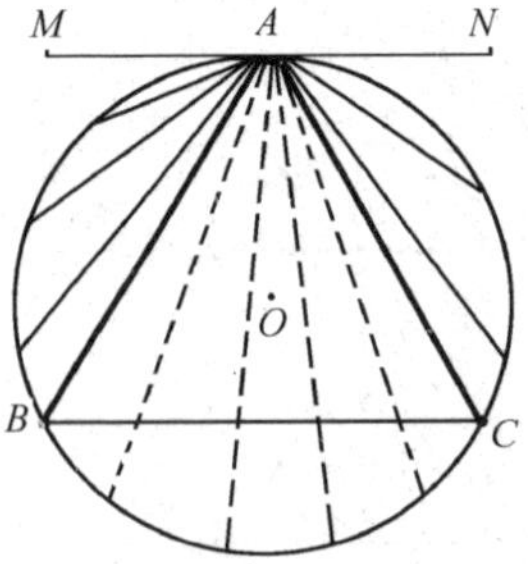

图 28-2

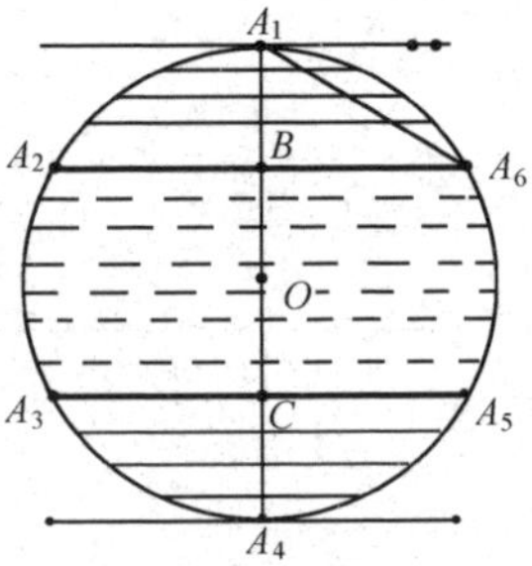

图 28-3

(2) 如果考虑与任取定的方向平行的弦，见图 28-3，作与取定方向垂直的直径 A_1A_4，把圆周六等分，分点为 A_1，A_2，A_3，A_4，A_5，A_6，B 为 A_2A_6 与 A_1A_4 交点，C 为 A_3A_5 与 A_1A_4 交点，由于 $\overset{\frown}{A_1A_2}$ 是 $60°$弧，所以 $\angle A_1A_6A_2$ 为 $30°$，$A_1B=\frac{1}{2}A_1A_6=\frac{1}{2}r$；于是 $A_1B+A_4C=BC=r$，夹在 A_2A_6 与 A_3A_5 之间的弦长合乎要求，事实上 A_3A_5 为圆内接正三角形的一条边，而虚线弦的长比 A_3A_5 长。可见所求概率为 $\frac{1}{2}$。

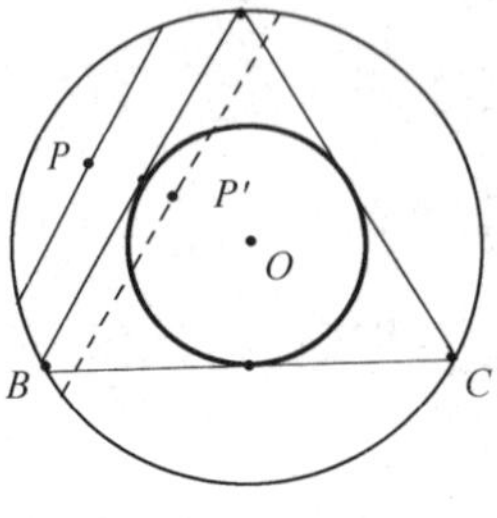

图 28-4

(3) 如果考虑半径为 $\frac{r}{2}$ 的同心圆，则此同心圆的外切正三角形 $\triangle ABC$ 恰为大圆的内接正三角形，见图 28-4，于是中点 P 落在小圆外的弦之长小于 AB，而中点 P' 落在小圆内的弦（虚线）之长大于 AB，又小圆面积是大圆面积的 $\frac{1}{4}$，所以所求概率为 $\frac{1}{4}$。

同一个问题，答案为 $\frac{1}{2}$，$\frac{1}{3}$ 和 $\frac{1}{4}$，这显然不能接受。这个问题引发了古典概率论的危机，上述问题引发的矛盾称为“贝特朗悖论”，这一悖论对以拉普拉斯、卡丹、帕斯卡、费马和伯努利等大数学家的经典概率观念产生了猛烈的冲击，它明白尖锐地警示数学家，谈概率不宜只凭直觉或几何直观，也应当学习欧几里得建立公理几何体系那样建立概率的公理系统，以回避类似贝特朗式的悖论，把概率的定义与理论建立在坚实可靠的数学基础之上。很多数学家参加了这项工作，其中最杰出者当数俄国数学家柯尔莫哥洛夫（Колмого́ров，1903～1987），他把概率的定义建立在集合论的基础上，并建立了概率论的柯尔莫哥洛夫公理系统。柯尔莫哥洛夫是 20 世纪最伟大的数学家之一，1980 年获沃尔夫奖，这是一项世界级数学终身荣誉奖，柯氏淡泊名利，并未去领取这份数额不菲的奖金和荣誉证书。他是美、英、法、德、苏等十几个国家的科学院院士，1934 年获得苏联首批博士学位，是大数学家鲁金的学生。柯尔莫哥洛夫一生写出 488 篇创造性论文，几乎涵盖一切数学领域。1929 年他发表概率论中革命性的论文《概率论与测度论的一般理论》，首次给出以集合测度为基础的现代概率概念与公理系统。他善于把理论用于科学实验，例如在苏联共产党宣布“基因”与生物学孟德尔定律为唯心主义的伪科学的社会政治背景之下，柯尔莫哥洛夫用概率统计的数学方法验证了基因遗传的孟德尔定律，这种大无畏的科学精神令人肃然起敬。

柯尔莫哥洛夫少年不幸，他出生 10 天母亲即去世，他是由别人收养长大成人的。他在《我是如何成为数学家的》一书中写道：“我五岁时便对数学产生了浓厚兴趣，我发现

$$1=1^2$$

$$1+3=2^2$$

$$1+3+5=3^2$$

$$1+3+5+7=4^2$$

……

童年时代我还提出且解答了下面的有趣问题：

要固定一个有四个孔的扣子，需要用线缝合两个孔，问一共有多少种固定的方式?”

第二十九回 二马高谈人口论谁是谁非 利柏计算考古学孰真孰假

人口问题是个大问题，不注重提高人口质量，无限地增加人口数量，会给一个国家乃至全世界带来灾难性的后果，不能无条件地提倡“人多是好事”。早在18世纪，人口问题研究的先行者，英国著名的经济学家马尔萨斯（Malthus，1766～1834）于1798年发表了著名著作《人口论》，他警告说，如果人口扩张到那样多的程度，以至于生活资料不足以维持人们的生存时，则会引发饥饿、疾病乃至战乱。他的这些忠告不是无益的，但马尔萨斯对人口发展的规律则失之偏颇，他认为人口增长的速度与现存人口数成正比，这显然不符合实际。人是万物之灵，当人口增长到一定的程度，人们便开始意识到生孩子太多会影响家庭的生活质量，各国政府也会认真组织专家们精细研究人口政策，出台符合全体国民利益的控制人口的法规，进行计划生育。我国著名经济学家马寅初先生在20世纪50年代末就提出了相对于马尔萨斯《人口论》的《新人口论》。马寅初的《新人口论》不同于马尔萨斯的《人口论》，后者的数学模型是错误的，事实上，按马尔萨斯的《人口论》观点，设现在人口为$p(t)$，由于人口增长速度$\frac{\mathrm{d}p}{\mathrm{d}t}$与现存人口成正比，则$p(t)$满足

$$\begin{cases}\frac{\mathrm{d}p}{\mathrm{d}t}=\alpha p(t)\\ p(t_0)=p_0\end{cases}\tag{29.1}$$

其中p_0是现在（$t=t_0$时）的人口数。

由（29.1）得

$$\frac{\mathrm{d}p}{p}=\alpha\mathrm{d}t$$

两端积分得

$$\ln p=\alpha t+C,\ p(t)=e^{\alpha t+C}=C_1e^{\alpha t},\ (C_1>0)$$

由初条件　$p(t_0)=p_0$ 得

$$p_0=C_1e^{\alpha t_0},\ C_1=p_0e^{-\alpha t_0}$$

最后得马尔萨斯人口预报公式

$$p(t)=p_0e^{\alpha(t-t_0)}$$

若按这一指数规律增长人口，那还了得！

1965 年 1 月，世界人口是 33.4 亿，即 $t_0=1965$ 时，$p_0=33.4$ 亿，那时人口增长率为 $\alpha=0.02$，于是

$$p(t)=33.4\times10^8e^{0.02(t-1965)}$$

设人口增加到原有人口的 2 倍需要 T 年，则

$$2p_0=p_0e^{0.02T}$$

两端取对数得

$$\ln2=0.02T,\ T=\frac{1}{0.02}\ln2\approx34.6\ (\text{年})$$

根据约每 35 年人口翻一番，到 2515 年，世界人口会达到 200 万亿，打个天方夜谭式的比喻，即使我们到那时情愿在小船上生活一辈子，全球的陆地与海洋上全都密密麻麻站满了各色人种，每人平均仅有 0.87m^2 的立锥之地！这种令人恐怖的事件当然不可能成为现实。可见马尔萨斯人口论的数学模型是不可取的，应予修正。当然仅仅需要修正，而不是彻底抛弃马尔萨斯的人口论思想；事实上，他的模型在欧洲 18 世纪前后还是与实况相当吻合的，因为那时地广人稀，人们获得生活资料相对容易。随着人口基数的变大，矛盾就暴露了出来，自然资源的短缺，食物与居住条件的短缺，以及由此引起的家庭经济困难和国家经济困难，甚至种族矛盾以至战争等等对人口增长的限制性因素开始明显起作用，这些问题已被不少有先见之明的自然科学家、数学家和社会学家所觉察。例如中国的经济学家马寅初，公平而论，马寅初的“新人口论”已经达到了获得诺贝尔经济学奖的水平，只可恨当年不但不予重视，反而大搞群众运动批判马的正确理论。从数学上讲，人口的增长速度 $\frac{dp}{dt}$ 不但与现存人口 $p(t)$ 有正相关关系，而且与人口的可增空间 $M-p$ 呈正相

关关系，其中 M 是可承受的最大人口数，事实上，距“人口满员” M 越近，人口增加越慢，离人口满员 M 越大，人口增速越大，这一点是可以理解的，所以 $p(t)$ 满足修正了的马尔萨斯人口方程

$$\begin{cases}\dfrac{dp}{dt}=kp(M-p) \\ p(t_0)=p_0\end{cases} \tag{29.2}$$

把 $\frac{dp}{dt}=kp(M-p)$ 改写成

$$\frac{dp}{dt}=\alpha p-\beta p^2$$

其中 $\alpha=kM$，$\beta=k$，可见 $\frac{\alpha}{\beta}$ 即人口满员数 M。

由（29.2）式得

$$\frac{dp}{(\alpha-\beta p)p}=dt$$

两端积分得

$$\int_{p_0}^{p}\frac{dp}{(\alpha-\beta p)p}=\int_{t_0}^{t}dt$$

$$\ln\frac{p(\alpha-\beta p_0)}{p_0(\alpha-\beta p)}=\alpha(t-t_0)$$

最后得人口公式

$$p(t)=\frac{\alpha p_0 e^{\alpha(t-t_0)}}{\alpha-\beta p_0+\beta p_0 e^{\alpha(t-t_0)}}$$

美国和法国都曾用这个公式预报过人口，与实况相当吻合，至于这个公式对中国是否实用，还待实际人口变化的检验。

生态学家测得 $\alpha=0.029$，如果按千分之十的人口增长计算，则

$$\frac{1}{p}\frac{dp}{dt}=1\%$$

于是

$$\frac{1}{p}\frac{dp}{dt}=\alpha-\beta p \tag{29.3}$$

以 1990 年中国人口普查数字为根据，当年全国人口 1160017381 人，则由（29.3）式知

$$0.01=0.029-1160017381\beta$$

$$\beta=\frac{0.019}{1160017381}$$

$$\lim_{t\to+\infty}p(t)=\frac{\alpha}{\beta}=\frac{1160017381\times0.029}{0.019}$$

$$\approx1770552845$$

即我国人口总数不会超过 18 亿，加上这十几年我国社会文明的进步和人口与计划生育政策的深入人心，我们有根据确信，中国人口安全是有保障的，不会出现人口的爆炸式增长。中华民族在 960 万平方公里的土地上的人口数会控制在十几亿的合理范围之内。上面计算出的 18 亿上限是个渐近的极限值，人口变化的图像见图 29-1。

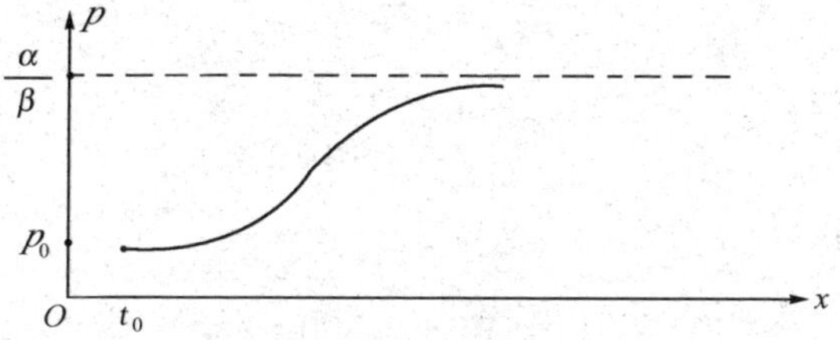

图 29-1

宇宙中万物变化大都可以用数学模型来刻画的，一种数学模型往往能描写风马牛不相及的多种变化过程，物质世界是统一的，统一在数学模型的旗帜下。

1960 年，美国科学家利柏（W. Libby）荣获诺贝尔化学奖，他的科研成就对地质学和考古学的发展做出了十分可贵的贡献。利柏根据古人洞穴中的草鞋计算出人类是 11500 年左右冰河期末期从东半球到达阿拉斯加的，进而推断，那时海洋的水面比现在的要小，所以古人才能由西伯利亚步行通过白令海峡的冰面迁徙到阿拉斯加新大陆去。事实上，高层大气中有放射性碳，氧化成 CO_2 后被植物吸收，所以植物以及吃这些植物的动物的身体也有了放射性。利柏算出碳的半衰期为 5600 年，他在阿拉斯加山洞中发现了两双草鞋，都很破旧，不知是何年何月何人遗留在此处的。为了确定碳的半衰期，利柏进行了数学建模和精细的物理实验，设初始时刻 $t=0$，有放射性物质 x_0 克，放射性物质的衰减速度与现存质量成正比，于是放射物质的质量 $x(t)$ 应满足

$$\begin{cases}\dfrac{\mathrm{d}x}{\mathrm{d}t}=-kx\\ x(0)=x_0\end{cases}$$

这个方程与马尔萨斯人口方程（29.1）是同样的模型，解得 $x(t)=x_0\mathrm{e}^{-kt}$，设 T 为半衰期，即每过 T 年，放射性物质衰变成原来的一半，则

$$\frac{x_0}{2}=x_0\mathrm{e}^{-kT}$$

$$\ln 2=kT,\ T=\frac{1}{k}\ln 2$$

利柏经 10 年实验观测，得到了 $x(10)$的值，于是

$$x(10)=x_0\mathrm{e}^{-10k}$$

$$k=\frac{1}{10}\ln\frac{x_0}{x(10)}$$

进而得半衰期

$$T=\frac{10\ln 2}{\ln\dfrac{x_0}{x(10)}}\approx 5600\ \text{（年）}$$

利柏经测试，发现其中一双草鞋的放射性是现在还活着的同类草的放射性的$\frac{1}{4}$，所以那双草鞋是 5600×2=11200 年前古人穿过的，而另一双草鞋的放射性与现在还活着的同类草大致相同，于是判定另一双草鞋是 20 世纪的人的遗留物，第一双鞋是宝贵文物，而第二双鞋则没有多少考古价值。

1967 年，卡内基-梅隆大学用利柏的上述方法鉴定出美国芝加哥博物馆花了 17 万美元买下的 17 世纪荷兰著名画家 Jan Vermeer 的名画《Emmaus 的信徒们》是一幅伪造品！后来又发现收藏的 Jan Vermeer 的名画《妓女》也是赝品。

第三十回 公理定理严密准确 谬论悖论似是而非

20 世纪最伟大的数学家之一庞加莱（Poincaré，1854～1912，法）说："逻辑并非不毛之地，它生长着矛盾！"数学是从一组不多的原始定义和不证自明的公理系统出发，运用逻辑推理建立起来的高楼大厦。但是，如果进行逻辑推理时，一不小心，在某个细节处发生不易察觉的疏漏，就会得出荒诞的结果。下面举一些载入史册的著名的荒诞实例。

（1）$\lg x=\lg(-x)$，$x\neq 0$

这是欧拉向他同时代数学家提出的一个怪论来考验大家对对数概念的理解。

欧拉证明说：由于 $x\neq 0$，$(-x)^2=x^2$，则 $\lg(-x)^2$ 与 $\lg x^2$ 有意义，于是 $\lg(-x)^2=\lg x^2$，由公式 $\lg N^m=m\lg N$，所以由 $\lg(-x)^2=\lg x^2$ 可得

$$2\lg(-x)=2\lg x$$

$$\lg(-x)=\lg x$$

欧拉问这个怪论 $\lg(-x)=\lg x$ 是怎么出来的呢？

事实上，对于 $x\neq 0$，$\lg(-x)^2=\lg x^2$ 是成立的，但把指数 2 提到 lg 号前方时应写成

$$\lg(-x)^2=2\lg|x|$$

即对于 $x\neq 0$，m 是偶数时，有公式

$$\lg x^m=m\lg|x|$$

在初等微积分中，虽然 $(\ln x)'=\dfrac{1}{x}$，但 $\int\dfrac{1}{x}\mathrm{d}x=\ln x+C$ 则不能成立，因为在 $(\ln x)'$中，不言而喻地告知 $x>0$，而在 $\int\dfrac{1}{x}\mathrm{d}x$ 中 x 有权取负值，所以必须写成

$$\int \frac{1}{x}\mathrm{d}x = \ln|x| + C, (x \neq 0)$$

事实上，当 $x\neq 0$ 时，$(\ln|x|+C)'=\frac{1}{|x|}|x|'$

$$=\begin{cases}\frac{1}{x}\cdot 1=\frac{1}{x}, & x>0\\ -\frac{1}{x}\cdot(-1)=\frac{1}{x}, & x<0\end{cases}$$

（2）$\frac{1}{8}>\frac{1}{4}$

证明如下：由于 $3>2$，两边同乘以 $\lg\frac{1}{2}$，则得

$$3\lg\frac{1}{2}>2\lg\frac{1}{2}$$

于是

$$\lg\left(\frac{1}{2}\right)^3>\lg\left(\frac{1}{2}\right)^2$$

$$\lg\frac{1}{8}>\lg\frac{1}{4}$$

最后得证 $\frac{1}{8}>\frac{1}{4}$。

事实上 $\frac{1}{8}>\frac{1}{4}$ 这个怪胎是在“由于 $3>2$，则 $3\lg\frac{1}{2}>2\lg\frac{1}{2}$”处孕育的。证明者在“$\lg\frac{1}{2}<0$，对于不等式 $3>2$，乘以负数 $\lg\frac{1}{2}$ 应使不等式改变方向”这一点上打了读者一个马虎眼。

数学证明中一定要警惕细节上的失手和误会。

（3）$1=-1$，且 $\lg(-1)=0$

证明：由于 $(-1)^2=1^2$，两边取对数得 $\lg(-1)^2=\lg1^2$，所以 $2\lg(-1)=2\lg1$，于是 $\lg(-1)=\lg1=0$，且 $-1=1$。

错误的根源与（1）相似。

（4）$7=13$

考虑分式方程

$$\frac{x+5}{x-7}-5=\frac{4x-40}{13-x}$$

即

$$\frac{x+5-5(x-7)}{x-7}=\frac{4x-40}{13-x},\quad \frac{4x-40}{7-x}=\frac{4x-40}{13-x}$$

令分式两端的分子一样，则此等式两端之分母亦应相等，故得

$$7-x=13-x$$

两边同加 x 得 $7=13$。

事实上，$x=10$ 是方程$\frac{x+5}{x-7}-5=\frac{4x-40}{13-x}$的唯一根，这时$\frac{4x-40}{7-x}=\frac{4x-40}{13-x}$中分子为零，分母可以是不为零的数，未必相等；“分式两端的分子相等则分式的分母亦应相等”是受到$\frac{1}{2}=\frac{1}{2}$，$\frac{4}{7}=\frac{4}{7}$，$\frac{5}{8}=\frac{5}{8}$等事实的误导，凭经验与直觉武断地得到的“假理”，它对于分式方程未必成立，本例就是这个假理的反例。事实上，$\frac{0}{x}=\frac{0}{y}$，其中 $x\neq 0$，$y\neq 0$，x 可以与 y 不等。

(5) 任给 n 个自然数组成的集合 $A=\{a_1, a_2, \cdots, a_n\}$ 中，每个数都一样大。

对 n 进行数学归纳法证明：$n=1$ 时，$A=\{a_1\}$，命题显然成立。假设对于 $n=k$，命题已成立，即对于任给的 $\{a_1, a_2, \cdots, a_k\}$，命题成立，对于 $n=k+1$ 的情形，考虑 $\{a_1, a_2, \cdots, a_k, a_{k+1}\}$ 集合，由归纳法假设，对 $\{a_1, a_2, \cdots, a_k\}$ 与 $\{a_2, a_3, \cdots, a_{k+1}\}$ 这两个只有 k 个数的集合，命题成立，即 $a_1=a_2=\cdots=a_k$，$a_2=a_3=\cdots=a_{k+1}$，故 $a_1=a_2=a_3=\cdots=a_k=a_{k+1}$，由数学归纳法原理，命题 (5) 成立，证毕。

但命题 (5) 分明是荒唐的，例如 $A=\{1, 2, 3, 4, 5\}$，无相等数对。一般地，任取元素个数不少于 2 的自然数集的子集 A，它之中的数两两相异。

上述数学归纳法的运用是错误的，事实上，欲证的结论“每个数都一样大”其实是集合中各元素两两相等的同义语，只谈一个元素构成集合的情形为归纳法的起步情形，是不足以反映命题的需求的，应考虑两个元素构成集合的情形为归纳法的起步情形。上述误证的错误发生在归纳法起步的不正确设定，事实上，归纳法起步是归纳证明的关键，归纳

递推则是归纳证明的难点。

(6) 设 a 与 b 是任意两个自然数，$\max\{a, b\}=n$，则 $a=b$，$\max\{a, b\}$ 指 a，b 中的最大值。

用数学归纳法证明如下：$n=1$ 时，由于 $\max\{a, b\}=1$，则 $a=b=1$，命题成立，(这里的自然数集合指 $\{1, 2, 3, \cdots, n-1, n, \cdots\}$)。假设对于 $n=k$，命题已成立，即 $\max\{a, b\}=k$ 时，$a=b$；考虑 $\max\{a, b\}=k+1$，其中 a 与 b 是任意两个自然数，令 $\alpha=a-1$，$\beta=b-1$，则 $\max\{\alpha, \beta\}=k$，由归纳法假设，$\alpha=\beta$，进而 $a=b$，数学归纳法证明完成，证毕。

上述证明的错误出在 $\alpha=a-1$，$\beta=b-1$，其中 a，b 是自然数，如果 a 与 b 中有 1，则 α 与 β 不会全是自然数了！

如果把自然数集合定义为 $\{0, 1, 2, \cdots, n-1, n, \cdots\}$，则归纳法起步：由 $\max\{a,b\}=1$，不一定得出 $a=b=1$，因为可能是 $a=0$，$b=1$，不管怎么定义，自然数集合上述归纳法的过程都有错。

事实上，$\max\{3,4\}=4$，当然得不出 $3=4$ 来。

(7) $1=-1$

证明：由于 $\sqrt{a}\sqrt{b}=\sqrt{ab}$，所以 $\sqrt{-1}\sqrt{-1}=\sqrt{(-1)(-1)}=\sqrt{1}=1$；又 $\sqrt{-1}\cdot\sqrt{-1}=\sqrt{(-1)^2}=-1$，所以 $-1=1$。

事实上公式 $\sqrt{a}\sqrt{b}=\sqrt{ab}$ 的前提条件是 $a\geqslant 0$，$b\geqslant 0$，所以上述证明 $\sqrt{-1}\sqrt{-1}=\sqrt{(-1)(-1)}$ 不合法。

(8) $-1=1$

证明：由于 $\sqrt{-1}=\sqrt{-1}$，故 $\sqrt{\frac{1}{-1}}=\sqrt{\frac{-1}{1}}=\frac{\sqrt{1}}{\sqrt{-1}}=\frac{\sqrt{-1}}{\sqrt{1}}$，$\sqrt{-1}\sqrt{-1}=\sqrt{1}\sqrt{1}$，$1=-1$。

事实上，公式 $\sqrt{\frac{a}{b}}=\frac{\sqrt{a}}{\sqrt{b}}$ 的前提条件是 $a\geqslant 0$，$b>0$。上面 $\sqrt{\frac{1}{-1}}=\frac{\sqrt{1}}{\sqrt{-1}}$ 不合理。

(9) $1=-1$

证明：考虑恒等式 $\sqrt{x-y}=i\sqrt{y-x}$，取 $x=a$，$y=b$，$a\neq b$，则有

$\sqrt{a-b}=i\sqrt{b-a}$，取 $x=b$，$y=a$，则得 $\sqrt{b-a}=i\sqrt{a-b}$，于是

$$\begin{aligned}\sqrt{a-b}\sqrt{b-a}&=(i\sqrt{b-a})(i\sqrt{a-b})\\&=i^2\sqrt{b-a}\cdot\sqrt{a-b}\end{aligned}$$

两端除以 $\sqrt{a-b}\sqrt{b-a}$ 得

$$1=i^2=-1$$

"对任意的 x，y，$\sqrt{x-y}=i\sqrt{y-x}$"未必成立，例如 $x=7$，$y=3$，则 $\sqrt{x-y}=\sqrt{7-3}=\sqrt{4}=2$，而 $i\sqrt{3-7}=i\sqrt{-4}=2i^2=-2$，即 $\sqrt{7-3}\neq i\sqrt{3-7}$，可见 $\sqrt{x-y}=i\sqrt{y-x}$ 不是恒等式。

(10) $0=1$

证明：考虑

$$\begin{aligned}&1-1+1-1+1-1+\cdots\\=&(1-1)+(1-1)+(1-1)+\cdots\\=&0\\&1-1+1-1+1-1+1-1+1-\cdots\\=&1-(1-1)-(1-1)-(1-1)-(1-1)-\cdots\\=&1\end{aligned}$$

所以 $0=1$。

事实上，$1-1+1-1+1-1+\cdots=1+(-1)+1+(-1)+1+(-1)\cdots$ 是无穷个数之和，它的运算与有穷个加数的加法有本质区别，不能对这种无穷和不讲条件地运用结合律。无穷个加数的加法有它的数学定义，定义为前 n 项和当 $n\to+\infty$ 时的极限，对于

$$1-1+1-1+1-1+1-\cdots$$

而言，$S_{2k}=0$，$S_{2k+1}=1$，$k=1$，2，$\cdots$，

$$S_2,\ S_4,\ S_6,\ S_8,\ \cdots,\ S_{2k},\ S_{2k+2},\ \cdots$$

的极限是 0，因为 $S_2=S_4=S_6=S_8=\cdots=0$，

$$S_1,\ S_3,\ S_5,\ S_7,\ \cdots,\ S_{2k+1},\ S_{2k+3},\ \cdots$$

的极限是 1，所以 $\lim\limits_{n\to\infty}S_n$ 不存在。事实上，如果 $\lim\limits_{n\to\infty}S_n=S$，则 $\lim\limits_{k\to\infty}S_{2k}=\lim\limits_{k\to\infty}S_{2k+1}=S$，与 S_{2k} 的极限为 0，S_{2k+1} 的极限是 1 矛盾。

(11) $1=\dfrac{1}{2}$

$$S=\frac{1}{1\cdot 3}+\frac{1}{3\cdot 5}+\frac{1}{5\cdot 7}+\cdots=?$$

$$\begin{aligned}S&=\left(\frac{1}{1}-\frac{2}{3}\right)+\left(\frac{2}{3}-\frac{3}{5}\right)+\left(\frac{3}{5}-\frac{4}{7}\right)+\cdots\\&=1-\left(\frac{2}{3}-\frac{2}{3}\right)-\left(\frac{3}{5}-\frac{3}{5}\right)-\left(\frac{4}{7}-\frac{4}{7}\right)-\cdots\\&=1\end{aligned}$$

$$\begin{aligned}S&=\frac{\left(\frac{1}{1}-\frac{1}{3}\right)}{2}+\frac{\left(\frac{1}{3}-\frac{1}{5}\right)}{2}+\frac{\left(\frac{1}{5}-\frac{1}{7}\right)}{2}+\cdots\\&=\frac{1}{2}-\frac{1}{6}+\frac{1}{6}-\frac{1}{10}+\frac{1}{10}-\frac{1}{14}+\frac{1}{14}-\cdots\\&=\frac{1}{2}-\left(\frac{1}{6}-\frac{1}{6}\right)-\left(\frac{1}{10}-\frac{1}{10}\right)-\left(\frac{1}{14}-\frac{1}{14}\right)-\cdots\\&=\frac{1}{2}\end{aligned}$$

所以 $1=\frac{1}{2}$。

这一谬论的根源在于对无穷和不加分析地无条件地使用了结合律。

(12) 由于 $\left(-\frac{1}{x}\right)'=\frac{1}{x^2}$，所以由微积分基本定理得

$$\int_{-1}^{1}\frac{1}{x^2}\mathrm{d}x=\left[-\frac{1}{x}\right]_{-1}^{1}=-1-1=-2$$

但被积函数在 $[-1,\ 1]$ 上是非负的，所以积分不应是负的。

这一矛盾的根源是误用了微积分基本定理，事实上，微积分基本定理要求 $\int_a^b f(x)\mathrm{d}x$ 中 $f(x)$ 在 $[a,\ b]$ 上连续，而 $\frac{1}{x^2}$ 在 $[-1,\ 1]$ 上并不连续，$x=0$ 是 $y=\frac{1}{x^2}$ 在 $[-1,\ 1]$ 上的一个间断点。

正确的分析是：$\int_{-1}^{1}\frac{1}{x^2}\mathrm{d}x=\int_{-1}^{0}\frac{1}{x^2}\mathrm{d}x+\int_{0}^{1}\frac{1}{x^2}\mathrm{d}x$，$x=0$ 是右端积分的“瑕点”。

$$\int_{-1}^{0}\frac{1}{x^2}\mathrm{d}x=\lim_{0<\varepsilon\to 0}\int_{-1}^{-\varepsilon}\frac{1}{x^2}\mathrm{d}x=\lim_{0<\varepsilon\to 0}\left[\frac{-1}{-\varepsilon}-1\right]=+\infty$$

$$\int_{0}^{1}\frac{1}{x^2}\mathrm{d}x=\lim_{0<\varepsilon\to 0}\int_{\varepsilon}^{1}\frac{1}{x^2}\mathrm{d}x=\lim_{0<\varepsilon\to 0}\left[\frac{1}{\varepsilon}-1\right]=+\infty$$

可见$\int_{-1}^{1}\frac{1}{x^2}\mathrm{d}x$不存在有限的积分值，说$\int_{-1}^{1}\frac{1}{x^2}\mathrm{d}x=-2$是错误的。不顾定理的条件，盲目地、形式地套公式往往要出笑话。

(13) $1=-1$

由于$\int\frac{\mathrm{d}x}{x}=\int\frac{-\mathrm{d}x}{-x}$，所以$\ln x=\ln(-x)$，$x=-x$，$1=-1$。

由$\int\frac{\mathrm{d}x}{x}=\int\frac{\mathrm{d}(-x)}{-x}$得不出$\ln x=\ln(-x)$，事实上，$\int\frac{\mathrm{d}x}{x}=\ln|x|+C$，$\int\frac{\mathrm{d}(-x)}{-x}=\ln|-x|+C$，$\{\ln|x|+C\}$与$\{\ln|-x|+C\}$是$\frac{1}{x}$（$x\neq0$）的原函数集合，只能得出集合$\{\ln|x|+C\}=\{\ln|-x|+C\}$，其中$C$是任意常数。

(14) 设$I=\int\sin x(\cos x\mathrm{d}x)$，则

$$I=\int\sin x(\cos x\mathrm{d}x)=\int\sin x\mathrm{d}(\sin x)=\frac{\sin^2 x}{2}$$

$$I=\int\cos x(\sin x\mathrm{d}x)=-\int\cos x\mathrm{d}(\cos x)=-\frac{\cos^2 x}{2}$$

所以

$$\sin^2 x=-\cos^2 x$$

此与$\sin^2 x+\cos^2 x=1$矛盾！

这个矛盾是由$I=\int\sin x(\cos x\mathrm{d}x)=\frac{\sin^2 x}{2}$与$\int\sin x(\cos x\mathrm{d}x)=-\int\cos x\mathrm{d}(\cos x)=-\frac{\cos^2 x}{2}$这两个不定积分未写上积分常数造成的，事实上，应写成

$$I=\frac{\sin^2 x}{2}+C_1,\quad I=-\frac{\cos^2 x}{2}+C_2$$

于是

$\frac{\sin^2 x}{2}+\frac{\cos^2 x}{2}=C_2-C_1=C$，$\sin^2 x+\cos^2 x=2C$又$x=0$时，左端为1，故$2C=1$，从而得公式$\sin^2 x+\cos^2 x=1$。

生活中穿上上衣，忘记系上某个纽扣无关大局，但数学中，再小的“数学纽扣”也不能忘记处理好，犹如求不定积分不可漏写积分常数一样。求不定积分，关键在于求得被积函数$f(x)$的一个原函数$F(x)$，即

使得 $F'(x)=f(x)$的$F(x)$是什么是问题的难点，积分常数好像是顺手抄上去的$+C$，但这个尾巴不是可有可无的！有它则是威猛的老虎，没有这条尾巴则成了无力的青蛙。

（15）考虑图 30-1 中的等腰$\triangle ABC$，底边 $AB=12$，高 $CD=3$，在 CD 上必存在一点 P，使得

$$S=PC+PA+PB$$

最小，让我们找到 P 点的位置，以 x 表示 DP 之长，则 $PC=3-x$，且 $PA=PB=(x^2+36)^{\frac{1}{2}}$，故

$$S=3-x+2(x^2+36)^{\frac{1}{2}}$$

$$\frac{\mathrm{d}S}{\mathrm{d}x}=-1+2x(x^2+36)^{-\frac{1}{2}}$$

令$\frac{\mathrm{d}S}{\mathrm{d}x}=0$，得 $x=2\sqrt{3}>3$，即 P 不在CD 上，因此 CD 上没有使 S 取最小的点。

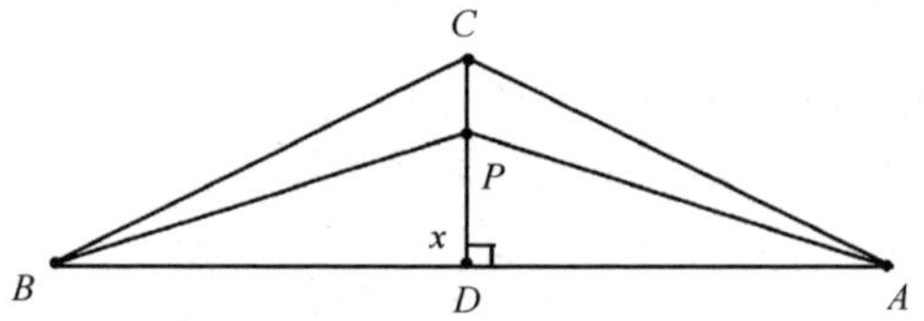

图 30-1

上述谬误是怎样形成的?

事实上，$S=S(x)$的极值点 $x=2\sqrt{3}$是唯一的，这个极值点不在 CD 上，但我们求的是“最值”，最值是应在边界点、极值点与不可导的点中挑选，$x\in[0,3]$ 上无 $S(x)$ 的极值点，又 $S(x)$在 $(0,3)$ 上可导，故还需考查 $x=0$ 与 $x=3$ 处 $S(x)$是否取最小值，$\frac{\mathrm{d}S}{\mathrm{d}x}$中$\frac{2x}{\sqrt{x^2+36}}$平方后为$\frac{4x^2}{x^2+36}$，令

$$y(x)=\frac{4x^2}{x^2+36}$$

则

$$y'(x)=\frac{36\times 8x}{(x^2+36)^2}>0,\ x\in(0,3)$$

所以 $y(x)$ 是(0,3)内的递增函数，于是 $\frac{2x}{\sqrt{x^2+36}}$ 在（0，3）内递增，在 $x=3$ 处，$\frac{2x}{\sqrt{x^2+36}}=\frac{6}{\sqrt{45}}<1$，于是在［0，3］上 $0\leqslant\frac{2x}{\sqrt{x^2+36}}<1$，从而 $\frac{\mathrm{d}S}{\mathrm{d}x}$ 在［0，3］上小于零，S 在 $x=0$ 处取最大。即 $p=D$ 时，S 最大。

（16）任何三角形都是等腰三角形

证：图 30-2 中 $\triangle ABC$ 是任意一个三角形，作 $\angle C$ 的平分线与 AB 边的垂直平分线，两者交于 E 点，作 AC 与 BC 的垂线 EF，EG，连接 EA 与 EB。$\triangle CEF\cong\triangle CEG$，$CE$ 是它们的公共斜边；又因 $\angle FCE=\angle GCE$，所以 $CF=CG$。再则 $EF=EG$，又 EO 是 AB 的垂直平分线，故 $AE=BE$，于是直角三角形 $\triangle EFA\cong\triangle EGB$，故 $FA=GB$，至此得

$$FA+CF=GB+CG$$

即 $AC=CB$，$\triangle ABC$ 是等腰三角形，由 $\triangle ABC$ 的任意性，得证一切三角形皆等腰三角形。

上述结论分明是荒谬的，但其逻辑推理似乎都说得过去，是什么地方骗了人呢？

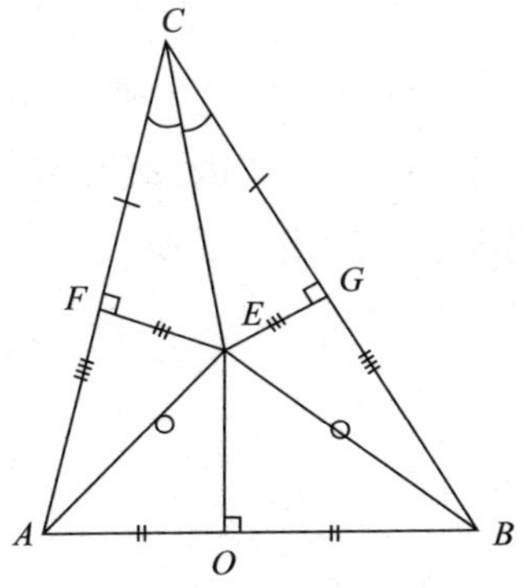

图 30-2

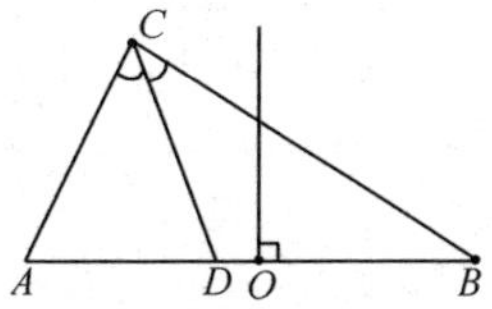

图 30-3

事实上，对于不等腰的三角 $\triangle ABC$，若 $BC>AC$，$\angle C$ 平分线与 AB 交于 D 点，则由于 $\frac{AC}{BC}=\frac{AD}{BD}$，知 $AD<BD$，在 $\triangle ABC$ 内部，$\angle C$ 平分线 CD 在 AB 中垂线左侧，两者不能在 $\triangle ABC$ 内交于一点 E。E 点找不到，上面的谬证则不能说出来了，见图 30-3。把不存在的 E 点作为

一个证明的依据加以利用，是“想当然”（E 存在）的马虎念头把我们引上了邪路！

（17）直角等于钝角

证明：设 $ABCD$ 是任一矩形，在矩形 $ABCD$ 外作与 BC 等长的 BE，因而 $BE=AD$，作 DE 和 AB 的垂直平分线，因为它们垂直于不平行的两直线，它们必交于一点 P，连接 AP，BP，DP，EP，于是 $PA=PB$，$PD=PE$，又 $AD=BE$，所以 $\triangle APD\cong\triangle BPE$，因此 $\angle DAP=\angle EBP$；但是 $\angle BAP=\angle ABP$，因为这两个角是等腰 $\triangle APB$ 的底角，用减法得直角 $\angle DAG=$ 钝角 $\angle EBA$，见图 30-4。

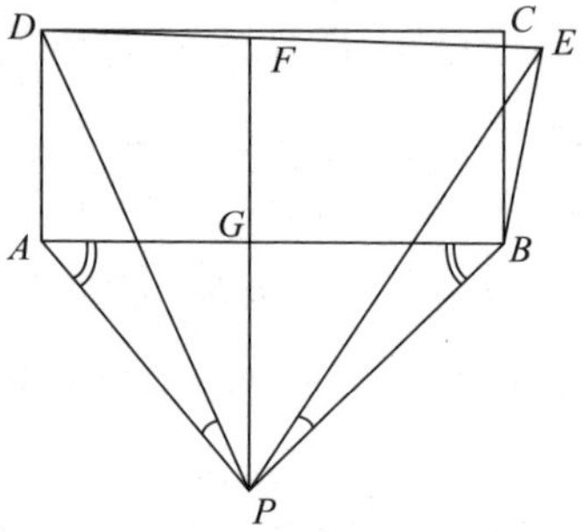

图 30-4

事实上，连接 PA，PB，PD，PE，形成的三角形 $\triangle BPE$ 的边 PE 在 PB 右侧，这样就形不成上述悖论（直角 = 钝角）。这一谬论是不认真画图，只是想当然地画了个不正确的草图 30-4 造成的麻烦。读者可以认真地用尺规作一下正确图示，即可戳穿上述的错误证明。

（18）从一点到一条直线有两条垂线

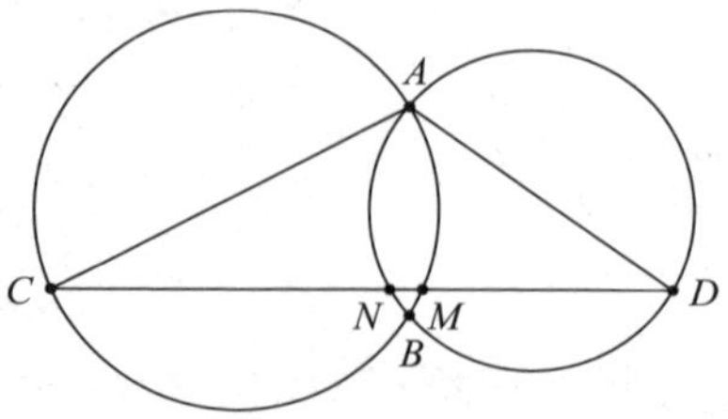

图 30-5

证明：令任二圆交于 A，B 两点，见图 30-5。作直径 AC 与 AD，且令 C 与 D 的连线分别交两圆于 M，N 两点，于是 $\angle AMC=\angle AND=$

90°，因此，AM 与 AN 是直线 CD 的两条垂线。

事实上连接 C 与 D 的直线必过 B 点，不可能与两圆分别相交于 M，N 两点，没有任何根据地想象一种假象当作事实，往往是数学证明被误导出荒谬的祸根。本书作者接到过一些聪明人关于诸如 4CC 的证明，即他们宣称用手和笔写出了四色猜想为真的证明（证明了任一地图仅用 4 种颜色即可把每国版图染一种颜色，且邻国异色），仔细推敲一下，那些证明之所以通不过，正是犯了和这里的 18 种谬论类似的失误，把本来不成立的事实拿来当前提来谈论。直觉有时会欺骗我们，在数学面前，一字一句都不敢马虎，说话一定要有（定义或理论）根据！

第三十一回 直觉恩赐过我们 直觉误导过我们

数学是从哪里来的？数学的源头是直觉。大数学家庞加莱说："纯逻辑不能使我们得到任何新东西。"数学主要是从经验和直觉中抽象出来的，但它的研究对象是抽象出来的不可触摸的抽象概念，如果再用直觉去研究它，而不是从公理、定义和定理出发，进行严格的证明，会得出荒诞的结论的！

现代大数学家冯·诺依曼直言："数学的概念来源于经验，但数学不是一门经验科学。"逻辑不能代替数学，直觉也不能代替数学。在历史上，牛顿基于物理学家的直觉建立的原始微积分漏洞百出，它其实离现代的经魏尔斯特拉斯等数学家严格化之后的微积分差别很大；严格推导和准确计算是数学工作的主流，直觉则向数学家提供数学模型的实际模型和猜想出数学的结论，但猜想与直觉可能是不成立的。

我们依靠直觉，我们依靠证明，我们依靠计算，数学是直觉通知我们的，数学是证出来的，数学是算出来的。

下面我们用 13 个实例说明直觉有时误导我们。

(1) 一辆汽车从甲地开往乙地的速度是每小时 60 公里，从乙地开回甲地是每小时 40 公里，问该汽车往返甲乙两地的平均速度是多少？

我们可以不经意地抢答$\frac{60+40}{2}=50$公里/小时。

这个答案是不成立的，事实上，设甲乙两地相距 x 公里，则从甲到乙耗时$\frac{x}{60}$，从乙返回甲耗时$\frac{x}{40}$，往返共用$x\left(\frac{1}{60}+\frac{1}{40}\right)$小时，可见往返的平均速度应为

$$\bar{v}=\frac{x+x}{x\left(\frac{1}{60}+\frac{1}{40}\right)}=48\text{ 公里/小时}$$

(2) 甲能在4天内完成一件工作，乙能在6天内完成这项工作，问两人合作几日可完成此项工作？

如果不慎重分析和计算，也许有人认为二人合作在$\frac{1}{2}(4+6)=5$天可完成此项工作，其实甲每日完成此工作的$\frac{1}{4}$，乙每日完成此工作的$\frac{1}{6}$，两人合作每日完成此工作的$\frac{1}{4}+\frac{1}{6}=\frac{5}{12}$，于是二人合作需要$1\div\frac{5}{12}=2.4$天完成此工作。

(3) 一个人以每3个1.7元卖出他的鸭蛋的一半，以每5个1.7元卖出其余的一半，问他以每个鸭蛋多少钱的价格才能得到同样的收入？

一种算法是$3+5=8$个，共卖3.4元，所以每个应卖$3.4\div 8=0.425$元，其实这种算法是一种误解。

事实上，设鸭蛋共x个，则他的总收入是$\frac{1.7}{3}\cdot\frac{x}{2}+\frac{1.7}{5}\cdot\frac{x}{2}=x\left(\frac{1.7}{6}+\frac{1.7}{10}\right)$元，于是每个鸭蛋的价格为

$$\frac{x\left(\frac{1.7}{6}+\frac{1.7}{10}\right)}{x}=45\frac{1}{3}\text{分}$$

(4) 如果直径4厘米的一个线球值20元，直径8厘米的一个线球值钱多少？

如果有人认为8厘米的线球的价格应是4厘米线球的2倍，那就受了直觉的欺骗。事实上，应当论体积来计价，8厘米线球的体积是4厘米线球体积的8倍，所以直径8厘米的线球应值160元而不是40元。

(5) 一个细菌在培养液中分裂繁殖，每一分钟分裂成两个，10分钟后培养液中有1024个细菌，问第几分钟后培养液中恰有512个细菌？

512恰是1024的一半，所以培养液中有512个细菌的时间也应是10分钟的一半，即5分钟后恰有512个细菌，直觉正在骗人！事实上，512个细菌再经1分钟则可分裂出$512\times 2=1024$个细菌，可见，正确的答案应该是$10-1=9$分钟，即第9分钟后培养液中恰有512个细菌。

(6) 一位工人到一个愚蠢的老板那里打工，老板说我这里工资可不高，你若嫌少，可以去别处干。工人说，我要的工资很低，你第一个半

月只需付我 1 分钱工资，第二个半月只需付我 2 分钱工资，以后每过半月工资加倍，老板高兴地答应了，就签了劳动工资合同；一年后工人得到了老板难以支付的工资。

傻瓜老板觉得 1 分钱，2 分钱，4 分钱，8 分钱地付给工人半个月的工资实在太便宜了，岂不知一年下来，他必须按合同付给工人

$$S=1+2+2^2+2^3+\cdots+2^{23}$$
$$=\frac{1(1-16777216)}{1-2}$$
$$=167772.15\text{ 元}$$

如果是签了三年的合同，则老板应付工人工资

$$\frac{1}{100}\ (2^{72}-1)=M\text{ 元}$$

M 是个天文数字，事实上，$\lg 2^{72}=72\lg 2\approx 72\times 0.3010\approx 21.672$，说明 2^{72} 是个 22 位数，M 是个 20 位的大数字，老板就是倾家荡产也出不起这笔工钱。

(7) 一个钟 5 秒钟敲了 6 下，它敲 12 下需要几秒钟？

有人抢答 5×2=10 秒，此人讲理说 12 下是 6 下的两倍，所以所用时间也要加倍。

事实上，看图 31-1 知打 12 下需用 11 秒钟。

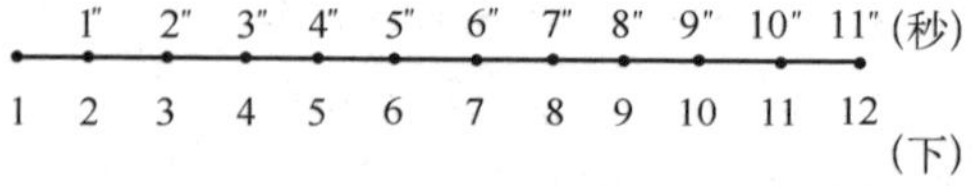

图 31-1

(8) 一个瓶子和一个软木塞共值 1.10 元，瓶子比软木塞贵 1 元，问软木塞值多少钱？

粗心人曰：1.10－1=0.1 元，即软木塞值 1 角钱，这个答案是自欺欺人的错觉。

事实上，设软木塞 x 元，则瓶子 $1.10-x$ 元，又瓶比软木塞贵 1 元，即

$$(1.10-x)-x=1,\ x=0.05\text{ 元}$$

即软木塞 5 分钱一个。

(9) 在一个玻璃杯中有若干液体 A，在第二个玻璃杯中有相同量的液体 B，从第一个玻璃杯中取一匙液体 A 放入第二个玻璃杯中，然后从

第二个玻璃杯中又取一匙混合物放回第一个玻璃杯，问第二个杯中的液体 A 是否比第一个杯子中的液体 B 多？

甲说：从第一杯向第二杯加入了一匙 A 液体，而从第二杯还回第一杯的是一匙 A，B 混合液，所以第二杯得的 A 液多而还回得少，所以第二杯中的 A 液比第一杯的 B 液多。

乙对甲说：你在瞎说！事实上，从第一杯向第二杯加入一匙 A 液后再从第二杯还回第一杯一匙混合液，尽管两杯中都成了混合液，但双方总量还是相等的，第二杯中的 A 液来自第一杯，第一杯中损失的这些 A 液不恰为相同数量的 B 液所补平吗？可见这时第二杯中的 A 液与第一杯中的 B 液一样多。

(10) 一张一毫米厚的大纸被截成两半，一半叠在另一半上面，然后再把这叠纸截成两半，把一半叠在另一半上面，如此裁叠了 50 次，问最后这些纸能否超过一公里厚？

甲说：一张薄薄的纸，叠了这么几次哪能有一公里那么厚呢？

乙说：算算再说好吗？

裁叠一次是两层，裁叠两次是 $2^2=4$ 层，裁叠三次是 $2^3=8$ 层，…，裁叠 50 次是 2^{50} 层，取对数

$$\lg 2^{50}\approx 15.05$$

即此纸叠的高度以毫米为单位是一个 16 位数，而 1 公里 $=10^6$ 毫米，所以此叠纸高以公里为单位是一个 10 位数，有几十亿公里厚！

指数函数 $y=a^x$，当 $a>1$ 时的增长速度是爆炸性的，x 足够大时，a^x 可以大得惊人。

(11) 同一件商品折扣 15%卖出与先以 10%的折扣标价，再在减价的价格上打个 5%的折扣是否卖价一样？

甲说：当然一样。

乙说：不能想当然地随便说，事实上，设原价为 x_0，打 15%的折扣后卖价为 $x_0\times 85\%$；而先打 10%的折扣，标价为 $x_0\times 90\%$，再在此标价上折扣 5%，则卖价为 $x_0\times 90\%\times(1-5\%)=x_0\times 85.5\%$，后一种折扣方式商家得利更多。

顾客应该精打细算，提防商人用折扣的伎俩促销骗人。

(12) 4 分之 4 超过 4 分之 3 多少？

甲说：$\frac{4}{4}-\frac{3}{4}=\frac{1}{4}$。

乙说：你又乱讲，$\frac{4}{4}$是比$\frac{3}{4}$多$\frac{1}{4}$，这$\frac{1}{4}$恰为$\frac{3}{4}$的$\frac{1}{3}$，所以应该回答$\frac{4}{4}$超过$\frac{3}{4}$的$\frac{1}{3}$。

(13) 一个男同学想算算他到 8 年级为止的平均成绩，他先求得 1 年级到 5 年级的平均成绩，再求得 6 年级到 8 年级的平均成绩，两个平均成绩再平均一下，他就能得到这 8 年的平均成绩吗？

甲说：是。

乙说：你又糊涂了！设每年成绩为 x_1，x_2，x_3，…，x_8，则平均成绩应为

$$\frac{1}{8}(x_1+x_2+x_3+\cdots+x_7+x_8)=\bar{x}$$

而按甲的算法，

$$\begin{aligned}\bar{\bar{x}}&=\frac{1}{2}\left[\frac{1}{5}(x_1+x_2+x_3+x_4+x_5)+\frac{1}{3}(x_6+x_7+x_8)\right]\\&=\frac{1}{10}(x_1+x_2+x_3+x_4+x_5)+\frac{1}{6}(x_6+x_7+x_8)\end{aligned}$$

这两种解法的结果未必一样，例如 $x_1=x_2=x_3=x_4=x_5=100$，$x_6=x_7=x_8=60$，则 $\bar{\bar{x}}=50+30=80$ 分，而正确结论则为 $\bar{x}=680\div 8=85$ 分，80 分<85 分。

直觉是宝贵的，它往往引导我们发现结论，但发现结论之后还必须论证这个结论是否正确。数学结论要接受严格证明的鉴定！直觉是数学之旅的“导游”，我们感谢导游们的启发和领路，但我们也要多一点心眼，提防个别导游会骗人。

第三十二回 斯巴达魔咒腰带缠棍可破译 RSA 明文密钥公开不泄密

在战争、经济、考试等重大社会活动当中，通信要严格保密，于是形成了保密通信的学科。

甲把一条信息发送给乙，要求除甲乙二人之外，不能让别人得知该信息的含义，这种通信称为保密通信。用自然语言或其他能为常人所识的符号表达信息含义的信号称为明文，把明文作某种变换与伪装后得到的信号称为密文；把明文变换成密文的过程称为加密；加密规则叫作密钥；把密文还原成明文的过程称为解密。

保密通信自古有之，不但至今不衰，而且已经发展成一种受到各国政府与军方十分重视的科研课题。传说斯巴达司令差遣一通信兵到前线去给战役指挥官送来一条腰带，如图 32-1。

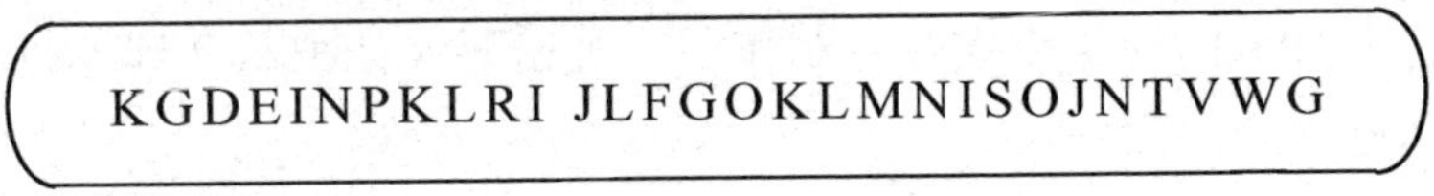

图 32-1

莱桑德得到此腰带后，把它缠在一根木棍上，见图 32-2，得明文

Kill King!

斩掉暴君！

图 32-1 中的符号列是密文，图 32-2 中的符号列则是明文，密钥是“腰带绕木棍”。

图 32-2

如果把密文从左到右编号 1，2，3，…，n，则满足被 4 除余 1 的那个符号被录用，被录取的符号号码 i 满足

$$i \equiv 1 (\bmod 4)$$

上式中的 1 表示余数，i 是被除数，mod 4 表示 4 是除数。可见上述密码的密钥等价于把 $i \equiv 1 (\bmod 4)$ 的符号抄出即得明文。密文中其余的字母是随机地瞎写的，是为了加密，使外人不易破译。

在中国古代也有原始的保密通信。

传说战国时，齐国派齐立国到秦国卧底，齐立国在秦始皇面前伪装忠诚秦国，官至三品，在宫中跟随秦始皇左右，天天与这位独裁者见面。别的大臣无权在宫中佩剑，唯有齐立国可以身佩宝剑，保卫秦王。愚蠢凶残的秦始皇一点也没有察觉齐立国的使命是等待齐王命令，时机成熟时干掉秦始皇。一日，齐王派使者王大杰去送信，令齐立国见信后立刻刺杀秦始皇。为了防备秦国搜查到齐王的密令，齐国下令把王大杰的大腿肌肉剖开，把写有密令的齐王手谕放进王大杰的大腿，再把伤口缝合，待伤愈之后，送王大杰上路；一路过关顺利，很快找到了齐立国，王大杰当着齐立国的面用剑把自己的大腿剖开，取出密件交给了齐立国。无奈此举被秦王安置在齐国的亲信察觉，汇报了秦王，秦王把齐立国和王大杰同时凌迟处死。在这一保密通信当中，密钥是王大杰的大腿，这个密钥并不高明，结果因密钥落后而泄密。

如何制作高超的密钥，是保密通信成功的重要条件。

古罗马帝国的凯撒大帝曾制作了一种密码。他把从 a 到 z 这 26 个字母从 0 到 25 编号

a	b	c	d	e	f	g	h	i	j	k	l	m	n	o	p	q	r	s	t	u	v	w	x	y	z
0	1	2	3	4	5	6	7	8	9	10	11	12	13	14	15	16	17	18	19	20	21	22	23	24	25

任取 $\alpha \in \{1, 2, \cdots, 25\}$，把上述字母的编号加上 α 再用 26 除，求得其余数，即为新的号码，按新号码排队，例如 $\alpha=3$，则新的字母列为

x	y	z	a	b	c	d	e	f	g	h	i	j	k	l	m	n	o	p	q	r	s	t	u	v	w
0	1	2	3	4	5	6	7	8	9	10	11	12	13	14	15	16	17	18	19	20	21	22	23	24	25

例如明文是

ldpzdqj

解密：

l=11，在新号码中，11=i，

d=3，在新号码中，3=a，

p=15，在新号码中，15=m，

z=25，在新号码中，25=w，

d=3，在新号码中，3=a，

q=16，在新号码中，16=n，

j=9，在新号码中，9=g，

于是得密文含义：I am Wang。

恺撒密码的密钥是$(i+\alpha)(\mathrm{mod}\ 26)$，其中$i$是a b c…x y z的编号，a=0，$\alpha\in\{1,2,\cdots,25\}$。

恺撒密码的变种很多，例如把26个字母先按自然顺序排成一行，再按随机顺序排成一行，上下对齐：

a b c d e f g h i j k l m n o p q r s t u v w x y z　　(32.1)

m f a j t k h r e q i r c u l v o w n x s y d z g b　　(32.2)

明文是：Tell the driver where to take me and ask him to go as quickly as passible。

密文是：xtrr xrt jweytw drtwt xl xmit ct muj mni rec xl hl mn oseairg mn vmnnefrt。

这种密码的密钥是字母列（32.2）。

通信双方手中都持有（31.1）和（31.2）两个字母表，所以解密只需从（32.2）向上找到对应字母抄出即可。

法国密码专家维吉尼亚利用从0到25对26个拉丁字母编号再取一个英语单词做密钥，发明了一种密码。例如他选择“无线电”Radio为密钥，则写成Radio=(17，0，3，8，14)

如果明文是：I am Wang Shuhe。

写成编码形式的明文是：8，0，12，22，0，13，6，18，7，20，7，4

加密：

	I	a	m	W	a	n	g	S	h	u	h	e
+)	R	a	d	i	o	R	a	d	i	o	R	a
	8	0	12	22	0	13	6	18	7	20	7	4
+)	17	0	3	8	14	17	0	3	8	14	17	0
	25	0	15	30	14	30	6	21	15	34	24	4

对上述加得的数列进行（mod 26）处理，即求被26除的余数，得序列

25，0，15，4，14，4，6，21，15，8，24，4。

这个数列在自然顺序的字母表中（从 0 到 25 编号）中对应的字母列为

Z A P E O E G V P I Y E

解密：

	Z	A	P	E	O	E	G	V	P	I	Y	E	
−）	R	A	D	I	O	R	A	D	I	O	R	A	
	(25−17)	(0−0)	(15−3)	(30−8)	(14−14)	(4−17)	(6−0)	(21−3)	(15−8)	(8−14)	(24−17)	(4−0)	
=	8	0	12	22	0	−13	6	18	7	−6	7	4	
=	8	0	12	22	0	13	6	18	7	20	7	4	(mod 26)
=	I	A	M	W	A	N	G	S	H	U	H	E	

做密钥的单词可以随时变换，甚至换成一个无意义的字母串等等，以便增加保密程度。

以上这些密码的密钥必须绝对保密，一旦密钥让敌方窃取，我方通信就无密可保了！

1978 年，数学家 Rivest，Shamir 和 Adleman 创造了一种密码，他们使用的密钥可以向敌方公开，对方也难以破译；这种密码称为 RSA。

（1）RSA 的加密

1° 把字母序列 ABC…XYZ 编成平凡码：A=01，B=02，C=03，…，Z=26。

2° 宣布密钥(e,n)，e,n 是自然数。

3° 对用平凡码抄出的明文 M 进行切分，这里 M 是一个自然数，

$$M = M_1M_2\cdots M_k,$$

使 $M_i<n$，$i=1$，2，…，k。

4° 计算 $M_i^e=M_i'(\bmod n)$ 得密文

$$M' = M_1'M_2'\cdots M_k'。$$

把 M 切成 k 段，是为了 $M_i^e\equiv M_i'(\bmod n)$ 易于计算。免得 M^e 太大难以处理。

（2）密钥(e,n)的制作

1° 只是“我知天知地知”地选取两个百位级大素数 p,q。

2° 公布 $n=p\times q$ 的 n 值。

3° 记 $r=(p-1)(q-1)$，r 不公开。

4° 选 e 为自然数，使得$(e,r)=1$，即 e,r 的最大公约数是 1（互素），公布 e。

(3) 我方解密方法

1° 取 d 为自然数，使得 $1 \leqslant d \leqslant r$，$ed \equiv 1 \pmod r$，$d$ 保密。

2° $(M_i')^d \equiv M_i \pmod n$，于是得明文

$$M = M_1 M_2 \cdots M_k$$

例如，取 $p=73$，$q=97$，于是

1° $n=73\times 97=7081$，$r=(73-1)(97-1)=6912$。

2° 取 e，使其满足 $(e,r)=(e,6912)=1$，求得

$$e = 101, 211, 307, 31$$

$$d = 2669, 3931, 1531, 223$$

其中 $ed=1(\text{mod } 6912)$，$6912=r$。

3° 若明文为 $M=$Pounds，则明文之平凡码为

$$M = 16\ 15\ 21\ 14\ 04\ 19$$

($P=16$，$o=15$，$u=21$，$n=14$，$d=04$，$s=19$)。

4° 切分 M：$M=M_1M_2M_3$，$M_1=1615$，$M_2=2114$，$M_3=0419$。

5° 制作密文：$M'=M_1'M_2'M_3'$(用 $e=101$，$d=2669$)

$$1615^e \equiv 1615^{101} \equiv 4226(\text{mod } n), n = 7081$$

$$M_1' = 4226$$

$$2114^e \equiv 2114^{101} \equiv 1582(\text{mod } n)$$

$$M_2' = 1582$$

$$0419^e \equiv 419^{101} \equiv 0765(\text{mod } n)$$

$$M_3' = 0765$$

于是密码为

$$M' = 4226\ 1582\ 0765$$

6° 接收者解密：$d=2669$

$$4226^d \equiv 4226^{2669} \equiv 1615(\text{mod } n)$$

$$1582^d \equiv 1582^{2669} \equiv 2114(\text{mod } n)$$

$$0765^{2669} \equiv 0419(\text{mod } n)$$

于是得明文

$$M = 161521140419 = \text{Pounds}$$

对于 RSA，第三者解密的难度非常之大！事实上，当今用 40 秒可以判定一个百位自然数是否素数，所以制造 RSA 者可以很快确定 p 与

q 两个大素数，进而定出 $n=p\times q$，但局外人对于已知的 n（200 位以上的自然数），把这么大的 n 分解成两个素数之积，大约需进行 12×10^{23} 次运算，以每次运算（10^{-6}）秒计算，也需要 3.8×10^{9} 年。可见 RSA 中的 p 与 q 的保密程度是极高的！因为不知 p，q 则不知 r，进而不知 d，从而不能把密文 $M'=M_1'M_2'\cdots M_k'$ 译成明文 M。

1978 年，RSA 的发明人计算了一个密文，在《科学美国人》上公布，且公布了密钥 (e,n)，挑战说：悬赏 100 万美元，征求解密者！

1995 年 4 月 26 日，路透社纽约报道："600 多位计算机专家，动用 1600 台计算机，持续工作了 8 个月，终于把 RSA 公布的 n（一个 129 位的自然数）分解成两个素数之积。"事后，参与此项实验的科学家们叹道："找到空中步行的方法也比干这件事容易些！"

当然，这一事件也警告人们，制作 RSA 密码，p 与 q 要足够大，不然有的国家还是可以有办法集中人力物力予以破译的。

从 RSA 密文的制作过程可知，即使是与我们不相知的朋友，如果想用局外人不易破译的密文向我们报告一种信息时，照样可以按我们公布的密钥制成 RSA 密文发给我们，由我们译成明文，这在通缉罪犯征求报案人等重要对敌斗争的活动中是十分可靠的保密通信手段，便于发动"编外特工"与我们秘密联络。

第三十三回 凯莱大律师攒钱研究代数 网络邻接阵计量细算图论

1821年8月16日，美国降生了一位对后来的代数学发展做出了巨大贡献的才子——凯莱（Cayley，1821～1895），其父是一位精明的英国商人，其母是一位贤惠美丽的俄罗斯小姐。14岁，凯莱入伦敦皇家学院读书，初步展示出他的数学天赋，可恨其父以商人的眼光强烈反对他将来当一名清贫的数学家；17岁凯莱考入剑桥大学，1842年以第一名的成绩毕业，获得了最优毕业生奖金。1842年被选为剑桥三一学院研究员，这是整个19世纪剑桥最年轻的研究员。3年后，凯莱入英国林肯法学院，1849年取得大律师资格，从事律师职业达14年之久。他当大律师是为了攒足将来成为职业数学家的资金，同时可以利用这种职业较多的自由支配时间从事数学研究。在他从事律师事务的十几年间，凯莱共发表数学研究论文300篇，其中许多工作就是今天看来也是第一流的，凯莱是数学史上披着律师外衣的数学家之一。

凯莱当大律师的另一个喜出望外的收获是结识了美国数学事业的奠基者之一西尔维斯特（Sylvester）。西尔维斯特在美国走了一条与凯莱一样的以大律师为职业以数学研究为事业的道路，两人都是挂大律师招牌的大牌数学家，二人从1851年频繁书信往来，成了终生挚友。西尔维斯特在他的论文中写道："我在文章中阐述的理论是同凯莱先生一次谈话中提出的，我感激他使我恢复了享受数学生活的乐趣。凯莱先生说的话句句恰如珍珠宝石，他送给我们数学上提纲挈领的钥匙。"1863年，凯莱停止了大律师的营业，任剑桥大学纯粹数学教授，一直干了32年。虽然收入比做大律师少得多，但他这时手里有当律师赚的大把钞票，全家衣食无愁，他便全力以赴致力于数学研究了。在剑桥任职期间，他力排众议，力争允许女生入学，获得了英国政府的批准，为女孩子们做了一件善事。1876 年他去美国霍普金斯大学任教授，与西尔维斯特共同从事代数学研究，且创办了《美国数学杂志》。1883 年，凯莱任英国科学促进会主席，后任英国皇家学会会员，获皇家学会皇室勋章，三一学院树立了凯莱塑像。他一生涉及众多数学分支，发表论文 966 篇，出版四开本《凯莱数学论文集》13 卷，每卷 600 多页。1855 年以后，凯莱研究矩阵理论，定义了矩阵乘法这一重要运算，而矩阵一词则是他的好朋友西尔维斯特 1850 年首次使用的数学专用名词。从那之后，矩阵成了代数学的主要研究对象之一，也是应用数学与自然科学当中的最重要的数学工具之一，矩阵与微积分成了现代数学的两大支柱。

1857 年凯莱研究平面上的点(x,y)变换成点(x',y')点的问题，(x',y')与(x,y)的关系是

$$\begin{cases} x' = ax + by \\ y' = cx + \mathrm{d}y \end{cases} \tag{33.1}$$

其中 a，b，c，d 是实数。他把（33.1）式右端的系数记成

$$A = \begin{bmatrix} a & b \\ c & d \end{bmatrix}$$

这个记号是个了不起的数学发明，它被西尔维斯特称为矩阵(matrix)，它不是一种简化作用的符号，而是内容十分丰富的一个算子，表示一种新的运算，这种运算称为线性变换。（33.1）式把点（x，y）线性地变成另一点（x'，y'），记成$\begin{pmatrix} x' \\ y' \end{pmatrix} = A\begin{pmatrix} x \\ y \end{pmatrix}$。线性是指（33.1）中的两个方程都是一次方程，可以通过 x'，y'用解二元一次方程组的办法把（x，y）求出来。如果(x',y')又变成点(x'',y'')，其变换公式是

$$\begin{cases} x'' = ex' + fy' \\ y'' = gx' + hy' \end{cases} \tag{33.2}$$

于是可以算出

$$\begin{cases} x'' = (ea + fc)x + (eb + fd)y \\ y'' = (ga + hc)x + (gb + hd)y \end{cases} \tag{33.3}$$

（33.2）对应的矩阵为

$$B = \begin{bmatrix} e & f \\ g & h \end{bmatrix}$$

(33.3) 对应的矩阵为

$$C=\begin{bmatrix} ea+fc & eb+fd \\ ga+hc & gb+hd \end{bmatrix}$$

凯莱以数学家的大手笔把 (33.1) ~ (33.3) 式分别写成

$$\begin{pmatrix} x' \\ y' \end{pmatrix}=A\begin{pmatrix} x \\ y \end{pmatrix}, \begin{pmatrix} x'' \\ y'' \end{pmatrix}=B\begin{pmatrix} x' \\ y' \end{pmatrix}, \begin{pmatrix} x'' \\ y'' \end{pmatrix}=C\begin{pmatrix} x \\ y \end{pmatrix}$$

形式地观察到

$$C\begin{pmatrix} x \\ y \end{pmatrix}=\begin{pmatrix} x'' \\ y'' \end{pmatrix}=B\begin{pmatrix} x' \\ y' \end{pmatrix}=BA\begin{pmatrix} x \\ y \end{pmatrix}$$

于是

$$BA=C$$

由此推而广之，凯莱定义了矩阵的乘法：

$$\begin{pmatrix} e & f \\ g & h \end{pmatrix}\begin{pmatrix} a & b \\ c & d \end{pmatrix}=\begin{pmatrix} ea+fc & eb+fd \\ ga+hc & gb+hd \end{pmatrix}$$

$$\begin{pmatrix} a_{11} & a_{12} & \cdots & a_{1n} \\ a_{21} & a_{22} & \cdots & a_{2n} \\ & \cdots\cdots & & \\ a_{n1} & a_{n2} & \cdots & a_{nn} \end{pmatrix}\begin{pmatrix} b_{11} & b_{12} & \cdots & b_{1n} \\ b_{21} & b_{22} & \cdots & b_{2n} \\ & \cdots\cdots & & \\ b_{n1} & b_{n2} & \cdots & b_{nn} \end{pmatrix}=\begin{pmatrix} c_{11} & c_{12} & \cdots & c_{1n} \\ c_{21} & c_{22} & \cdots & c_{2n} \\ & \cdots\cdots & & \\ c_{n1} & c_{n2} & \cdots & c_{nn} \end{pmatrix}$$

其中

$$c_{ij}=a_{i1}b_{1j}+a_{i2}b_{2j}+\cdots+a_{ik}b_{kj}+\cdots+a_{in}b_{nj},$$
$$i,j=1,2,\cdots,n$$

矩阵的一切深刻的性质和重要应用都源自凯莱如上定义的矩阵乘法。

一个 $n\times n$ 的矩阵称为 n 阶方阵，每个元素皆零的 n 阶方阵与任何 n 阶矩阵相乘仍得 $n\times n$ 的各元素皆为零的方阵，这种方阵犹如实数中的零，称其为零方阵；而方阵

$$E=\begin{pmatrix} 1 & 0 & 0 & \cdots & 0 \\ 0 & 1 & 0 & \cdots & 0 \\ & & \cdots\cdots & & \\ 0 & 0 & & \cdots & 1 \end{pmatrix}_{n\times n}$$

与每个 $n\times n$ 的方阵 A 相乘仍得 A，E 犹如实数乘法中的 1，E 称为单

位方阵；但矩阵与数还是有许多区别，例如不满足乘法交换律，例如

$$\begin{pmatrix}1 & 0\\1 & 0\end{pmatrix}\begin{pmatrix}0 & 1\\0 & 1\end{pmatrix}=\begin{pmatrix}0 & 1\\0 & 1\end{pmatrix}\neq\begin{pmatrix}0 & 1\\0 & 1\end{pmatrix}\begin{pmatrix}1 & 0\\1 & 0\end{pmatrix}=\begin{pmatrix}1 & 0\\1 & 0\end{pmatrix}$$

由于

$$\begin{pmatrix}k & k+1\\1-k & -k\end{pmatrix}^2=\begin{pmatrix}k & 1+k\\1-k & -k\end{pmatrix}\begin{pmatrix}k & 1+k\\1-k & -k\end{pmatrix}=\begin{pmatrix}1 & 0\\0 & 1\end{pmatrix}$$

其中 k 是任意实数，可见 $\begin{pmatrix}1 & 0\\0 & 1\end{pmatrix}$ 有无穷多个平方根。而 $\begin{pmatrix}0 & 1\\0 & 0\end{pmatrix}$ 没有平方根，事实上，若

$$\begin{pmatrix}a & b\\c & d\end{pmatrix}^2=\begin{pmatrix}0 & 1\\0 & 0\end{pmatrix}$$

则

$$\begin{pmatrix}a & b\\c & d\end{pmatrix}\begin{pmatrix}a & b\\c & d\end{pmatrix}=\begin{pmatrix}a^2+bc & ab+bd\\ac+dc & bc+d^2\end{pmatrix}=\begin{pmatrix}0 & 1\\0 & 0\end{pmatrix}$$

于是

$$a^2+bc=d^2+bc=0，a=d=0，ab+bd=0$$

与 $ab+bd=1$ 矛盾，可见 $\begin{pmatrix}0 & 1\\0 & 0\end{pmatrix}$ 无平方根。

在图论中，矩阵有大用。

所谓图是指在纸上画了一些点，其中一些点对用曲线或直线段相连接形成的一个网络。这些点集合记成 $V=\{v_1,v_2,\cdots,v_\nu\}$，这些线段组成的集合记成 $E=\{e_1,e_2,\cdots,e_\varepsilon\}$。我们构作一个所谓邻接矩阵

$$A=\begin{matrix} & \begin{matrix}v_1 & v_2 & \cdots & v_\nu\end{matrix}\\ \begin{matrix}v_1\\v_2\\\vdots\\v_\nu\end{matrix} & \begin{bmatrix}a_{11} & a_{12} & \cdots & a_{1\nu}\\a_{21} & a_{22} & \cdots & a_{2\nu}\\\cdots & & \ddots & \\a_{\nu1} & a_{\nu2} & \cdots & a_{\nu\nu}\end{bmatrix}\end{matrix}$$

其中第 i 行第 j 列处的元素

$$a_{ij}=\begin{cases}1, & v_i\text{ 与 }v_j\text{ 之间有线段相连}\\0, & v_i\text{ 与 }v_j\text{ 之间无线段相连}\end{cases}$$

在图论中把 V 叫作顶点集，E 叫作边集。

从图的一个顶 u 出发沿着一条边到达另一顶，再沿一条边到达一个顶，如此在图上行走，走到了一个终止顶 v，则称走过的边与顶形成一条轨道。例如在图 33-1 中，$v_1e_1v_2$ 是一条轨道，$v_1e_1v_2e_1v_1$ 是一条轨道，$v_1e_1v_2e_1v_1e_1v_2$ 也是一条轨道，等等，可以有无穷多的轨道。轨道上边出现的次数称为轨道的长，例如 $v_1e_1v_2e_1v_1e_1v_2$ 长 3。

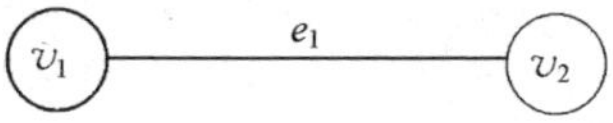

图 33-1

对于图 33-2 中的四边形 G，它的邻接矩阵为

$$A(G)=\begin{array}{c}\\ v_1\\ v_2\\ v_3\\ v_4\end{array}\begin{array}{c}\begin{array}{cccc}v_1 & v_2 & v_3 & v_4\end{array}\\ \begin{bmatrix}0 & 1 & 0 & 1\\ 1 & 0 & 1 & 0\\ 0 & 1 & 0 & 1\\ 1 & 0 & 1 & 0\end{bmatrix}\end{array}$$

邻接阵在右下走向的主对角线上皆零，A 是 0-1 矩阵，且关于主对角线对称。

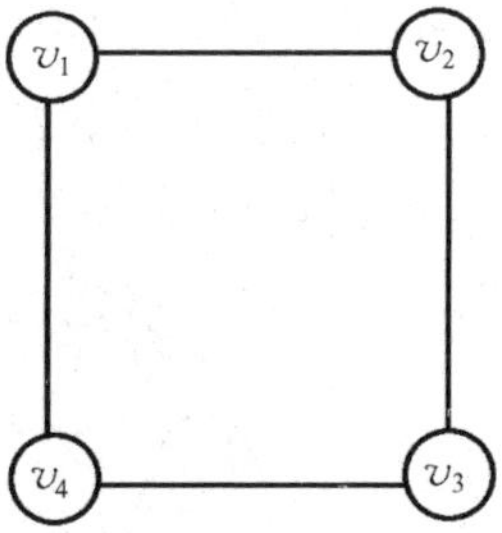

图 33-2

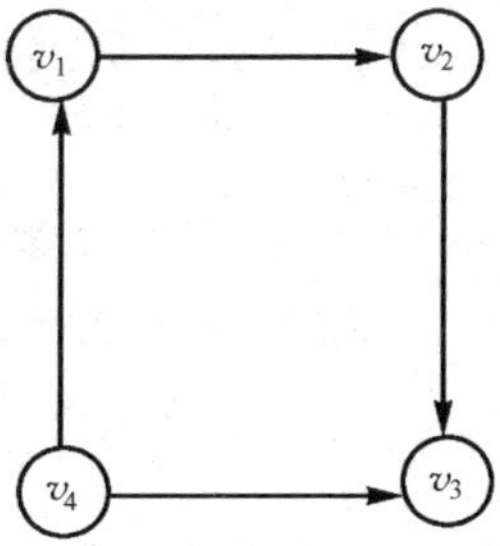

图 33-3

对于有向图，也有邻接阵。例如对于图 33-3，每条边皆有箭头指示方向，这种图称为有向图；有向图 G'的邻接阵为

$$A(G')=\begin{array}{c}\\ v_1\\ v_2\\ v_3\\ v_4\end{array}\begin{array}{c}\begin{array}{cccc}v_1 & v_2 & v_3 & v_4\end{array}\\ \begin{bmatrix}0 & 1 & 0 & 0\\ 0 & 0 & 1 & 0\\ 0 & 0 & 0 & 0\\ 1 & 0 & 1 & 0\end{bmatrix}\end{array}$$

一般地，对于有向图 G'，其邻接阵定义为

$$A(G')=\begin{array}{c} \\ v_1 \\ v_2 \\ \vdots \\ v_\nu \end{array}\begin{array}{c} \begin{array}{ccccc} v_1 & v_2 & v_3 & \cdots & v_\nu \end{array} \\ \begin{bmatrix} a_{11} & a_{12} & a_{13} & \cdots & a_{1\nu} \\ a_{21} & a_{22} & a_{23} & \cdots & a_{2\nu} \\ \cdots & & & \ddots & \\ a_{\nu 1} & a_{\nu 2} & a_{\nu 3} & \cdots & a_{\nu\nu} \end{bmatrix} \end{array}$$

其中

$$a_{ij}=\begin{cases} 1, & G' \text{ 中有 } (v_i)\to(v_j) \\ 0, & G' \text{ 中无 } (v_i)\to(v_j) \end{cases}$$

邻接矩阵的一个重要性质是：

若 A 是邻接阵，则 A^k 中的 ij 号元素是从 v_i 到 v_j 的长 k 的轨道的条数。

这一性质很容易用数学归纳法来证明。

事实上，对于 $k=1$，由邻接阵 A 的定义，命题显然成立，因为 $a_{ij}=1$，则表示有一条从 v_i 到 v_j 的边，即有一条从 v_i 到 v_j 长 1 的轨道，不然，$a_{ij}=0$，表示无长 1 的轨道，因为这时不存在 v_i 到 v_j 的边。

假设对于 $k\leqslant n$，命题已成立，我们来证明对于 $k=n+1$ 命题仍成立。

记 a_{ij} 是 A 的 ij 号元素，$a_{ij}^{(n)}$ 是 A^n 的 ij 号元素，则 A^{n+1} 的 ij 号元素为 $A^{n+1}=A^nA$ 中 A^n 的第 i 行元素与 A 的第 j 列对应元素之积的和

$$A^{n+1}=A^nA=\begin{array}{c} \\ \\ \\ v_i \\ \\ \\ \end{array}\begin{bmatrix} a_{11}^{(n)} & a_{12}^{(n)} & \cdots & a_{1\nu}^{(n)} \\ a_{21}^{(n)} & a_{22}^{(n)} & \cdots & a_{2\nu}^{(n)} \\ & \cdots & \cdots & \\ a_{i1}^{(n)} & a_{i2}^{(n)} & \cdots & a_{i\nu}^{(n)} \\ & \cdots & \cdots & \\ a_{\nu 1}^{(n)} & a_{\nu 2}^{(n)} & \cdots & a_{\nu\nu}^{(n)} \end{bmatrix}\begin{array}{c} \begin{array}{cccccc} & & & v_j & & \end{array} \\ \begin{bmatrix} a_{11} & a_{12} & \cdots & a_{1j} & \cdots & a_{1\nu} \\ a_{21} & a_{22} & \cdots & a_{2j} & \cdots & a_{2\nu} \\ & \cdots & & & & \\ a_{i1} & a_{i2} & \cdots & a_{ij} & \cdots & a_{i\nu} \\ & \cdots & \cdots & & & \\ a_{\nu 1} & a_{\nu 2} & \cdots & a_{\nu j} & \cdots & a_{\nu\nu} \end{bmatrix} \end{array}$$

$$a_{ij}^{(n+1)}=a_{i1}^{(n)}a_{1j}+a_{i2}^{(n)}a_{2j}+\cdots+a_{i\nu}^{(n)}a_{\nu j} \tag{33.4}$$

考虑到从 v_i 到 v_j 的长 $n+1$ 的轨道无非是从 v_i 起经 n 步到达某顶 v_k，$1\leqslant k\leqslant\nu$，再由 v_k 走一步到达 v_j，由归纳法假设，从 v_i 到 v_k 长 n

的轨道共计 $a_{ik}^{(n)}$ 条，从 v_k 到 v_j 的长 1 的轨道为 a_{kj} 条，所以从 v_i 中经 v_k 到 v_j 的长 $n+1$ 的轨道为 $a_{ik}^{(n)}a_{kj}$ 条，分别取 $k=1, 2, \cdots, \nu$，于是长 $n+1$ 的从 v_i 始经 v_k 中转到 v_j 的轨道共计 $a_{ij}^{(n+1)}$ 条，$a_{ij}^{(n+1)}$ 为（33.4）式所示，这正是 $A^{(n+1)}$ 中 ij 号元素，证毕。

A^k 的这条性质用处极广。下举几个妙例妙解。

（1）对于矩阵

$$A=\begin{bmatrix} 0 & 1 & 0 & 0 & \cdots & 0 & 0 & 0 \\ 0 & 0 & 1 & 0 & \cdots & 0 & 0 & 0 \\ & & & & \cdots\cdots & & & \\ 0 & 0 & 0 & 0 & \cdots & 0 & 1 & 0 \\ 1 & 0 & 0 & 0 & \cdots & 0 & 0 & 0 \end{bmatrix}_{n\times n}$$

求 A^2，A^3，A^4，A^5，$\cdots$，A^{n-1}，A^n，A^{n+1}，$\cdots=?$

我们发现 A 是有 n 个顶的有向圈的邻接阵，见图 33-4，所以求 A^k 不用具体计算，只需根据上面关于 A^k 的命题，看图 33-4 即可把 A^k 抄出

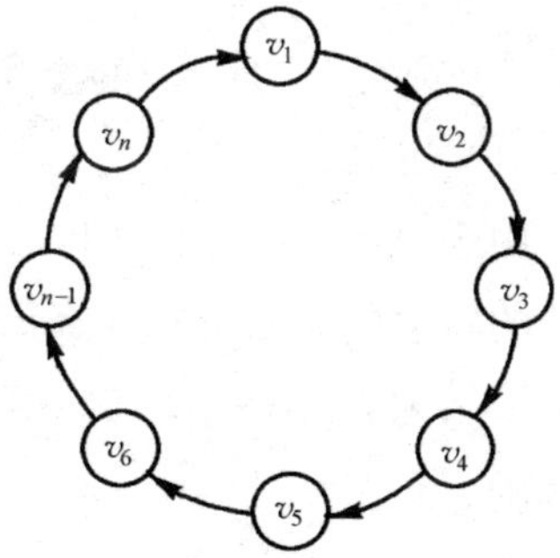

图 33-4

$$A^2=\left[\begin{array}{cc|cccccc} 0 & 0 & 1 & 0 & 0 & \cdots & 0 & 0 \\ 0 & 0 & 0 & 1 & 0 & \cdots & 0 & 0 \\ 0 & 0 & 0 & 0 & 1 & \cdots & 0 & 0 \\ \cdots\cdots & & & & & \cdots\cdots & & \\ 0 & 0 & 0 & 0 & 0 & \cdots & 0 & 1 \\ \hline 1 & 0 & 0 & 0 & 0 & \cdots & 0 & 0 \\ 0 & 1 & 0 & 0 & 0 & \cdots & 0 & 0 \end{array}\right]$$

（左侧圈注：$n-2$）

$$A^3=\begin{bmatrix}0&0&0&1&0&0&\cdots&0&0\\0&0&0&0&1&0&\cdots&0&0\\0&0&0&0&0&1&\cdots&0&0\\&\cdots\cdots&&&&&\cdots\cdots&&\\ \textcircled{\scriptstyle n-3}\ 0&0&0&0&0&0&\cdots&0&1\\1&0&0&0&0&0&\cdots&0&0\\0&1&0&0&0&0&\cdots&0&0\\0&0&1&0&0&0&\cdots&0&0\end{bmatrix}$$

把 A^2 与 A^3 简写成

$$A^2=\begin{pmatrix}0&E_{(n-2)\times(n-2)}\\E_{2\times2}&0\end{pmatrix},\ A^3=\begin{pmatrix}0&E_{(n-3)\times(n-3)}\\E_{3\times3}&0\end{pmatrix}$$

其中 $E_{l\times l}$ 是 l 行 l 列的单位阵，于是

$$A^4=\begin{pmatrix}0&E_{(n-4)\times(n-4)}\\E_{4\times4}&0\end{pmatrix},\ A^{n-1}=\begin{pmatrix}0&E_{1\times1}\\E_{(n-1)\times(n-1)}&0\end{pmatrix}$$

$$A^n=E_{n\times n},\ A^{n+k}=A^k。$$

(2) 若 A 是某图 G 的邻接阵，且 A^2 的主角线上元素之和为 100，求 G 中有几条边?

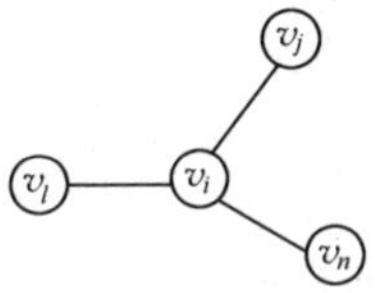

图 33-5

由于 A^2 中主对角线上元素 $a_{ii}^{(2)}$ 表示 v_i 到自己的长 2 的轨道的条数，这个条数是把连接 v_i 的每条边都数了一遍，见图 33-5，例如与 v_i 相连的边有 3 条，则 $a_{ii}^{(2)}=3$，但对于 $a_{jj}^{(2)}$，对边 v_i v_j 也统计了一遍，所以一条边对主对角的贡献是 2，于是图的边数为

$$\frac{1}{2}(a_{11}^{(2)}+a_{22}^{(2)}+\cdots+a_{\nu\nu}^{(2)})$$

今 A^2 主对角线元素和为 100，所以边数为 50。

(3) A^3 主对角线上元素之和为 600，求图 G 中三角形的个数。

所谓三角形，就是从一顶到自己的长 3 的轨道，对于一个三角形，它对 A^3 的主对角线上元素之和的贡献是 6，因为对于这个三角形的每个顶，顺时针与逆时针看，是两条不同的轨道；所以 A^3 的主对角线元素之和的 $\frac{1}{6}$ 即为所求的三角形个数，即这个图共有 100 个三角形。

(4) 我方两名军事人员与敌方两名军事人员同到某现场视察，途中须过一条小河，仅有一支小船，每次最多乘两个人，为安全起见，敌我双方同时在场时，我方人员不能少于敌方人员，船过河一次需 20 分钟，问最短多少时间双方人员可以渡过河去？

用 $N_i(p,q)$ 与 $S_j(p,q)$ 分别表示北岸与南岸有我 p 人敌 q 人，欲从北岸到南岸去，全部的允许的 N_i 与 S_j 组成的集合为

$$
\begin{aligned}
V =\{&N_1(2,2), N_2(2,1), N_3(1,1), N_4(2,0), N_5(0,2), N_6(0,1)\\
&S_1(2,2), S_2(2,1), S_3(1,1), S_4(2,0), S_5(0,2), S_6(0,1)\}\\
=\{&v_1, v_2, \cdots, v_6, v_7, \cdots, v_{12}\}
\end{aligned}
$$

以 V 为顶集构作一个二分图，仅当两顶表示的状态可以转换时，在此二顶间连一边，见图 33-6。

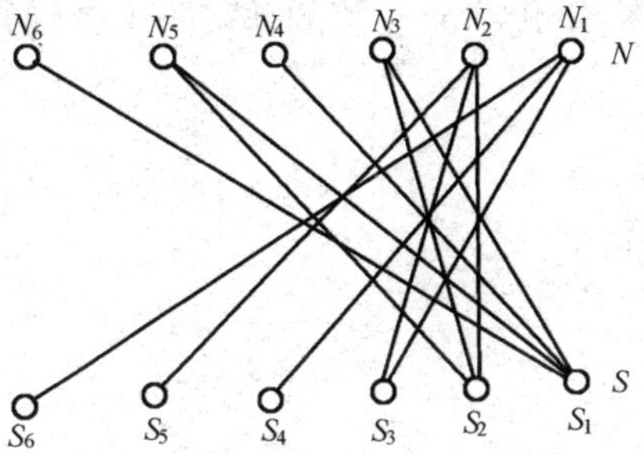

图 33-6

对图 33-6 的图抄出它的邻接阵为

$$
A = \begin{bmatrix} 0 & B \\ B & 0 \end{bmatrix}_{12\times 12}
$$

其中

$$
B = \begin{bmatrix}
0 & 0 & 1 & 1 & 1 & 1\\
0 & 1 & 1 & 0 & 1 & 0\\
1 & 1 & 0 & 0 & 0 & 0\\
1 & 0 & 0 & 0 & 0 & 0\\
1 & 1 & 0 & 0 & 0 & 0\\
1 & 0 & 0 & 0 & 0 & 0
\end{bmatrix}
$$

于是

$$A^k=\begin{cases}\begin{bmatrix}B^k & 0\\ 0 & B^k\end{bmatrix}, & k\text{ 为偶数}\\ \begin{bmatrix}0, & B^k\\ B^k & 0\end{bmatrix}, & k\text{ 为奇数}\end{cases}$$

我们的目的是求 A^k 中使 $a_{17}^{(k)}\neq 0$ 的最小的 k，经计算得 $a_{17}^{(1)}=a_{17}^{(3)}=0$，$a_{17}^{(5)}=4$，即小船至少 5 次过河才能把 4 人全运到南岸，最少耗时为 100 分钟。

对于每个图或有向图，我们可以轻易地抄出它的邻接阵，相应的图的一切性质都蕴含在数字化的邻接矩阵当中，而矩阵是可以进行代数运算的，所以原则上来说，为了获知一个图的某些性质，只需对它的邻接阵进行适当的运算（例如矩阵乘方）即可得知，这是图论代数化的一种极大的进步。数学的量化功能在图的邻接阵上体现得淋漓尽致。

第三十四回 康托尔创建数学天堂 庞加莱诅咒集合地狱

我们每个学数学的人都应该好好感谢德国大数学家康托尔（Cantor，1845～1918），正如现代领袖级数学家希尔伯特所说：“康托尔的集合论为我们创立了数学上最广泛、最重要的一个部门，一个没有人能把我们赶出去的天堂。”1874年，康托尔指出：“把若干确定的有区别的具体或抽象的事物合并起来，看作一个整体，称其为集合，其中每个事物叫作该集合的一个元素。”我们可以这么想象，有一个透明的但不能穿透的密封的塑料袋，它里面装的是一个集合的所有元素，除此之外，它里面别无他物。这种既抽象又朴素的概念已成为当今数学科学最重要的基本概念之一，被数学界公认为数学思想中最令人赞叹的杰作，纯粹理性范畴中人类活动的最美好的成果之一。

1845年3月3日，在俄国彼得堡一位犹太富商家庭中出生了一个男婴，此子落地时一声不哭，双眉紧皱，令接生婆十分惊奇，这个孩子就是34年后哈雷大学数学教授康托尔，他17岁考入苏黎世大学，后转学到格丁根大学，师从当时伟大的数学家魏尔斯特拉斯、库默尔和克罗内克。1866年获博士学位，1891年他创建德国数学家联合会，任首届主席。1904年获英国皇家学会授予的当时世界数学界最高荣誉奖：西尔威斯特奖章。

康托尔的一个创造性的观点是用一一对应的方式来考查两个集合中的元素之多寡，例如集合 $A=\{1, 2, 3, 4, 5\}$ 与集合 $B=$｛张，王，李，赵，刘｝，A 与 B 间的元素可以建立一一对应，例如1张，2王，3李，4赵，5刘，这时他就说 A 与 B 是蕴度相等的，即双方个数一样，但这种个数的概念到了无穷集合中就很难被常人所接受了，例如 $\mathbf{N}=\{1, 2, 3, 4, \cdots, n, n+1, \cdots\}$ 与 $\mathbf{Ne}=\{2, 4, 6, 8, 10, \cdots, 2k,$

2k+2，…}，显然 **N** 与 **Ne** 元素间可以一一对应，这只要把 **N** 中每个元素 2 倍即得 **Ne** 中的对应元素，而且这种对应是一一的。按康托尔的观点，这时应该认为 **N** 与 **Ne** 的蕴变或曰浓度或曰个数或曰“势”是一致的，这就与常规认识发生了冲突，例如 **N** 中不是比 **Ne** 中多了无穷个奇数吗！怎么能认为它们的“个数”即势一样呢？更有甚者，康托尔证明了开区间(0,1)内的点可以与单位正方形 $R=\{0<x<1,\ 0<y<1\}$ 内的点一一对应：记 $z\in(0,1)$，$(x,\ y)\in R$，x，y，z 皆表示成无尽小数(有尽小数写成0. ×××…×99…9…的形式)，把 x 与 y 的小数点后的部分分成一组一组的，每组皆止于第一个非零数字，z 可由 x，y 如下抄出

$$z=0.\ 第一组\ 第二组\ 第三组\ 第四组\ \cdots$$

其中奇数组依次抄自 x，偶数组依次抄自 y，例如

$$(x,y)=(0.\ \underline{03}\ \underline{004}\ \underline{05}\ \underline{006}\ \underline{007}\ \underline{008}\cdots,0.\ \underline{\underline{01}}\ \underline{\underline{002}}\ \underline{\underline{03}}\ \underline{\underline{004}}\ \underline{\underline{005}}\ \underline{\underline{006}}\cdots)$$

则

$$z=0.\ \underline{03}\ \underline{\underline{01}}\ \underline{004}\ \underline{\underline{002}}\ \underline{05}\ \underline{\underline{03}}\ \underline{006}\ \underline{\underline{004}}\ \underline{007}\ \underline{\underline{005}}\ \underline{008}\ \underline{\underline{006}}\ \cdots$$

显然这样登记过程是可逆的，即知(0,1)中点与 R 中点一一对应。

用这种方式相似地（读者可自行设计另一种一一对应方式）可以证明(0,1)内的点与三维的立方体 $V=\{0<x<1,\ 0<y<1,\ 0<z<1\}$ 内的点一一对应。如果把地球放进一个以地球的直径为棱长的匣子里，则会得到一厘米长的一根线段上的点，并不比地球内的点少得不可置信但却是被严格证实了的结论，这是一种不是神话胜似神话的数学结论！康托尔的许多关于集合的结论都十分超脱十分惊人。于是乎惹起当时数学界许多大小人物群起而攻之，连他的老师克罗内克都骂他是疯子。法国大数学家庞加莱说：“康托尔的集合论是病态与邪恶的坟墓，下一代数学家一定会视其为一种数学病。”德国大数学家豪斯多夫则不冷不热地说：“集合论这个领域中什么都不是自明的，而且越是似乎有理的东西，往往越是错误的。”连康托尔自己也承认他的严格推理接生了一个怪物，他在给好友戴德金写信时说：“我看到了这些事实，且严格证明它是真的，但连我自己也不敢相信它！”当然，康托尔以一个有创新精神的大数学家的个性坚持了自己的观念，雄辩地证明无穷集合不再遵守有穷集合的很多规则，不能仅凭常规的经验或直觉来对待无穷集合，要靠严格

的推理来行事。

因为康托尔创造的是真理，所以当时还是有不少有识之士站在康托尔一边，声援康托尔的理论。例如数学大师希尔伯特说：“康托尔的工作对我来说是最值得钦佩的数学理论之花。”罗素则高呼：“康托尔破译了围绕着数学无限的诸多难题，这可能是我们这个时代值得夸耀的最伟大的工作。”后来的数学发展证实，希尔伯特和罗素等数学家对康托尔工作的评价是准确的。

康托尔意识到他的工作成果与他的一些师长们的观念已经彻底决裂，双方处于敌对状态。康托尔的重要结论不断引起数学界保守派的抗议和攻击，致使康托尔于 1884 年患了严重的抑郁症，再加上一家七口人靠他一人微薄的工资收入而形成的生活困难，老师克罗内克利用职权阻止康托尔到收入较高的柏林大学去工作等等不愉快事件，使得康托尔的健康每况愈下，1918 年终因抑郁症痛苦地死于哈雷大学精神病医院。

康托尔是数学史上的奇才，他对数学的新奇思路和独特创造，丰富的想象力以及耿直顽强的人品，是后世每一位数学家效法的榜样；康托尔的经历证明，科学之路是崎岖的，新旧思想总是同路争斗。历史证明，胜利往往归属于那些敢于坚持真理敢于破旧立新的当时被围攻甚至被辱为“疯子”的革新者。康托尔的名字永远镌刻在人类科学的丰碑之上。

我们知道，有理数集是与自然数集一一对应的，康托尔把这种能与自然数集建立一一对应关系的集合称为可数集合。而且证明，可数个可数集合的并集乃是可数集合，事实上，设 A_1，A_2，A_3，…是可数个可数集合：

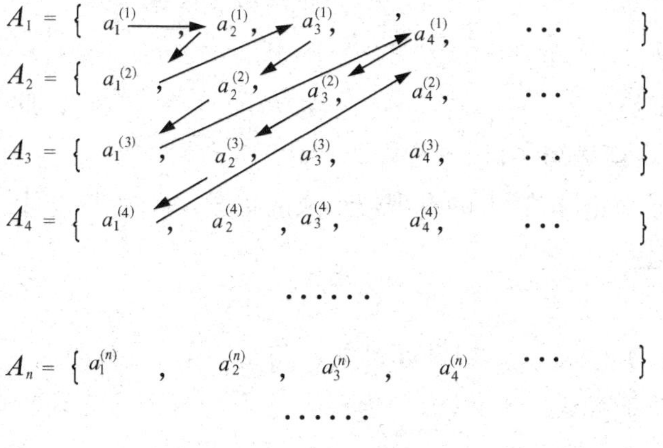

按上表箭头的顺序由 $a_1^{(1)}$ 出发依次抄写，则得（出现相同元素时只保留其中一个）

$$A=\bigcup_{i=1}^{\infty} A_0 = A_1 \cup A_2 \cup A_3 \cup \cdots \cup A_n \cup \cdots$$

$$=\underset{\text{上}+\text{下}=2}{\underline{\{a_1^{(1)},}}\ \underset{\text{上}+\text{下}=3}{\underline{a_2^{(1)},a_1^{(2)},}}\ \underset{\text{上}+\text{下}=4}{\underline{a_3^{(1)},a_2^{(2)},a_1^{(3)},}}\ \underset{\text{上}+\text{下}=5}{\underline{a_4^{(1)},a_3^{(2)},a_2^{(3)},a_1^{(4)},}}\cdots\}$$

在 A 中的元素依次抄出的是 1 个元素，上下指标和为 2；两个元素，其上下指标和为 3；3 个元素，其上下指标和为 4；4 个元素，其上下指标和为 5；依此类推。这样在每个 A_i 中的每个元素都在劫难逃地抄入 A 中，可见 A 是可数集合。可数集合，也称可列集合，即它的元素可以排列成一路横队，从左到右编号为 1 号，2 号，…。

康托尔证明不可数集合是存在的，例如[0,1]（中的点集）就是一个。

事实上，若[0,1]是可数集，即存在一个序列

$$x_1,x_2,\cdots,x_n,\cdots \tag{34.1}$$

[0,1]的每个数都在序列（34.1）中。考虑子区间$\left[0,\ \frac{1}{3}\right]$，$\left[\frac{1}{3},\ \frac{2}{3}\right]$，$\left[\frac{2}{3},\ 1\right]$，三者之中至少有一个不含 x_1，记这个不含 x_1 的子区间为 $[a_1,\ b_1]$。把 $[a_1,\ b_1]$ 等分成三个子区间 $[a_1,\ c_1]$，$[c_1,\ d_1]$，$[d_1,\ b_1]$，在这三个子区间中至少有一个不含 x_2，记这个不含 x_2 的子区间为 $[a_2,\ b_2]$。依此类推。我们可以找到下列子区间列

$$[a_1,b_1]\supset[a_2,b_2]\supset[a_3,b_3]\supset\cdots\supset[a_n,b_n]\supset\cdots$$

且$\lim\limits_{n\to\infty}(b_n-a_n)=0$，$x_n\notin[a_n,\ b_n]$。但存在一个点 $x_0\in[0,1]$，x_0 属于每个子区间 $[a_i,\ b_i]$，$i=1,\ 2,\ \cdots$；于是$x_0\neq x_1$，$x_0\neq x_2$，…，$x_0\neq x_n$，…，于是 $x_0\notin\{x_1,\ x_2,\ x_3,\ \cdots,\ x_n,\ \cdots\}=[0,1]$，此与 $x_0\in[0,1]$矛盾，由反证法知[0,1]不可数。

如果用 $\mathscr{A}$ 记[0,1]上的有理数组成的集合，$\mathscr{B}$ 记[0,1]上无理数组成的集合，则

$$[0,1]=\mathscr{A}\cup\mathscr{B}$$

若 $\mathscr{B}$ 可数，则$[0,1]=\mathscr{A}\cup\mathscr{B}$ 亦可数，与[0,1]不可数矛盾，所以[0,1]上的无理数不可数。考虑(0,1)区间，之内的有理数无限，可数；之内

的无理数无限，不可数；(0,1)上的每个数皆形如0.××××××…，在二进制之下，×不是0就是1。我们用不停掷硬币的办法理论上可以掷出一个二进制小数：掷出正面在序列中写1，掷出反面在序列中抄0，序列的开头抄上“0.”，有理小数是有尽小数，意味着掷有限次之后，会永远掷出反面来，或者有理小数是循环小数，意味着掷有限次之后，某一个固定的0－1数串会周期性地掷出，这两种极端后果出现的可能性是几乎不存在的；联想上述证明中我们知道(0,1)内的无理数集不可数，有理数集可数，可见(0,1)内的无理数的势（浓度）远远超出(0,1)内有理数的浓度。掷硬币“造”小数，造成的几乎都是无理数。

[0,1]上的有理数不能与[0,1]上的无理数一一对应，此事可以扩充到全体实数范围，在（$-\infty$，$+\infty$）内，有理数可数，无理数不可数，事实上

$$(-\infty,+\infty)=(\bigcup_{i=0}^{+\infty}[-i-1,-i])\bigcup(\bigcup_{i=0}^{+\infty}[i,i+1])$$

$[-i-1，-i]$ 与 $[i，i+1]$ 中的有理数可数，由于可数个可数集之并仍为可数集，所以（$-\infty$，$+\infty$）内的有理数可数，而（$-\infty$，$+\infty$）的子集[0，1]上的无理数不可数，所以（$-\infty$，$+\infty$）内的无理数不可数，进而（$-\infty$，$+\infty$）不可数，即有理数集只能与实数集合的一个子集（自然数集）一一对应，但不能与（$-\infty$，$+\infty$）一一对应。当一个集合 A 与一个集合 B 的子集一一对应，但不能使 A 与 B 一一对应时，则称 A 的势小于 B 的势，若用 a 表示 A 的势，用 b 表示 B 的势，则记成 $a<b$；专门地用 $\aleph_0$ 来表示自然数集的势，用 c 或 $\aleph_1$ 表示实数集的势，目前尚不知是否有一种集合 X，X 的势 x 满足

$$\aleph_0<x<\aleph_1$$

这正是1900年希尔伯特在巴黎国际数学家大会上提出的23个著名数学难题的第一题，它是1878年康托尔提出的著名猜想，猜想上述的 X 集合不存在。

有理系数的多项式的根称为代数数，不是代数数的复数叫作超越数。零次有理系数多项式集合就是有理数集合，是可数的；一次有理系数多项式集 $\{ax+b\}$ 与以有理数为坐标的点（a，b）的集合是可数的，事实上，（a_0，b）是可数的，a_0 是某个有理数，而扮演 a_0 角色的有理

数有可数个，又可数个可数集之并是可数的，所以有理坐标点集$\{(a,b)\}$进而$\{ax+b\}$是可数的；同理任意次有理系数多项式集合皆为可数集；再由可数个可数集之并为可数集，所以全体以有理数为系数的多项式集可数，又每个有理系数多项式有有限个根，所以全体代数数组成可数集。而全体复数是不可数的，于是超越数在复数集合中所占的“比例”几乎是100%，任取一个复数C，C是代数数的概率为零。

康托尔是伟大的，他的工作似乎违背常识，但绝非“唯心主义的虚构”，真正的哲学家们说康托尔工作带来的哲学革命比贡献给数学的东西还要多。在急风暴雨洪水猛兽般攻击与诽谤面前，康托尔为自己辩护说：“数学在其发展过程中应该是完全自由的，对数学研究设定任何多余的限制都只会随之带来更大的危险。数学的本质在于它的自由！如果高斯、柯西、阿贝尔、雅可比、狄利克雷、魏尔斯特拉斯、埃尔米特和黎曼等总是被束缚而拿他们的新思想去臣服于形而上学的统治，那么我们今日就不可能有函数论的宏伟大厦。如果福克斯、庞加莱和许多其他天才人物被陈腐思想所限制，我们就得不到他们奉献给我们的微分方程方面的巨大成就。我宣布，我们的数学科学必须摆脱形而上学的桎梏，我们需要自由发展。”

康托尔的数学天才和创新个性，使他有勇气顽强应对由于他创立集合理论引发的一场恶战。在一个相当长的时期，他孤军作战，半步不让。在数学史上，如此激烈的针锋相对的学术较量是罕见的，这番斗争显示出即使在数学这种严谨抽象，不触及人们物质利益的学术领域，激烈的对抗风暴也是可能发生的。著名的俄国数学家柯尔莫哥洛夫总结这场斗争时说：

“康托尔的不朽功绩，在于他敢于向无限冒险迈进，他对似是而非的传统，流行的成见，哲学的教条，以及最大的数学家的权威进行了全方位的战斗，他不屈不挠地成为一门新学科的创造者，这门学科已在今日成了全部数学的基础。”

第三十五回 英国海岸几多长 北疆雪花何其美

从 19 世纪起，很多人发现测量英国海岸线的长度时，每次测量的结果都不一样。因为海岸和高速公路不同，它不那么平直，海岸上既有平滑的沙滩，也有崎岖破碎的岩石和形状怪异的大小海湾，不规则的江河入海口等等。即使做了最大限度的努力，也难以把海岸线的结构细节都准确地勾画出来。平日我们所称我国海岸线有多长，那只是用某一度量长度为单位度量出来的一个近似值，所得长度与度量时所采用的度量长度的所谓“标度”有关。标度即测量时两个相邻标杆之间的距离。标度越小，所得的海岸线越长。是否标度趋于零时，测得的海岸线的极限是一个确定的常数，于是我们就可以拿这个常数（极限值）作为海岸线的准确值呢？事实上，这个结果往往是不可能实现的。

1967 年，法国数学家芒德布罗（Mandelbrot）在著名的《科学》杂志上发表了一篇奇怪的文章“英国的海岸线有多长?”，他用一个词“Fractal”来形容英国的海岸线的形状，Fractal 汉语可翻译成“碎化”“分裂”“分形”等词语，现在中国数学界采用的是“分形”这一译法。

芒德布罗指出，使用犹如海岸线式的分形，我们可以解释极微小的遗传物质，何以含有那么多生命信息，可以发育成复杂庞大的一个生物体，例如复杂的人体！也可以理解为什么说体积不及人体的 5%的血管可以布满人体的每一小块组织。

事实上，早在 1904 年，瑞典数学家柯克（Von Koch）就发明了一种好玩的所谓柯克曲线，这种曲线酷似英国的海岸线那般复杂而破碎，见图 35-1。

柯克曲线的构作过程如下：取长 1 的线形 AB，取 AB 的三等分点 C，D，把 CD 段丢掉，从 A 到 B 的走向在左侧凸起一个折线 CED，使

图 35-1

$CE=ED=\frac{1}{3}AB$，再以 AC，CE，ED，DB 分别扮演 AB 的角色，接受与上述同样的制作过程，依此类推。对每次得到的线段都如 AB 那样处理，以至无穷，最后得到的曲线即柯克曲线。

不难算出，柯克曲线的长度是

$$\lim_{n\to+\infty}\left(\frac{4}{3}\right)^n=+\infty$$

如果海岸线形似一条柯克曲线，处处凹凸不平，它当然不会测得一个有限的长度了。

柯克曲线是美丽的，它有许多妖怪似的性质，例如它连续但处处没有切线；在有限范围内它的长度都是无穷的；它是“自相似的”，即它的每一小段都与其整体结构相似，它有无穷层次的相似嵌套结构。

1980 年，芒德布罗从复数 z_0 开始，用迭代公式

$$z_{n+1} = z_n^2 + c, \qquad (c\text{ 是常数})$$

在美国 IBM 公司用计算机描点：$z_1 = z_0^2 + c$，$z_2 = z_1^2 + c$，$z_3 = z_2^2 + c$，…，得到的点集堆积成如图 35-2 的自相似结构的怪图，数学家称其为“数学恐龙”。

图 35-2

这种自相似的分形结构还有许许多多。

如果是从正三角形的三条边开始分别构作柯克曲线，则会得到自相似的分形结构——北疆雪花，见图 35-3。

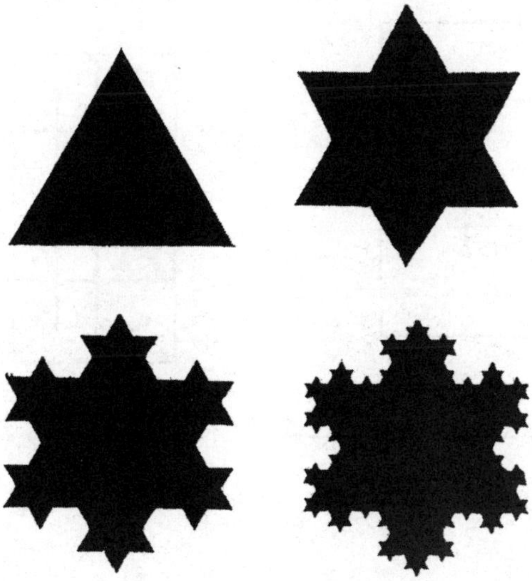

图 35-3

1982年，芒德布罗出版新书《自然中的分形几何》，他不顾数学界保守派们的风言风语，努力研究，坚持不懈。他的分形思想终于发展成一门叫作“分形几何”的现代数学分支。

在自然界这种自相似的现象俯拾即是，例如太阳系和每个星球上一个原子的结构是相似的；一个国家中央、省、市、县、乡等行政组织的自相似性；人体的许多组织，例如神经系统、血管系统、肺、肠等等，也有自相似的结构。

分形结构（点集）是几维的？在欧几里得空间当中，欲确定一条曲线上点的位置，只需一个坐标，确定平面上一点的位置需要两个坐标，确定我们的生活空间中一点的坐标需要三个坐标，而用一组实数（x_1，x_2，…，x_n）来确定一个点的位置形成的空间，我们称为n维空间，可见，在我们的心目中，维数即确定点的位置需要的坐标数目。这种通常的维数观念受到了分形几何的挑战，必须推广维数的概念。

事情可以追溯到1890年，意大利数学家皮亚诺（Peano，1858～1932）发明了一种曲线可以装满一个正方形区域，如果说此曲线是一维的，作为点集，它装满正方形区域后，就应该说它是二维的，这样一会儿说它一维一会儿改口说它二维，岂不自相矛盾！

皮亚诺曲线是如下构作的（图35-4～图35-6）：

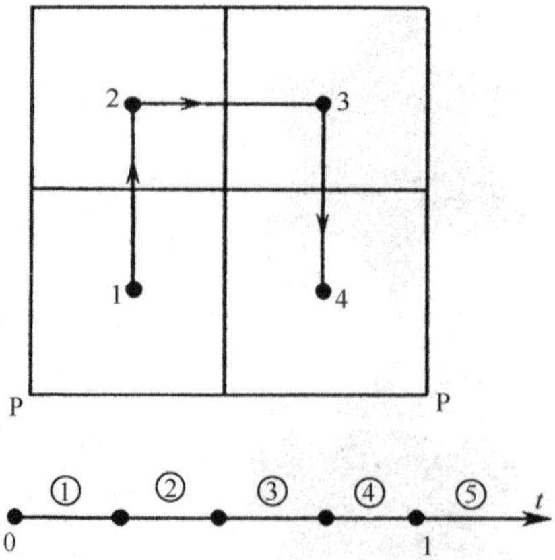

图35-4

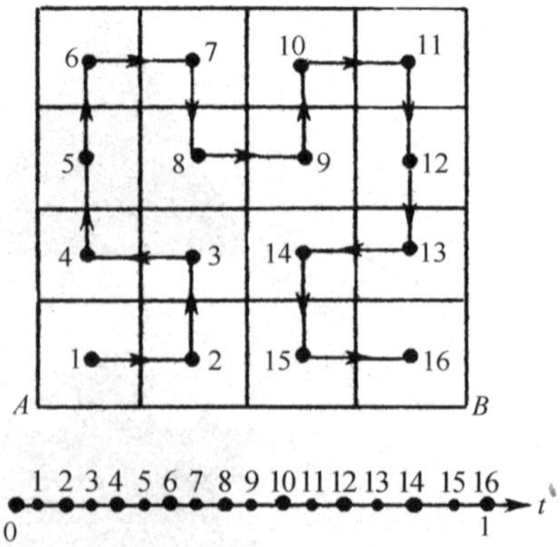

图35-5

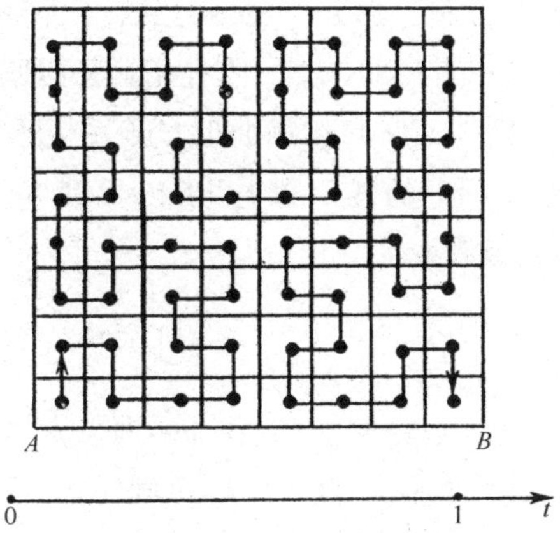

图 35-6

把单位正方形区域 R：$\{0\leqslant x\leqslant 1,\ 0\leqslant y\leqslant 1\}$ 划分成 4 个全等的一级小正方形，同时把 $t\in[0,1]$区间划分成 4 个等长的一级小区间，使这些一级小闭区间与一级小正方形一一对应，具体的对应方式是依正向依次历经这 4 个小区间时，沿图中折线走遍一级正方形的中心，如图 35-4。再把每个一级正方形划分成 4 个二级正方形，相应地把每个一级小区间划分成 4 个二级小区间，当 t 轴上从左到右依次走过 16 个小区间时，在 R 上按图 35-5 的标志行遍所有的二级正方形，先行遍一级 1 号正方形中的四个二级正方形，再进入一级 2 号正方形，行遍一级 2 号正方形内四个二级正方形后，进入一级 3 号正方形，行遍其四个二级正方形后，最后进入一级 4 号正方形，且行遍其中的二级正方形，见图 35-5。依此类推，对任何自然数 n，画出 n 级正方形与 n 级区间的划分，图 35-6 画的是 $n=3$ 的情形。令 $n\to+\infty$，则得一连续曲线 L，L 装满了单位正方形 R。

皮亚诺用下面通俗而直观的证明证实 R 的每个点皆落在连续曲线 L 上，即 L 装满了正方形 R。

任取 $t\in[0,1]$，t 落在某个一级闭区间 $\sigma^{(1)}$ 上，同时 t 落在某个二级闭区间 $\sigma^{(2)}$ 上，且 $\sigma^{(1)}\supset\sigma^{(2)}$，于是可以找到一个闭区间序列

$$\sigma^{(1)}\supset\sigma^{(2)}\supset\sigma^{(3)}\supset\cdots\supset\sigma^{(n)}\supset\cdots$$

使得 t 属于每个闭区间 $\sigma^{(i)}$，$i=1, 2, \cdots$；设 $\sigma^{(i)}$ 与 i 级正方形 $R^{(i)}$ 对应，则

$$R^{(1)} \supset R^{(2)} \supset R^{(3)} \supset \cdots \supset R^{(n)} \supset \cdots$$

其中 $R^{(i)}$ 的直径是 $R^{(i-1)}$ 直径的一半（直径指其外接圆直径），于是存在一点（x，y）$\in R$，且（x，y）在每个正方形 $R^{(i)}$ 上，$i=1$，2，…。

由上面看出，$[0,1]$上的任一数 t，可以找到 R 上的一点（x，y）与之对应，于是构成函数关系

$$\begin{cases} x = f(t), \\ y = g(t), \end{cases} \quad t \in [0,1]$$

皮亚诺证明了函数 $f(t)$ 与 $g(t)$ 在 $[0, 1]$ 上连续。

任取 $t_0 \in [0,1]$，令 $t \to t_0$，则 t 与 t_0 可同时落入同一个 n 级闭区间 σ^* 上，即正方形上对应于 t 与 t_0 的两个点$M(f(t)$，$g(t))$与 $M_0(f(t_0)$，$g(t_0))$ 同时落入与上述 n 级闭区间σ^* 对应的同一个 n 级正方形 R^* 中，又 R^* 的直径当 $n \to \infty$时趋于零，从而

$$\lim_{n \to \infty} d(M, M_0) = 0$$

$d(M, M_0)$ 表示 M 与 M_0 两点的距离，此即表明$\lim\limits_{n \to \infty} M = M_0$，亦即

$$\begin{cases} \lim\limits_{t \to t_0} f(t) = f(t_0) \\ \lim\limits_{t \to t_0} g(t) = g(t_0) \end{cases}$$

至此得证 $f(t)$ 与 $g(t)$ 是连续函数，$t \in [0,1]$；由

$$x = f(t), y = g(t), t \in [0,1]$$

定义的曲线 L 是连续曲线。

下证任取一点 $M_0(x_0$，$y_0) \in R$，则（x_0，y_0）$\in$ L，即往证 L 装满了 R。

由于 $M_0 \in R$，M_0 至少属于 1 个（最多 4 个）第 n 级正方形 $R^{(n)}$，$n=1$，2，…，于是存在

$$R^{(1)} \supset R^{(2)} \supset R^{(3)} \supset \cdots \supset R^{(n)} \supset \cdots$$

使得 M_0 含于每个 $R^{(i)}$之中，$i=1$，2，…。与此正方形序列对应的是一个闭区间序列

$$\sigma^{(1)} \supset \sigma^{(2)} \supset \cdots \supset \sigma^{(n)} \supset \cdots$$

当 $n \to \infty$时，$\sigma^{(n)}$ 的长度趋于零，故存在唯一的 $t_0 \in [0,1]$，使得 t_0 属于每个区间 $\sigma^{(i)}$，$i=1$，2，…。t_0 与 M_0 对应，从而 $x_0 = f(t_0)$，$y_0 = g(y_0)$；由 M_0 的任意性，R 中的每一点皆在 L 上，证毕。

皮亚诺用曲线装满一个正方形区域，揭露了传统的关于曲线的维数为 1 的弊病。上面我们谈的 L 就不应该说它是一维的，因为它形成的点集 R 是 2 维的!

1919 年，德国著名的犹太数学家豪斯多夫（Hausdorff，1868～1942）提出了分数维的概念。可以允许各种不同的维数定义。当然每种维数定义必须以欧氏空间的传统维数为其特例。

有一种维数叫作“盒子维”，设已知一个有界点集 S 属于 m 维欧氏空间，我们把 m 维欧氏空间划分成棱长为 ε 的 m 维小方盒，再数一数含 S 中点的小盒子的数目 $N(\varepsilon)$，则称

$$D_0 = \lim_{\varepsilon \to 0} \frac{\ln N(\varepsilon)}{\ln \frac{1}{\varepsilon}} \tag{35.1}$$

为 S 的盒子维数。

用这种定义求正方形区域的维数：把单位正方形区域划分成棱长为 $\frac{1}{n}$ 的 n^2 个方盒子，即 $\varepsilon=\frac{1}{n}$，代入公式（35.1）得

$$D_0(\text{正方形}) = \lim_{\varepsilon \to 0} \frac{\ln n^2}{\ln n} = 2$$

类似地可以用公式（35.1）求得线段是 1 维的，立方体是 3 维的等等，可见这种维数定义不违反传统维数的结论。用盒子维来计算皮亚诺曲线的维数，得到这条曲线所形成的点集恰为 2 维的，从而克服了按传统观点皮亚诺曲线与正方形区域之间维数的矛盾，事实上，对于皮亚诺曲线，$\varepsilon=\frac{1}{2^n}$，$N(\varepsilon)=4^n$，$n \geqslant 1$，

$$D_0(\text{皮亚诺曲线}) = \lim_{\varepsilon \to 0} \frac{\ln 4^n}{\ln 2^n} = 2$$

还有一种所谓相似维数，若某图形可由边长缩小为 $\frac{1}{a}$ 的 b 个自相似的图形拼成，则定义其维数为

$$D_1 = \frac{\ln b}{\ln a} \tag{35.2}$$

例如皮亚诺曲线中，$a=2$，$b=4$，结果按公式（35.2）得

$$D_1(\text{皮亚诺曲线}) = \frac{\ln 4}{\ln 2} = 2$$

按公式（35.2）来计算柯克曲线的维数：柯克曲线的 $a=3$，$b=4$，于是

$$D_1(\text{柯克曲线})=\frac{\ln 4}{\ln 3}\approx 1.26$$

这里出现了非整数维数这一新事物，D_1（柯克曲线）的准确值是一个无理数，可见维数是一个实数，它可以是非负整数，也可以不是整数，甚至可以是无理数。

相似维数是合理的，这首先从它可以克服皮亚诺曲线的传统维数引起的 1 与 2 的矛盾得到印证；对柯克曲线而言，那条满身长着锯齿的无穷长曲线，如果再说它是一维的，也不足以从数量上显示它的那些奇异性。

随着新现象的不断出现，作为实际现象的数学模型，其传统概念也必须与时俱进地加以推广甚至革新，以适应人们对世界认识的不断加深，不应当对此大惊小怪，数学史上这种事件已经屡见不鲜，可以见怪不怪了，只要它经得起严密的数学推理的筛选，就应当接受它。

皮亚诺这个人真了不起，他是意大利贫困山区一个农民的儿子，上小学要走 5 公里的崎岖山路到城里去上课，1876 年考入意大利名牌学府都灵大学，以全额奖学金入土木工程系学习，两年后因痴迷数学而转入数学系。1890 年任都灵大学教授，意大利皇家学会会员。在分析数学（即以微积分为工具的数学）和离散数学各领域都有开创性的贡献，是符号逻辑与国际语的创始人。

1889 年，皮亚诺在名著《算术原理新方法》一书中建立了自然数公理，这套公理是数学的最重要的基础之一。有人说，自然数是上帝赐予的，其他一切都是人造的。应该说，上帝也没说清楚什么是自然数，自然数有哪些最本质的特点，说清楚自然数的第一人是皮亚诺。

皮亚诺说："满足下列五条性质的集合 **N** 叫作自然数集合，**N** 的元素即自然数（非负整数）：

（1）$0\in\mathbf{N}$。

（2）若 $n\in\mathbf{N}$，则存在唯一的 n 的后继 $n'\in\mathbf{N}$。

（3）对每个 $n\in\mathbf{N}$，n 的后继 $n'\neq 0$。

（4）若 n_1，$n_2\in\mathbf{N}$，$n_1\neq n_2$，则 $n_1'\neq n_2'$，其中 n_i'是 n_i 的后

继，$i=1$，2。

(5) 若 $M \subseteq \mathbf{N}$，且 $0 \in M$，又当 $n \in M$ 时，n 的后继 $n' \in M$，则 $M=\mathbf{N}$。”

0 的后继写成 1，1 的后继写成 2，2 的后继写成 3，…，于是抄出自然数序列

$$\mathbf{N}: 0, 0', 0'', 0''', 0'''', \cdots = 0, 1, 2, 3, 4, \cdots, n, n+1, \cdots$$

公理 (5) 称为“归纳公理”，它是数学归纳法的理论根据。

19 世纪末，皮亚诺已是世界数学界的领袖人物之一，著名数学家罗素在 1900 年说：“这次巴黎国际数学家大会是我学术生涯的转折点，因为在这次大会上，我结识了皮亚诺。”皮亚诺是 1900 年巴黎国际数学家大会的主席。

1891 年，皮亚诺创办《数学杂志》，他向数学界宣布了自己的一个看来是极难实现的规划，企图用逻辑符号从基本公理出发推导出整个数学体系。他为此奋斗了 26 个春秋，拿出了一个著名的工作记录《数学公式汇编》，书中汇集了好几千个定理和公式及其严谨的逻辑证明，后人视此书为一部“无尽的数学金矿”。

1893 年，皮亚诺出版了微积分的标准教科书系列：《无穷小分析教程》和《微分学与积分学原理》。这两部书已收入德国数学百科全书，是 19 世纪末和 20 世纪上半叶最重要的微积分教材。之后皮亚诺主编了《数学百科全书》。1908 年皮亚诺当选为国际语协会主席，皮亚诺是文理交融的大学问家。

皮亚诺又是一位模范教师，他上课总是循循善诱，启发学生的主动思维和创造性，他反对用偏难怪的试题来考学生，他大声疾呼那是对学生人性的侵犯，他极力主张开发学生的智能、好奇心和求知欲，要因材施教。

皮亚诺做数学以逻辑严密著称于世，但他又极富技巧性和新颖的方法，例如他发明的装满正方形区域的皮亚诺曲线在数学史上是极具影响的数学佳作。他和康托尔十分相似，是颇具独创精神的数学巧匠和理论旗手。

第三十六回 设空防搞空袭胜率多少 备导弹派飞机耗损几何

在现代战争中，拼刺刀和掷手榴弹的场面几乎已经绝迹。在信息电子对抗的条件下，双方发生空袭与反空袭的斗争成了攻防战的重要形式。所用的武器是现代的准确制导导弹和超音速导弹攻击机或轰炸机，例如 B-52 轰炸机配备了 AGM-86B 空中发射的巡航导弹和先进的 AGM-129 巡航导弹，一架 B-52 可携带 20 枚弹头。B-2 轰炸机则可携带 16 枚核弹。在防空装备中，高射炮还没有完全退出战场，但更多的是地对空导弹，例如美国的爱国者地空导弹，伊拉克萨达姆敢死队用的肩扛式地空导弹等等。

1. 空袭与空防之战

(1) 先下手为强，防空部队先开火的情形

如果地对空导弹的射程比来犯空袭飞机上空对地导弹的射程大，于是地对空导弹对来犯飞机采取先发制人的打击；飞机进入空地射程之内，则对导弹阵地发起空袭。设 $p_i(i=1, 2, \cdots, n)$ 是飞机第 i 次攻击导弹阵地时被地空导弹击毁的概率，q_i 是第 i 次空袭时导弹阵地被击毁的概率。

于是第一次空袭时击落飞机的概率为 p_1，飞机未被击落的概率为 $1-p_1$，飞机击毁导弹阵地的概率为

$$(1-p_1)q_1$$

第二次空袭时，击毁上次来犯的那架飞机的概率为（第一次空袭后导弹阵地未被炸毁的概率为 $1-q_1$）

$$(1-p_1)(1-q_1)p_2 \tag{36.1}$$

飞机在第一次未被击毁时，导弹阵地被击毁的概率为

$$(1-p_1)(1-q_1)(1-p_2)q_2 \tag{36.2}$$

依此类推；第 k（$k>1$）次空袭（还是那架飞机）时，该飞机被击落的概率为

$$p_k \prod_{i=1}^{k-1}[(1-p_i)(1-q_i)] \tag{36.3}$$

$\left(\prod_{i=1}^{n} a_i = a_1 a_2 \cdots a_n\right)$，导弹阵地被击毁的概率为

$$q_k(1-p_k)\prod_{i=1}^{k-1}[(1-p_i)(1-q_i)] \tag{36.4}$$

于是在连续 n 次空袭中，该飞机被击落的概率为

$$P_n = \sum_{k=1}^{n} p_k \prod_{i=1}^{k-1}[(1-p_i)(1-q_i)] \tag{36.5}$$

地对空导弹阵地被击毁的概率为

$$Q_n = \sum_{k=1}^{n} q_k(1-p_k)\prod_{i=1}^{k-1}[(1-p_i)(1-q_i)] \tag{36.6}$$

如果 $p_1=p_2=\cdots=p_n=p$，$q_1=q_2=\cdots=q_n=q$，则

$$P_n = p\sum_{k=1}^{n}[(1-p)(1-q)]^{k-1} = p\,\frac{1-[(1-p)(1-q)]^n}{1-(1-p)(1-q)} \tag{36.7}$$

$$\begin{aligned} Q_n &= q(1-p)\sum_{k=1}^{n}[(1-p)(1-q)]^{k-1} \\ &= q(1-p)\,\frac{1-[(1-p)(1-q)]^n}{1-(1-p)(1-q)} \end{aligned} \tag{36.8}$$

当 $n\to+\infty$ 时，即双方交火任意多次，得

$$\lim_{n\to\infty} P_n = P = \frac{p}{1-(1-p)(1-q)} \tag{36.9}$$

$$\lim_{n\to\infty} Q_n = Q = \frac{q(1-p)}{1-(1-p)(1-q)} \tag{36.10}$$

由式（36.9）与式（36.10）可知，在地对空导弹的射程大于飞机上空对地导弹射程的条件下，地对空导弹先开火，同一架飞机反复来空袭，飞机被击落的概率为 P，导弹阵地被摧毁的概率是 Q。希望 $P>Q$，则只需

$$\begin{aligned} p &> q(1-p) \\ p &> 1-\frac{1}{1+q} \end{aligned} \tag{36.11}$$

由于地对空导弹一般都有坚固的掩体，q 不会太大，例如 $q=0.5$，则 $1-\frac{1}{1+q}=\frac{1}{3}$，即飞机每次空袭击毁地空导弹阵地的概率是 50%时，只

要地对空导弹的准确率 p 超过$\frac{1}{3}$，在双方整个较量过程中，会 $P>Q$，即被空袭一方取胜的可能性大。如果地对空导弹的准确率为50%以上，即 $p>50\%$，则由式（36.11）可知即使 $q>99.9\%$，仍然是 $P>Q$，即使空对地导弹再准确，在地对空先下手的条件下，被空袭一方（守方）仍是胜率较大，由此可见飞行员的安全程度远比陆军战士的安全程度低得多。

反之，如果守方使用了落后的空防武器，例如使用高射机枪或高射炮，由于其射程不如空对地导弹的射程大，造成空袭一方先开火，这时按上述推算，飞机战胜防空阵地的可能性大，用落后的武器的（哪怕是肩扛式导弹）的防空部队要吃亏。可见防空部队的导弹必须先进，射程要大，准确率要高，以便先下手而取胜。

（2）搞好埋伏和隐蔽，高射炮亦可取胜来犯敌机

虽然空地导弹的射程比防空高炮的射程大，但是，若高炮阵地隐蔽得很好，由于第一次空袭飞机找不到目标，而使高射炮先开火，开火后，飞机才发现高炮阵地，以后飞机总是空袭一次就逃之夭夭，再回过头来进行下一次空袭，且下一次空袭中首先向高炮阵地开火，设进行了 n 次空袭，则与式（36.5）和式（36.6）式相对应地有

$$P'_n = p_1 q_1 + \sum_{k=1}^{n} p_k (1-q_k) \prod_{i=1}^{k-1} [(1-p_i)(1-q_i)] \tag{36.12}$$

$$Q'_n = \sum_{k=1}^{n} q_k \prod_{i=1}^{k-1} [(1-p_i)(1-q_i)] - q_1 p_1 \tag{36.13}$$

若 $p_1=p_2=\cdots=p_n=p$，$q_1=q_2=\cdots=q_n=q$，则（36.12）和（36.13）变成

$$P'_n = p(1-q)\frac{1-[(1-p)(1-q)]^n}{1(1-p)(1-q)} + pq \tag{36.14}$$

$$Q'_n = q\frac{1-[(1-p)(1-q)]^n}{1-(1-p)(1-q)} - pq \tag{36.15}$$

令 $n \to +\infty$，取极限得

$$\lim_{n\to\infty} P'_n = P' = pq + \frac{p(1-q)}{1-(1-p)(1-q)} \tag{36.16}$$

$$\lim_{n\to\infty} Q'_n = Q' = \frac{q}{1-(1-p)(1-q)} - pq \tag{36.17}$$

这里，P'是飞机反复空袭时，高炮击落敌机的概率；Q'是高炮阵地被击毁的概率。

若欲 $P'>Q'$，即

$$pq+\frac{p(1-q)}{1-(1-p)(1-q)}>\frac{q}{1-(1-p)(1-q)}-pq$$

即

$$2q(1-q)p^2+(2q^2-q+1)p-q>0$$

如果 $q=0.5$，则

$$\frac{1}{2}p^2+p-\frac{1}{2}>0$$

解得　$p>0.4142$，即只要高炮每次射击命中率为 0.42 以上，虽然低于飞机击中高炮阵地的命中率 0.5，但高炮仍比飞机有较多取胜的机会。在战争中埋伏隐蔽不是消极的防御，而是取胜的一个重要因素，生存是取胜的必要条件。

（3）出动多少架次飞机可以击毁防空阵地？可以期望击落多少架飞机

若 Q_n 是一架飞机进行 n 次空袭击毁防空阵地的概率，由式（36.8）或式（36.15）可算出

$$F_n=\frac{1}{Q_n} \tag{36.18}$$

F_n 是空袭一方出动飞机架次的期望（平均）值。

假设每架飞机对防空导弹阵地进行 n 次空袭，共有 s 架飞机，$N=sn$ 是这批飞机对一处导弹阵地的空袭总次数，于是导弹阵地击落飞机的期望值为

$$\begin{aligned}M_n&=P_1+(1-Q_1)P_2+(1-Q_1)(1-Q_2)P_3\\&\quad+\cdots+(1-Q_1)(1-Q_2)\cdots(1-Q_{N-1})P_N\end{aligned} \tag{36.19}$$

若 $P_1=P_2=\cdots=P_n$，$Q_1=Q_2=\cdots=Q_n$，则

$$M_n=P_n[1+(1-Q_n)+(1-Q_n)^2+\cdots+(1-Q_n)^{N-1}]$$

当 $N\to+\infty$时，

$$M_n=\frac{P_n}{1-(1-Q_n)}=\frac{P_n}{Q_n} \tag{36.20}$$

2. 反空袭所需地空导弹的数量和击落敌机的架数

设飞机以相同的航速等时间间隔地进入导弹阵地上空空袭，防空导

弹以等时间间隔向飞机开火。假设导弹系统击落一架飞机或对一飞机射击若干次而未击落它，则此架飞机已飞离防空区域，这时，导弹系统将火力对准另一架飞机。

假设相继出现两架飞机的时刻之间的时间间隔为 t_0，地空导弹准备发射与实施发射每次平均耗时为 t_1，则从第一架飞机出现到第二架飞机出现导弹最多发射次数为

$$S=\frac{t_0}{t_1} \tag{36.21}$$

一个目标遭受地空导弹射击的最大次数 m 为该架飞机在导弹射程内逗留的时间与 t_1 之比的平均值，用 p 表示单发导弹击毁一架敌机的概率。

令 $W_i^{(j)}$ 表示地空导弹对第 j 架飞机进行第 i 次发射的概率，$i=1$，2，…，m；$j=1$，2，…，n，n 是飞机总架次。又假设飞机是从一个方向相继入侵的。

对第一架飞机必然要开火的，故 $W_1^{(1)}=1$，第 1 次射击未击毁这架飞机时才对它二次打击，所以

$$W_2^{(1)}=q=(1-p) \tag{36.22}$$

同理

$$W_3^{(1)}=q^2,\cdots,W_m^{(1)}=q^{m-1} \tag{36.23}$$

把第 1 架飞机受到每次打击的概率写成向量形式得

$$\begin{aligned}W_1&=\left(W_1^{(1)},W_2^{(1)},\cdots,W_m^{(1)}\right)\\W_1&=\left(1,q,q^2,\cdots,q^{m-1}\right)\end{aligned} \tag{36.24}$$

记第 j 架飞机遭受各次打击的概率向量为

$$W_j=\left(W_1^{(j)},W_2^{(j)},\cdots,W_m^{(j)}\right),\ j=1,2,\cdots,n$$

例如对一架飞机的最大发射次数为 $m=3$，单发导弹击毁飞机的概率为 $p=0.6$，在相继两架飞机到达时刻之间的间隔内发射次数 $s=1$，目标总数 $n=3$，则第一架飞机遭受各次射击的概率向量为

$$W_1=(1,q,q^2)=(1,0.4,0.16)$$

对第二架飞机的第一次打击是在对第一架飞机第一次打击击落的情况下发生的，对第二架飞机的第一次打击的概率为 p。

对第二架飞机的第二次打击是在对第一架飞机第二次打击且击落或对第二架飞机第一次打击未击落的情况下进行的，故对第二架飞机第二次打击的概率是对第一架飞机第二次打击的概率 q 乘以被击落的概率 p，再加上对第二架飞机第一次打击的概率 p 乘以未击落的概率 q，即第二架飞机受到第二次打击的概率为 $2pq$。

对第二架飞机进行第三次打击是在对第一架飞机进行第三次打击后（不论第一架飞机击落还是逃走，都只能改射第二架飞机）或对第二架飞机第二次打击未击落的情况下进行的，故对第二架飞机进行第三次打击的概率为

$$q^2 + 2pq \cdot q = 2pq^2 + q^2$$

所以对第二架飞机的打击概率向量为

$$W_2 = \left(p, 2pq, 2pq^2 + q^2\right)$$

$$W_2 = \left[(1,q,q^2)\begin{pmatrix}p\\0\\0\end{pmatrix}, (1,q,q^2)\begin{pmatrix}pq\\p\\0\end{pmatrix}, (1,q,q^2)\begin{pmatrix}pq^2\\pq\\1\end{pmatrix}\right]$$

$$= \left(1,q,q^2\right)\begin{bmatrix}p & pq & pq^2\\0 & p & pq\\0 & 0 & 1\end{bmatrix} = W_1 M$$

其中

$$M = \begin{bmatrix}p & pq & pq^2\\0 & p & pq\\0 & 0 & 1\end{bmatrix}$$

递推地可得对第三架飞机的射击向量为

$$W_3 = W_2 M = W_1 M^2$$

若对一架飞机最大射击次数 $m=4$，在对一架飞机射击两次后即出现后继目标，$s=2$，则相应的 M 矩阵为

$$M = \begin{bmatrix}p & pq & pq^2 & pq^3\\p & pq & pq^2 & pq^3\\0 & p & pq & pq^2\\0 & 0 & 1 & q\end{bmatrix}$$

一般地

$$M=\begin{bmatrix} p & pq & pq^2 & \cdots & pq^{m-1} \\ p & pq & pq^2 & \cdots & pq^{m-1} \\ & & \cdots & & \\ p & pq & pq^2 & \cdots & pq^{m-1} \\ 0 & p & pq & \cdots & pq^{m-2} \\ & & \cdots & & \\ 0 & 0\cdots & 0 & p & pq & pq^2\cdots pq^s \\ 0 & 0\cdots & 0 & 0 & 1 & q\cdots q^{s-1} \end{bmatrix} \tag{36.25}$$

第 j 架飞机受到射击的概率向量

$$W_j = W_1 M^{j-1},\ j=1,2,\cdots,n \tag{36.26}$$

反空袭战斗需要准备多少枚地对空导弹？

对第 j 架飞机应准备 ρ_j 枚导弹

$$\rho_j = \sum_{i=1}^{m} W_i^{(j)}$$

其中 m 是对一架飞机最大射击次数，$W_j=\left(W_1^{(j)},\ W_2^{(j)},\ \cdots,W_m^{(j)}\right)$是第 j 架飞机遭打击的概率向量，于是一次反空袭应准备的导弹数目平均为

$$\rho = \sum_{j=1}^{n}\rho_j = \sum_{j=1}^{n}\sum_{i=1}^{m} W_i^{(j)} \tag{36.27}$$

例如对一架飞机最多射击 $m=3$ 次，每次发射导弹击中飞机的概率为 $p=0.6$，在相继两个目标到达的时间间隔中发射次数 $s=1$，飞机总数 $n=3$，则

$$W_1=(1,0.4,0.16)$$
$$W_2=(0.6,0.48,0.35)$$
$$W_3=(0.36,0.43,0.52)$$

这次反空袭当中对第一架飞机发射导弹数为

$$\rho_1 = 1+0.4+0.16 = 1.56(\text{枚})$$

对第二架飞机发射导弹数为

$$\rho_2 = 0.6+0.48+0.35 = 1.43(\text{枚})$$

对第三架飞机发射导弹数为

$$\rho_3 = 0.36+0.43+0.52 = 1.31(\text{枚})$$

共应准备的导弹数为

$$\rho^{(1)} = \rho_1 + \rho_2 + \rho_3 = 4.3(\text{枚})$$

反空袭战斗中能击落几架飞机?

如果第 j 架飞机在遭到 m 次射击仍未被击落，则该架飞机逃离防空区域，这种事件发生的概率等于该飞机受到第 m 次射击的概率 $W_m^{(j)}$ 与这次射击未击中的概率 q 之积，即第 j 架飞机逃走的概率为

$$Q_j = W_m^{(j)} q \tag{36.28}$$

故这架飞机被击落的概率为

$$P_j = 1 - Q_j = 1 - W_m^{(j)} q \tag{36.29}$$

于是在此次反空袭战斗中击落飞机的总数（平均）为

$$N^{(1)} = \sum_{j=1}^{n} (1 - W_m^{(j)} q) = \sum_{j=1}^{n} P_j \tag{36.30}$$

其中 n 是入侵飞机总架数。

例如，对每架飞机最多射击 $m=3$ 次，共 $n=3$ 架飞机，每次打击击中目标的概率 $p=0.6$，相继两架飞机到达的时间间隔中发射次数为 $s=1$，则 $q=1-p=0.4$。

$$Q_1 = 0.16 \times 0.4 = 0.064, \quad P_1 = 0.936$$

$$Q_2 = 0.35 \times 0.4 = 0.14, \quad P_2 = 0.86$$

$$Q_3 = 0.52 \times 0.4 = 0.208, \quad P_3 = 0.792$$

于是这次反空袭战斗可（平均）击落飞机

$$N = P_1 + P_2 + P_3 = 2.588(\text{架})$$

对于 $m=3$，$p=0.6$，$n=3$，$s=2$，即相继两架飞机到达的时间间隔内发射次数由 1 次改成 2 次，则可求得平均总耗弹量为

$$\rho^{(2)} = 4.63(\text{枚}) > 4.3(\text{枚}) = \rho^{(1)}$$

击落飞机（平均）架数

$$N^{(2)} = 2.78 > 2.588 = N^{(1)}$$

如果 $s=3$，m，p，n 不变，则 $\rho^{(3)}=4.68>\rho^{(2)}$，$N^{(3)}=2.82>N^{(2)}$。

一般地，m，p，n 不变时，s 越大，耗弹量与击落飞机的架数都越大，但并非与 s 成正比。从上例可知为击落来犯的全部三架飞机，大约准备 5 枚导弹即可，再少就没有保证了，但也不是 s 越大越好，那样会投入太多导弹，作战成本过高。

第三十七回 微分方程天上人间常见模型 定性理论现代数学主要分支

20世纪最伟大的数学家之一，美籍犹太科学家冯·诺依曼（von Neumann，1903～1957）说："一门数学学科在离开它的经验源泉太远之后，或者经过太多的抽象配种，它就有退化的危险。"微分方程在与它的"经验源泉"紧密联系方面是数学当中做得最好的一个分支。诺依曼是20世纪先搞纯粹数学，又搞出丰硕的应用数学成就的大数学家，他本人是当今把数学理论用于重大实际应用的榜样。少年时他是匈牙利奥林匹克数学竞赛的全国冠军。他是第一颗原子弹"曼哈顿计划"的主要设计者之一，又是第一台全自动通用电子计算机的设计者，被誉为"计算机之父"，还是第一枚导弹的主要设计人之一，美国导弹委员会主席和美国三军顾问。

俄国大数学家切比雪夫（цебышёв，1821～1894）在研究实际问题的微分方程模型时，强调数学必须与实际应用相结合才能孕育出有价值的成果。他深刻指出："让数学脱离实际应用，就好比把母牛关起来，不让它接触公牛！"

切比雪夫是19世纪俄罗斯的数学王子，彼得堡数学学派的领袖。他生于俄国落后的农村，由于脚有残疾，不能和小同学们一起玩耍，只能独自玩些积木等智力含量高的文静玩具，从小养成了内向、沉静和深思的好习惯。16岁的切比雪夫以优异的成绩考入莫斯科大学物理数学专业，1849年获博士学位。在之后的短短10年内，他被聘为彼得堡大学教授，33岁时，被聘为彼得堡科学院院士。切比雪夫又是一位诲人不倦的好老师，当教授35年，高徒辈出，桃李满天下。他著作等身，《切比雪夫全集》达70多卷，把一生心血全部灌注于科学教育事业，终身未娶。他不仅在微分方程、概率论等数学分支上贡献极大，而且又是一位心灵手巧的机械设计师，1878 年，巴黎世界博览会的俄国馆里，展出了他的各种巧夺天工的设计：机械马、机械划船人、手摇计算机等；在芝加哥万国博览会上，展出了切比雪夫设计的自行椅、选种机、筛分机等，轰动全美，名噪一时。他设计的各种机械 40 多种，写了 20 多部机械制造的书，是俄国机械制造工业的奠基人。

下面我们展示若干通俗易懂、生动有趣的微分方程模型。

(1) 今日上午开始降雪，整天稳降不止，中午 12 点一扫雪车开始扫雪，每小时扫的雪按体积计算是一个常数，到下午两点它清扫了两公里，到下午四点它又清扫了一公里，问当日降雪是几点开始的。

设 $x(t)$ 为清扫的公里数，t 为扫雪时间，t_0 是从开始降雪到中午 12 点的时间；由于降雪与扫雪皆为匀速的，设 v_1 为道路单位长度上单位时间的降雪量，并设道路宽度是个常数；v_2 是单位时间的扫雪量，则 $x(t)$ 满足微分方程

$$\begin{cases}(t_0+t)v_1\dfrac{\mathrm{d}x}{\mathrm{d}t}=v_2\\ x(0)=0,\ x(2)=2,\ x(4)=3\end{cases}$$

于是

$$\mathrm{d}x=\frac{v_2}{v_1}(t_0+t)^{-1}\mathrm{d}t$$

积分之得

$$x(t)=\frac{v_1}{v_2}[\ln(t+t_0)+C]$$

其中 C 为常数，由 $x(0)=0$ 得

$$0=\frac{v_2}{v_1}[\ln t_0+C],\ C=-\ln t_0$$

由 $x(2)=2$ 得

$$2=\frac{v_2}{v_1}[\ln(t_0+2)+C]=\frac{v_2}{v_1}[\ln(t_0+2)-\ln t_0] \qquad (37.1)$$

由 $x(4)=3$ 得

$$3=\frac{v_2}{v_1}[\ln(t_0+4)-\ln t_0] \qquad (37.2)$$

式 (37.1)÷式 (37.2) 得

$$\frac{2}{3}=\frac{\ln(2+t_0)-\ln t_0}{\ln(4+t_0)-\ln t_0}$$

$$\ln\left(\frac{4+t_0}{t_0}\right)^2=\ln\left(\frac{2+t_0}{t_0}\right)^3$$

$$\left(\frac{4+t_0}{t_0}\right)^2=\left(\frac{2+t_0}{t_0}\right)^3,\ \frac{2}{t_0}+\frac{4}{t_0^2}-\frac{8}{t_0^3}=0,\ 1+\frac{2}{t_0}=\frac{4}{t_0^2}$$

解得

$$t_0=\frac{4}{1\mp\sqrt{5}}$$

由于 $t_0>0$，故取

$$t_0=\sqrt{5}-1$$

即今日的雪是午前$\sqrt{5}-1$小时开始的。

（2）升华与挥发问题

樟脑球半径$\frac{1}{4}$ cm，一个月后变成$\frac{1}{8}$ cm，其挥发率正比于表面积，问樟脑球几个月后完全挥发掉?

设 ρ 是樟脑球的密度，$r(t)$ 是它的半径，t 是时间，则 $r=r(t)$ 满足

$$\begin{cases}\rho\dfrac{4}{3}\pi\dfrac{\mathrm{d}}{\mathrm{d}t}r^3=-k4\pi r^2\\ r(0)=\dfrac{1}{4},\ r(1)=\dfrac{1}{8}\end{cases}\tag{37.3}$$

由式（37.3）得

$$\rho\frac{\mathrm{d}r}{\mathrm{d}t}=-k,\ k\text{ 是常数},\ \mathrm{d}r=-\frac{k}{\rho}\mathrm{d}t$$

积分之得

$$r(t)=-\frac{k}{\rho}t+C$$

由 $r(0)=\frac{1}{4}$ 得 $C=\frac{1}{4}$。

由 $r(1)=\frac{1}{8}$ 得

$$\frac{1}{8}=-\frac{k}{\rho}+\frac{1}{4},\ \frac{k}{\rho}=\frac{1}{8}$$

最后得

$$r(t) = \frac{1}{4} - \frac{1}{8}t$$

令 $r(t)=0$，即

$$\frac{1}{4} - \frac{1}{8}t = 0，得 t = 2$$

即再过一个月樟脑球完全挥发干净。

（3）老师和学生谁更会饮咖啡

在老师和学生面前同时送来相同温度的等量热咖啡各一杯，老师在送到咖啡后立即加上了一点冷奶油，等了 10 分钟再喝；学生则等了 10 分钟，临喝时加上了与老师加的等量的冷奶油，问谁喝的咖啡更热一些？

设室内温度是 T_0，饮料温度是 $T(t)$，则函数满足方程

$$\frac{dT}{dt} = -k(T - T_0)$$

其中 k 是正的常数，

$$dT = -k(T - T_0)dt$$

$$\frac{dT}{T - T_0} = -kdt$$

两端积分得

$$\ln(T - T_0) = -kt + C，T = C_1 e^{-kt} + T_0$$

其中 C_1 是正常数。

设老师加入冷奶油后杯中温度为 T_1^0，即 $T_1(0)=T_1^0$，于是老师杯中饮料随时间的变化规律为

$$T_1(t) = (T_1^0 - T_0)e^{-kt} + T_0$$

老师加冷奶油时，学生杯中饮料的温度为 T_2^0，$T_2^0 > T_1^0$，学生杯中饮料的温度随时间的变化规律为

$$T_2(t) = (T_2^0 - T_0)e^{-kt} + T_0$$

于是可得

$$\left|\frac{dT_1(t)}{dt}\right| = (T_1^0 - T_0)ke^{-kt}，\quad \left|\frac{dT_2(t)}{dt}\right| = (T_2^0 - T_0)ke^{-kt}$$

由于 $T_2^0 > T_1^0$，所以

$$\left|\frac{dT_1(t)}{dt}\right| < \left|\frac{dT_2(t)}{dt}\right|$$

即学生杯子里的热量损耗快，而加入冷奶油所含的热量与咖啡原来所含热量师生双方是一致的，可见最后老师杯子中的热量比学生的多，老师喝的咖啡热一些；还是老师生活经验丰富，或许这位老师事先如上的计算过，早已心中有数。

日常生活中不少事情与此同理，例如在不锈钢烧水壶中有一些开水准备几分钟后洗脸用，聪明人往往立即向开水中倒入一些冷水，而不是等到洗脸时再加冷水。

(4) 反潜艇方程

驱逐舰在浓雾中搜索潜水艇，雾一度散开，发现潜水艇在 3 公里外的海面上，但潜艇立即下潜，驱逐舰以 2 倍于潜艇的速度去搜索，已知此潜艇下潜后即以全速沿某未知方向直线逃走，问驱逐舰应以何种路线去搜索才可保证它能驶至潜艇的正上方发射鱼雷击毁潜艇？

由于不知潜艇逃走的方向，所以驱逐舰必须采用“兜圈子”的办法来搜索。为求得驱逐舰的路径，采用极坐标$(r(t),\theta(t))$比较方便。设直角坐标中的位置是$(x(t),y(t))$，则$(x(t),y(t))$与$(r(t),\theta(t))$之间的关系是

$$\begin{cases} x(t) = r\cos\theta \\ y(t) = r\sin\theta \end{cases}$$

见图 37-1。

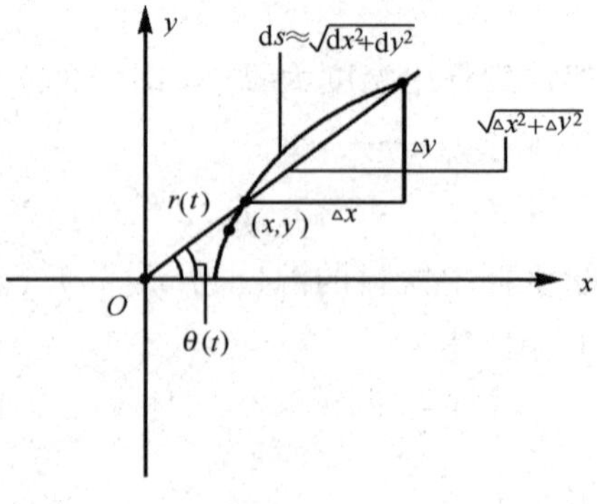

图 37-1

于是

$$\begin{cases} \mathrm{d}x = \mathrm{d}r\cos\theta - r\sin\theta\mathrm{d}\theta \\ \mathrm{d}y = \mathrm{d}r\sin\theta + r\cos\theta\mathrm{d}\theta \end{cases}$$

$$ds=\sqrt{dx^2+dy^2}=\sqrt{(dr\cos\theta-r\sin\theta d\theta)^2+(dr\sin\theta+r\cos\theta d\theta)^2}$$
$$=\sqrt{\left(\frac{dr}{d\theta}\right)^2+r^2}\,d\theta$$

整个曲线的弧长是 ds 的积分。

设潜艇出现点是极坐标的极点，当时驱逐舰在极轴上，由于舰速 2 倍于艇速，舰发现潜水艇后立即向潜水艇出现的点直线逼近 2 公里，于是这时艇舰同处于以极点 O 为中心的单位圆上。之后，舰以迂回路线 $r=r(Q)$ 搜索，由于舰速是艇速之 2 倍，所以对于艇逃跑的任意未知极角 θ，$r(\theta)$ 应满足（见图 37-2）

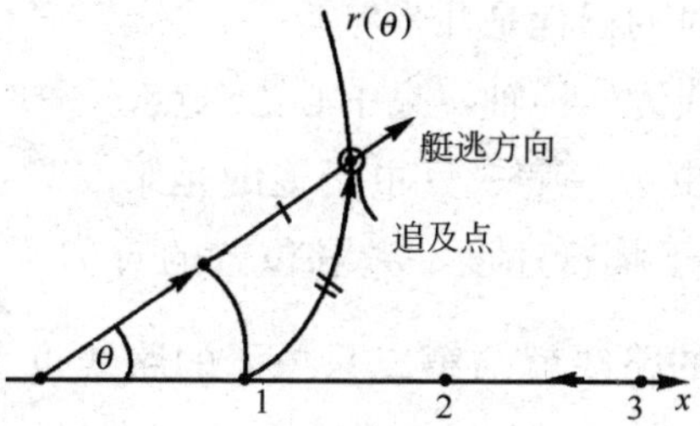

图 37-2

$$\int_0^\theta\sqrt{r^2(\theta)+(r'(\theta))^2}\,d\theta=2[r(\theta)-1]$$

两端对 θ 求导数得

$$r^2(\theta)+[r'(\theta)]^2=4[r'(\theta)]^2$$
$$\frac{dr}{d\theta}=\pm\frac{1}{\sqrt{3}}r(\theta)$$
$$\frac{dr}{r}=\pm\frac{1}{\sqrt{3}}d\theta$$

积分之得

$$\ln r(\theta)=\pm\frac{1}{\sqrt{3}}\theta+C,\ r(\theta)=C_1e^{\pm\frac{1}{\sqrt{3}}\theta}$$

由于 $r(0)=1$，故得

$$r(0)=1=C_1e^{\pm\frac{1}{\sqrt{3}}\theta},\ C_1=1$$

最后求得舰的搜索线路为

$$r(\theta) = \mathrm{e}^{\pm\frac{1}{\sqrt{3}}\theta}$$

即舰按螺线 $r_1(\theta)=\mathrm{e}^{\frac{\sqrt{3}}{3}\theta}$ 或 $r_2(\theta)=\mathrm{e}^{-\frac{\sqrt{3}}{3}\theta}$ 行驶，定能使驱逐舰开到潜艇正上方而击毁敌潜艇。

（5）昆虫们提出的微分方程

小小昆虫，无知无识，但其本能表现出的行为往往含有令人惊叹的数学原理，蜜蜂筑巢已有范例（见王树和著《数学聊斋》），今再看一例如下：

边长为 1 米的方桌的四个角点雌雄相间地各放一只同类小爬虫，每虫以相同的速度（未必是匀速）按逆时针追逐与它相邻的虫子，求小虫的爬行路线和会合时的行程是几米？

以方桌的对角线为坐标轴，桌中心为原点，不妨设第一只虫子在正半 x 轴上，第二只虫子（第一只虫子追的是第二只虫子）在正半 y 轴上，见图 37-3。由于爬行速度一致和位置的对称性，只要绕原点旋转 $\frac{\pi}{2}$，则第一只虫子的路线就与第二只虫子的路线重合。看图 37-3，以及切线斜率 $\frac{\mathrm{d}y}{\mathrm{d}x}=-\tan\theta$，故第一只虫子的爬行路线 $y=y(x)$ 满足

$$\frac{\mathrm{d}y}{\mathrm{d}x}=-\tan\theta=-\frac{x-y}{x+y}$$

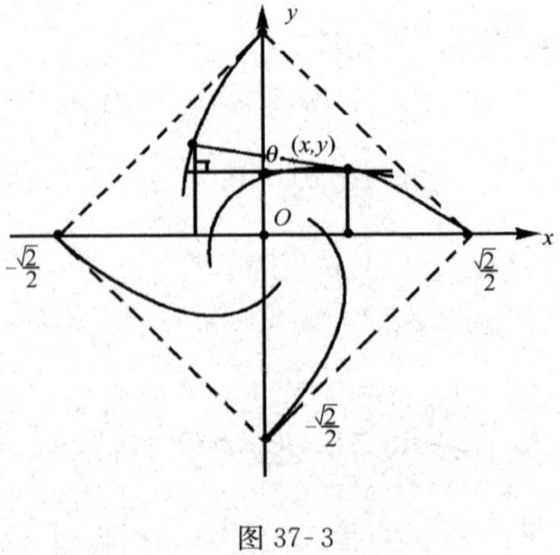

图 37-3

由于虫子们在盘旋运动，宜采用极坐标来处理，令

$$\begin{cases} x = r(\theta)\cos\theta \\ y = r(\theta)\sin\theta \end{cases} \tag{37.4}$$

其中 $r=r(\theta)$ 是第一只虫子在极坐标中的路线表达式，微分式（37.4）得

$$\begin{cases} dx = dr\cos\theta - r\sin\theta d\theta \\ dy = dr\sin\theta + r\cos\theta d\theta \end{cases} \tag{37.5}$$

把式(37.4)与式(37.5)代入方程 $\dfrac{dy}{dx}=-\dfrac{x-y}{x+y}$得

$$\frac{dr\sin\theta + r\cos\theta d\theta}{dr\cos\theta - r\sin\theta d\theta} = \frac{r\sin\theta - r\cos\theta}{r\sin\theta + r\cos\theta}$$

$$\frac{dr}{d\theta} = -r,\ \frac{dr}{r} = -d\theta$$

两端积分得

$$\ln r = -\theta + C,\ r = C_1 e^{-\theta} \quad (C_1 > 0)$$

由 $r(0)=\dfrac{\sqrt{2}}{2}$得

$$\frac{\sqrt{2}}{2} = C_1,\ r = \frac{\sqrt{2}}{2}e^{-\theta}$$

其余三只虫子的爬行路线是曲线 $r=\dfrac{\sqrt{2}}{2}e^{-\theta}$绕原点分别旋转$\dfrac{\pi}{2}$，π 和$\dfrac{3}{2}\pi$而得，四只虫子在原点相会，这时 $r=0$，相当于 $\theta=+\infty$，于是它们各自的行程皆为

$$\int_0^{+\infty} \sqrt{r^2(\theta) + [r'(\theta)]^2}\, d\theta = \int_0^{+\infty} e^{-\theta} d\theta = -e^{-\theta}\Big|_0^{+\infty} = 1$$

即每只虫子的行程都是 1 米。

（6）弱肉强食

某地水草丰盛，生活着狐狸和兔子。狐狸表面上是强者，它们靠狡猾凶残地吃兔子为生；兔子则靠打洞藏身和快速繁殖等本能维持生存与繁衍。兔子似为弱者，但是，我们可以用数学理论严格论证，在狐兔弱肉强食的斗争中，没有最后的失败者，两者在此地可以建立血淋淋的生态平衡。这种现象在人类社会当中是否也在一定程度上存在呢？

设兔子在 t 时刻共有 $x(t)$ 只，狐狸共有 $y(t)$ 只。兔子的繁殖速度$\dfrac{dx}{dt}$与兔子的现存数量成正比（一对兔子平均一窝生 6 只小兔，则 k 对兔

子生 $6k$ 只小兔)，而兔子的减少速度与狐兔相遇机会成正比，即与 $x(t)y(t)$ 成正比，于是

$$\frac{\mathrm{d}x}{\mathrm{d}t}=\alpha x-\beta xy,\quad \alpha,\beta \text{是正常数} \tag{37.6}$$

狐狸们互相争食，它们的数量越多，越不利于它们获得食物，所以狐狸数量一多，则会因造成饥荒而使狐狸数减少，狐狸的减少速度与现存的狐狸数成正比；狐狸的增加速度则与狐兔的相遇机会成正比，即与 xy 成正比，所以

$$\frac{\mathrm{d}y}{\mathrm{d}t}=-\gamma y+\delta xy,\quad \gamma,\delta \text{是正常数} \tag{37.7}$$

于是我们建立了狐兔弱肉强食的数学模型如下：

$$\begin{cases}\dfrac{\mathrm{d}x}{\mathrm{d}t}=\alpha x-\beta xy & (37.8)\\[2mm] \dfrac{\mathrm{d}y}{\mathrm{d}t}=-\gamma y+\delta xy & (37.9)\end{cases}$$

式 (37.9)÷式 (37.8) 得

$$\frac{(\alpha-\beta y)\mathrm{d}y}{y}=\frac{(-\gamma+\delta x)\mathrm{d}x}{x}$$

两端积分得

$$\alpha\ln y-\beta y=-\gamma\ln x+\delta x+\ln k,\ k \text{是正常数}$$

$$\mathrm{e}^{\alpha\ln y-\beta y}=\mathrm{e}^{-\gamma\ln x+\delta x+\ln k}$$

$$y^{\alpha}\mathrm{e}^{-\beta y}=kx^{-\gamma}\mathrm{e}^{\delta x} \tag{37.10}$$

20 世纪意大利著名数学家沃尔泰拉（Volterra）发明了一种巧妙的绘制式（37.10）的图像的技巧，令

$$z=y^{\alpha}\mathrm{e}^{-\beta y}$$

$$w=kx^{-\gamma}\mathrm{e}^{\delta x}$$

k 由初值 x_0，y_0 代入（37.10）确定，$k=x_0^{\gamma}y_0^{\alpha}\mathrm{e}^{-\beta y_0}\mathrm{e}^{-\delta x_0}$。

在直角坐标系中画出三条曲线：L_1：$z=w$，L_2：$z=y^{\alpha}\mathrm{e}^{-\beta y}$，$L_3$：$w=kx^{-\gamma}\mathrm{e}^{\delta x}$，见图 37-4，再由图 37-4 所示的办法画出一条闭曲线 L_4，L_4 是狐兔曲线。

当初如果没有兔子只有狐狸，由式（37.9）得

$$\frac{\mathrm{d}y}{\mathrm{d}t}=-\gamma y<0$$

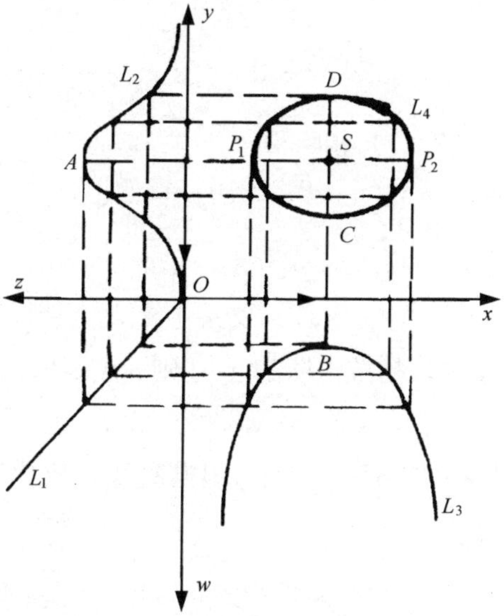

图 37-4

狐狸由于没有食物而迅速死亡，以至于总数趋于零，在图 37-4 上，y 轴正半轴上的那个向下的箭头表示了这种情形。

如果当初没有狐狸，只有兔子，兔子会大规模繁殖，这种情况反映在方程（37.8）中，方程（37.8）变成

$$\frac{\mathrm{d}x}{\mathrm{d}t}=\alpha x>0$$

在图 37-4 上，x 正半轴上的那个箭头显示了这种情形。

如果当初狐兔都有，则狐兔变化情形是 L_4 表达的趋势，随着 t 的无限增加，狐兔数量分别周期性地增减，无休止地呈现波动性的生态平衡。这种情形正是我们进行生态保护追求的目标。其中也富含达尔文主义的思想和弱势群体未必要灭绝的哲学思想。

（7）越南战争中美军事优势为何不能取胜

设 $x=x(t)$是越南共产党领导的游击队的兵力，$y=y(t)$是美国约翰逊总统派往越南的兵力。游击队的伤亡速度与美军与游击队相遇的机会成正比，即

$$\frac{\mathrm{d}x}{\mathrm{d}t}=-\alpha xy,\quad \alpha>0 \tag{37.11}$$

美正规军在明处，游击队在暗处，美军的伤亡速度与越共游击队的兵力

成正比，故

$$\frac{\mathrm{d}y}{\mathrm{d}t}=-\beta x,\quad \beta>0 \tag{37.12}$$

式（37.11）和式（37.12）相除得

$$\frac{\mathrm{d}y}{\mathrm{d}x}=\frac{\beta}{\alpha y},\quad y\mathrm{d}y=\frac{\beta}{\alpha}\mathrm{d}x$$

积分之得

$$\alpha y^2=2\beta x+\gamma \tag{37.13}$$

设开战时美兵力为 y_0，越游击队为 x_0，则 $\alpha y_0^2=2\beta x_0+\gamma$，得

$$\gamma=\alpha y_0^2-2\beta x_0$$

式（37.13）的图像见图 37-5，是一组抛物线，故称这种战争存在“抛物律”。

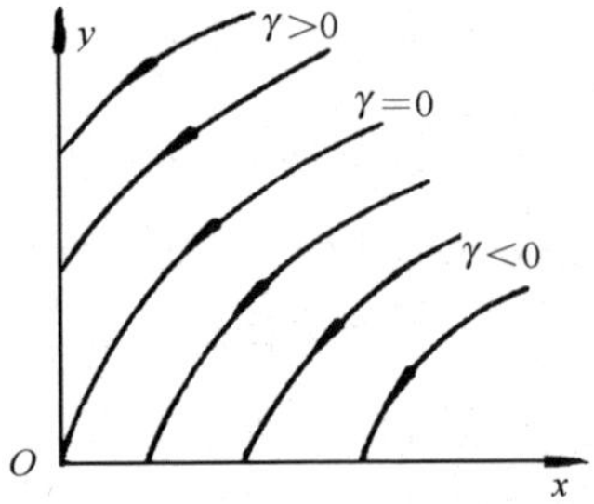

图 37-5

（i）$\gamma=0$ 时，即 $x_0=\frac{\alpha}{2\beta}y_0^2$ 时，双方应和谈，不然双方同归于尽，$x(t)$与$y(t)$ 都趋于 0。

（ii）$\gamma>0$ 时，当 y 减少到 $y_1=\sqrt{\frac{\gamma}{\alpha}}$ 时，x 即被消灭。

（iii）$\gamma<0$ 时，当 x 减少到 $x_1=-\frac{\gamma}{2\beta}>0$ 时，y 已被消灭。

今 $\gamma=\alpha y_0^2-2\beta x_0$，$\gamma=0$ 即 $y_0^2=\frac{2\beta}{\alpha}x_0$，由于游击队的隐蔽性大，战斗减员率小，所以 $0<\alpha\leqslant1$，即 α 十分之小，由 $y_0^2=\frac{2\beta}{\alpha}x_0$ 看出，y_0 十分大才能使 $\gamma=0$，进而双方同意采用和谈之策。如果 y_0 不够大，而出现 $\gamma<0$ 的局面，则出现游击队 x（t）尚保存了一定的实力 $x_1=-\frac{\gamma}{2\beta}>0$，

$y(t)$ 已被消灭，使正规军全军覆灭了。在 20 世纪 70 年代，由于越南在其盟国的支援下，对美军进行游击战，使现代化的美军连连受挫。1968 年，美国在越南战场上的统帅威斯特摩兰（Westmoreland）紧急向约翰逊总统要求增援，总统当即加派 20 万美军赴越参战仍无济于事。尽管当时在越美军与越南游击队兵力之比是 6∶1，美方仍不能取胜，只得从政治上谋求和谈。双方和谈后，1973 年美军从越南全面撤军，1975 年，越共军队占领了越南全境；越美之战，为反美的落后国家敢于与美国对抗树立了样板。

（8）艾滋病在我国的流行与预防

设 $x(t)$ 是艾滋病的传染者人数，$y(t)$是艾滋病易感染人群的人数，于是$x(t)$，$y(t)$ 满足方程组

$$\begin{cases} \dfrac{\mathrm{d}x}{\mathrm{d}t} = axy - bx & (37.14) \\ \dfrac{\mathrm{d}y}{\mathrm{d}t} = -axy & (37.15) \end{cases}$$

其中 a，b 是正常数，式（37.14）中右端，$+axy$ 表示传染者与易感染人群接触使易感染者变成病人（传染者）的增速，$-bx$表示由于传染者病死而使传染者减员的速度，可见式（37.14）是合理的；式（37.15）中的$-axy$ 表示传染者与易感人群接触使易感人群变成了病人从而减少易感人群的速度，可见式（37.15）是合理的。

由式（37.14）与式（37.15）得

$$\mathrm{d}x=\left(-1+\frac{b}{a}\frac{1}{y}\right)\mathrm{d}y \tag{37.16}$$

两边积分得

$$x(y) = x_0 + y_0 - y + \rho\ln\frac{y}{y_0}$$

其中 $\rho=\dfrac{b}{a}$。

（1）由式（37.16），当 $y>\dfrac{b}{a}$ 时，$\dfrac{\mathrm{d}x}{\mathrm{d}y}<0$，$x(y)$ 是以 y 为自变量的单调递减函数。

（2）由式（37.16），当 $y<\dfrac{b}{a}$ 时，$\dfrac{\mathrm{d}x}{\mathrm{d}y}>0$，$x(y)$ 是以 y 为自变量

的单调递增函数。

$x=x(y)$ 的图像如图 37-6。

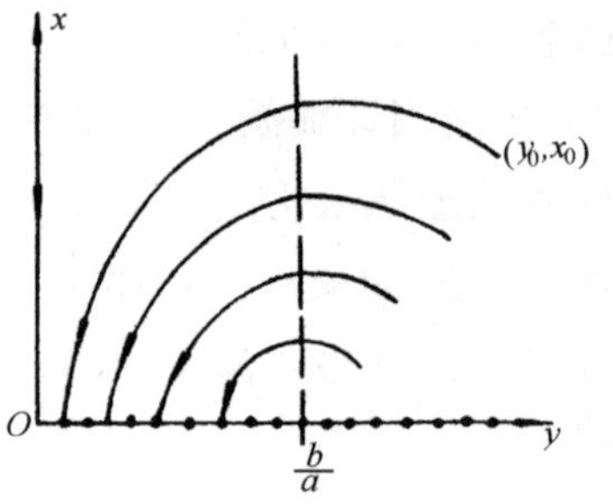

图 37-6

1998 年 5 月 10 日，《光明日报》办的《文摘报》报道："截至 1998 年 3 月底，全国 30 个省（市、自治区）① 共报告艾滋病感染者（成了传染者）9970 例，死亡 197 例，感染者被传染以共用注射器静脉吸毒导致血液传播为主，疫情发展迅猛，此外，经性接触传播者也逐年增多，据专家估计，到去年年底，中国实际艾滋病感染者已达 20 万～25 万人，流行趋势非常严峻！我国第一例艾滋病人是 1985 年发现的，经过了传入期、播散期，目前已进入快速发展期。"

按上述报道，对中国而言，$b\leqslant\frac{170}{9970}\approx0.017$，最保守的估计，我国易感染人群人数数以万计，由 $\frac{b}{a}\leqslant10000$ 来计算，$a\geqslant0.0000017$，即一个"易感染"者与一个艾滋病传染者接触后有百万分之二的可能感染此病，这么小的可能性是存在的，说明中国的易感染人群 $y(t)$ 超过了 $\frac{b}{a}$，由前面的数学分析，中国将必然会有一段流行艾滋病的时期。事实也证实了这些数学结论与实况是相符的，2003 年，我国卫生部门紧急呼吁防治艾滋病，到 2003 年，专家估计中国的艾滋病感染者已逾百万。

当然，也不必对艾滋病过分惊恐，从图 37-6 的图像上显示，$x=x(y)$的曲线开始时，由于 $y>\frac{b}{a}$，所以有一段 $x(t)$ 增长的时期。但越过 $y=\frac{b}{a}$之后，$x(t)$ 开始下落直至 x 趋于零。即前途还是乐观的，艾

① 除青海、香港、澳门、台湾。

滋病感染者理论上是可以被减少以至人类完全战胜艾滋病。

我们的数学论证也适合于像 SARS 等其他传染病，没有任何一种传染病会使人类遭到摧毁性的流行结果，人类的前途是光明的。

1885 年，伟大的数学家庞加莱发表篇名为《微分方程所定义的积分曲线》的四篇论文，它们是数学史上的光辉文献，开创了不用求出未知函数即可研究未知函数性质的一种强有力的微分方程研究方法与理论，它已发展成一门现代数学的主流分支——微分方程定性理论。下面我们用一个具体实例来领教定性理论的魅力所在。

考虑方程组

$$\begin{cases} \dfrac{\mathrm{d}x}{\mathrm{d}t} = -y + x[\rho - (x^2 + y^2)] & (37.17) \\ \dfrac{\mathrm{d}y}{\mathrm{d}t} = x + y[\rho - (x^2 + y^2)] & (37.18) \end{cases}$$

其中 ρ 是任意实数。

引入极坐标

$$\begin{cases} x(t) = r(t)\cos\theta(t) \\ y(t) = r(t)\sin\theta(t) \end{cases}$$

由于 $x^2(t)+y^2(t)=r^2(t)$，于是两端求导数 $\dfrac{\mathrm{d}}{\mathrm{d}t}$ 得

$$2x\frac{\mathrm{d}x}{\mathrm{d}t} + 2y\frac{\mathrm{d}y}{\mathrm{d}t} = 2r\frac{\mathrm{d}r}{\mathrm{d}t}$$

$$\begin{aligned} 2r\frac{\mathrm{d}r}{\mathrm{d}t} &= 2x\{-y + x[\rho - (x^2 + y^2)]\} + 2y\{x + y[\rho - (x^2 + y^2)]\} \\ &= 2r^2(\rho - r^2) \end{aligned}$$

$$\frac{\mathrm{d}r}{\mathrm{d}t} = r(\rho - r^2) \tag{37.19}$$

又由于

$$\arctan\frac{y}{x} = \theta$$

所以

$$\begin{aligned} \frac{\mathrm{d}\theta}{\mathrm{d}t} &= \frac{\mathrm{d}}{\mathrm{d}t}\arctan\frac{y}{x} \\ &= \frac{1}{r^2}\{x[x + y(\rho - r^2)] - y[-y + x(\rho - r^2)]\} \\ &= 1 \end{aligned}$$

于是

$$\begin{cases} \dfrac{\mathrm{d}r}{\mathrm{d}t}=r(\rho-r^2) \\ \dfrac{\mathrm{d}\theta}{\mathrm{d}t}=1 \end{cases} \tag{37.20}$$

由式（37.19）知方程组（37.17）和式（37.18）的图像画在 xy 平面上是极角 $\theta(t)=t+\theta_0$ 的一条 $t\to+\infty$时逆时针无限旋转的曲线。

① 当 $\rho>0$ 时，有一条满足（37.19）的曲线 $r=\sqrt{\rho}$，这是一个半径为$\sqrt{\rho}>0$ 的圆，逆时针运行。

② 当 $\rho\leqslant 0$ 时，$\dfrac{\mathrm{d}r}{\mathrm{d}t}<0$，曲线 $y=y(x)$ 的向径单调下降，同时逆时针无限旋转。

③ 对于 $\rho>0$ 的情形，在圆 $r=\sqrt{\rho}$之内，$\dfrac{\mathrm{d}r}{\mathrm{d}t}=r(\rho-r^2)>0$，曲线$y=y(x)$ 无限地逆时针旋转，且向径随时间单调上升；在圆 $r=\sqrt{\rho}$之外，$\dfrac{\mathrm{d}r}{\mathrm{d}t}=r(\rho-r^2)<0$，曲线 $y=y(x)$随 t 之增加而单调下降且按逆时针无穷旋转，见图 37-7。圆内与圆外的曲线皆以此圆 $r=\sqrt{\rho}$ 为渐近线（$t\to+\infty$），称此种闭曲线为稳定极限环。

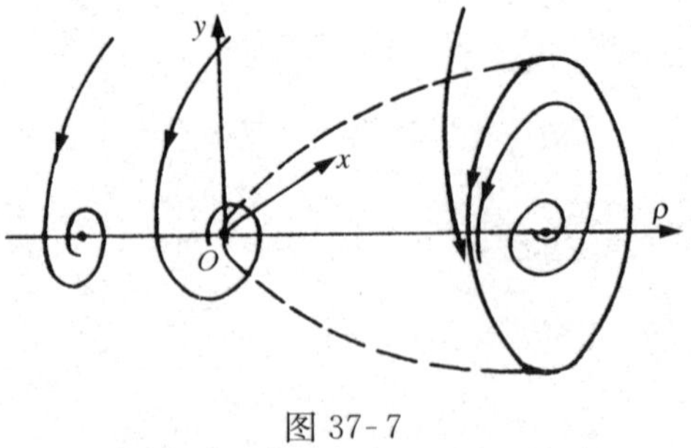

图 37-7

1900 年，德国大数学家希尔伯特（Hilbert，1862～1943）在巴黎国际数学家大会上提出了 23 个世界性的数学难题，其中第 16 题是问 n 次多项式系统

$$\begin{cases} \dfrac{\mathrm{d}x}{\mathrm{d}t}=P_n(x,y) \\ \dfrac{\mathrm{d}y}{\mathrm{d}t}=Q_n(x,y) \end{cases}$$

极限环最多者有几个？其中 $P_n(x, y)$ 与 $Q_n(x, y)$ 是 x 与 y 的多项式，其中次数最高者的次数为 n。例如式（37.17）和式（37.18）就是一个三次多项式系统。目前数学界尚未对此题给出满意的解答，即使对二次多项式系统也未给出一个完整的答案。1976 年，中国数学家王明淑、陈兰逊和史松龄找到二次多项式系统有四个极限环的实例，但至今无人证明或反驳二次系统的极限环个数最多者是否大于 4？可见希尔伯特第 16 问题难度不凡，是现代数学冲击的目标之一。

第三十八回 系统工程须统筹 关键工序应先知

1965年，中国著名数学家华罗庚和他的学生们一起在工业部门推广普及“统筹法”，他和他的小分队到过20多个省（市、自治区）的几百座城市，几千个工厂，给几百万工人、技术人员讲授“优选法”与“统筹法”，取得了可观的经济效益。统筹法是一种处理系统工程，控制与缩短竣工工期的有效方法。在错综复杂的工艺过程中，任务繁多，互相制约，关系错综复杂，例如在一台复杂机械的制造过程中，往往由于一两道工序太慢而耽误了整台机器出厂的时间。如果抓不到关键，急急忙忙，连夜三班，完成了一个工序之后，还得等待其他工序完成之后，才能组装，这岂不是瞎忙，要事先计算好，看哪些工序必须缩短工期，才能使总工期缩短，哪些工序则可以不必太抓紧，甚至可以从中抽调一些人员支援那些关键性的工序，几头毛驴拉车，要鞭打慢驴。

让我们从一个日常生活问题谈起。

客人来，晚饭包饺子款待，于是忙着买面粉、肉馅、韭菜，和面拌馅，擀皮捏饺子，下锅水煮，清洗餐具等等，已知购买面和馅需要40分钟，从和面拌馅到包完饺子需要50分钟，把水烧开需要20分钟，下锅煮熟需要10分钟，洗餐具需要10分钟，若想提前10分钟吃饺子，应在哪些工序上用时减少？

为直观起见，我们画一个所谓统筹图，如图38-1。

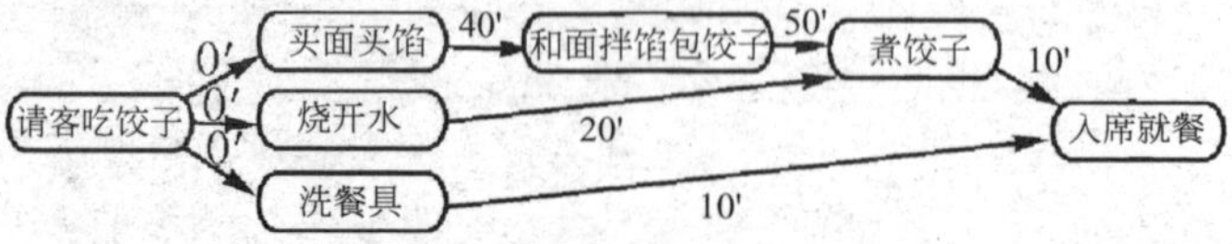

图38-1

从图 38-1 我们看到，从决定请客吃饺子到入席就餐有三条路径：

（1）请客吃饺子 $\xrightarrow{0'}$ 买面买馅 $\xrightarrow{40'}$ 和面拌馅包饺子 $\xrightarrow{50'}$ 煮饺子 $\xrightarrow{10'}$ 入席就餐

（2）请客吃饺子 $\xrightarrow{0'}$ 烧开水 $\xrightarrow{20'}$ 煮饺子 $\xrightarrow{10'}$ 入席就餐

（3）请客吃饺子 $\xrightarrow{0'}$ 洗餐具 $\xrightarrow{10'}$ 入席就餐

这三条路径以（1）号为最长，耗用时间 $0'+40'+50'+10'=100'$，可见从打算请客吃饺子到入席就餐需要 100 分钟。如果想提前开饭，必须缩短（1）号路径上各工序的用时。似（1）号路径这种最长的轨道称为“关键轨道”，其上的每道工序称为关键工序。如果把烧开水的用时减少（例如开大煤气阀门）或加快清洗餐具，并不会对提前开饭有什么帮助。当然烧开水也有个最迟必须开始的时间，即在决定吃饺子之后的 $90'-20'=70'$必须点火，不然也会因为等开锅而耽误了开饭时间；洗餐具也有类似问题，最迟不得迟于决定吃饺子后的 $100'-10'=90'$，不然也会耽误开饭时间；因为和面拌馅包饺子必须等买来面和馅之后，所以包饺子这道工序最早可开始时间是决定吃饺子的 $40'$，煮饺子这道工序最早可开工的时间是决定吃饺子的 $90'$。

如果用 s 代表请客吃饺子，用 t 代表入席就餐，用 v_1，v_2，v_3，v_4，v_5 分别表示买面买馅、和面拌馅包饺子、煮饺子、烧开水和洗餐具，见图 38-1 可改画成图 38-2。

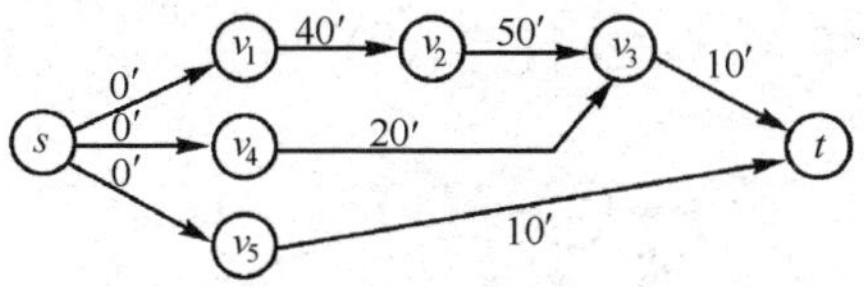

图 38-2

图 38-2 画的是一个有向加权图，其顶集合为 $V=\{s, v_1, v_2, v_3, v_4, v_5, t\}$，两顶间的有向边上写的是权数（此工序之耗时），每个顶都在从 s 起到 t 止的有向轨道上，且此种图上没有有向圈（即起止顶重合的有向轨道）。

一般地，称下述有向图 G 为一个统筹图：

① G 上有一个起始顶 s 和一个终止顶 t。

② G 中无有向圈。

③ 每个顶 $v \in V(G)-\{s,t\}$，v 在从 s 到 t 的一条有向轨道上，其中 $V(G)$ 是 G 的顶集合。

④ 对 G 的每条有向边 e，有权数 $l(e) \in \mathbb{R}$，$\mathbb{R}$ 是实数集合。

约定：

① 统筹图上每条边代表一个过程或工序。

② 以 s 为尾的有向边代表的过程可以马上开始。

③ 对于 $v \in V(G)-\{s\}$，只有以 v 为头的有向边代表的过程全部结束，以 v 为尾的有向边代表的过程才可开始。

④ $l(e)$ 是过程 e 的耗时。

在一项系统工程中，有的工序，只要它所用的时间出现任何延误，则会使全工程的竣工时间推迟，这种工序称为关键工序。

关键工序在哪里？如何在合理的时间内把关键工序找出来？从开工到竣工最短需要多少时间？

下面的有效算法给出上面这些问题正确解答。

（1）标志 s 为 $\lambda(s)=0$，其他顶暂无顶标（$\lambda(v)$ 表示 v 的顶标，它标志 v 这个事项可以开工的最早时间）。

（2）取一个尚无顶标的顶 v，而以 v 为头的有向边之尾皆有顶标，则取 v 的顶标 $\lambda(v)$ 为 $\{l(u_1v)+\lambda(u_1),\ l(u_2v)+\lambda(u_2),\ \cdots,\ l(u_{k_0}v)+\lambda(u_{k_0})\}$ 中的最大值，其中 $u_1v, u_2v, \cdots, u_{k_0}v$ 是以 v 为头的一切边，如果 $\lambda(v)=l(u_{k_1}v)+\lambda(u_{k_1})$，则把有向边 $u_{k_1}v$ 染成绿色，$1 \leqslant k_1 \leqslant k_0$。

（3）$v=t$ 时，转（2），执行完（2）后止，从 s 到 t 的有向绿色轨

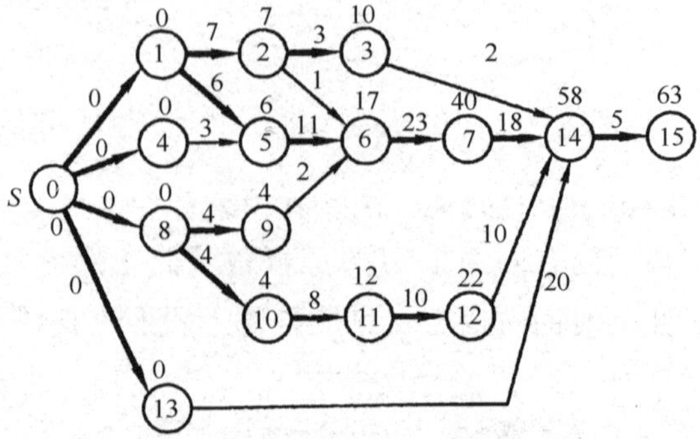

图 38-3

道即关键轨道，其上的每道工序为关键工序，$\lambda(t)$是总工期，即竣工所需的最少时间。若 $v\neq t$，则转（2）。

例如图 38-3 中的粗实线就是上述算法中所说的染成绿色的边，顶旁标示的是$\lambda(\cdot)$，从⑮逆着箭头沿粗边（粗实线）倒退到⓪，这一过程用到的边与顶就组成了一条关键轨道：

⓪①⑤⑥⑦⑭⑮

全工程需要 63 天竣工。

可以证明，在上述算法中，$\lambda(v)$ 是完成以 v 为头的所有工序所用的最少时间，也就是事项可开工的最早时间，也就是 v 的紧前工序中最后一个完成的时间。

事实上，上述算法（2）中所称的 v 不会找不到，于是此算法是可行的；若这种 v 不存在，则对每个未标志的顶 v，皆可找到一条边，它以 v 为头，但此边之尾未标志，由于统筹图 G 的顶是有限的，则可以找出一个有向圈，与 G 无有向圈相违。

下面用数学归纳法证 $\lambda(v)$ 就是事项 v 的最早可开工时间。

第一次标志 $\lambda(s)=0$，上述结论自然成立。

假设对前 k 次标志的顶，其顶标 $\lambda(v)$ 确为事项 v 的最早可开工时间，考虑第 $k+1$ 次标志的顶 v_{k+1}；由算法的步骤（2），$\lambda(v_{k+1})$ 是

$$\{l(u_1v_{k+1})+\lambda(u_1),l(u_2v_{k+1})+\lambda(u_2),\cdots,l(u_{k_0}v_{k+1})+\lambda(u_{k_0})\}$$

中的最大值，其中 u_1，u_2，…，u_{k_0} 已在前 k 次标志中被标示，即 $\lambda(u_1)$，$\lambda(u_2)$，…，$\lambda(u_{k_0})$ 分别是 u_1，u_2，…，u_{k_0} 代表的事项最早可开工时间，v_{k+1} 最早可开工时间应是工序 u_1v_{k+1}，u_2v_{k+1}，…，$u_{k0}v_{k+1}$ 中最迟完成的时间；而 u_1v_{k+1}，u_2v_{k+1}，…，$u_{k_0}v_{k+1}$ 完成的时间分别为 $l(u_1v_{k+1})+\lambda(u_1)$，$l(u_2v_{k+1})+\lambda(u_2)$，…，$l(u_{k_0}v_{k+1})+\lambda(u_{k_0})$，所以算法求得的 $\lambda(v_{k+1})$ 是 v_{k+1} 可开工的最早时间，至此数学归纳法完成。

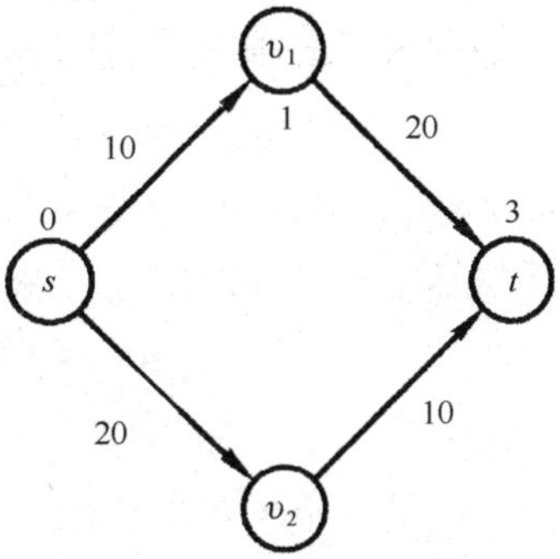

图 38-4

欲把总工期缩短，必须压缩关键轨道上一些关键工序的耗时，不在关键轨道上的工序的时间压缩并不能使竣工提前。

关键轨道未必唯一，例如图 38-4 中有两个关键轨道

$$ⓢⓥ_1ⓣ,ⓢⓥ_2ⓣ$$

在统筹法中还有一个“工序最迟必须开工时间”和“时差”问题，例如在请客吃饺子那个问题中，关键轨道是（见图 38-2）

$$ⓢⓥ_1ⓥ_2ⓥ_3ⓥ_4$$

在这条关键轨道中的每道工序都必须按时开工，不可有一点点推迟；我们看得很清楚，这条关键轨道上的每个工序都是关键工序。但从 v_4 到 v_3 的这道工序则不然，它可以在 0 时刻开始，为了不耽误总工期，它最迟不得迟于第 $70'$开工，这个 $70'$是这样算出来的：

从ⓣ逆行到ⓥ$_3$的最长轨道的长度为 $10'$，加上从ⓥ$_4$到ⓥ$_3$的权 $20'$，把这个和从总工期 $\lambda(t)$ 中减去，即 $70' = \lambda(t) - (10' + 20') = 100' - 30'$。

一般地，设工序 e（用统筹图中一条有向边表示）的头为 v，则工序 e 的最迟必须开工时间为

$$\lambda(t) - \sigma(v) - l(e)$$

其中 $\sigma(v)$ 是统筹图中从 t 开始到 v 逆行的最长轨道之长，即此轨道上各边权之和。其实 $\sigma(v)$ 可以把统筹图的箭头全反过来，在以 t 为起始顶的网络上用求 $\lambda(v)$ 的算法，求得 $\lambda'(v)=\sigma(v)$。

例如图 38-3 中工序①②的最迟必须开工时间为

$$\begin{aligned}&\lambda(t) - \sigma(②) - l(①②)\\&= 63 - \sigma(②) - 7\end{aligned}$$

而从 t 逆行到②的最长轨道为⑮⑭⑦⑥②，所以 $\sigma(②) = l(②⑥) + l(⑥⑦) + l(⑦⑭) + l(⑭⑮) = 1 + 23 + 18 + 5 = 47$(天)，于是求得工序①②的最迟必须开工时间为

$$\lambda(t) - \sigma(②) - l(①②) = 63 - 47 - 7 = 9(\text{天})$$

即工序①②最迟必须在开工后的第 9 天开始。工序 e 的最迟必须开工时间与最早可开工时间之差称为时差，记之为 $\Delta(e)$。例如 $\Delta(①②) = 9 - 0 = 9$（天）。干工序①②的工人可以利用 $\Delta(e) = 9$ 天的时间整休或去干别的事，例如支援关键工序的工作等等。

关键轨道上各工序的最早可开工时间与最迟必须开工时间相等，所以在此关键轨道上的各工序的时差为零。

第三十九回 人皆尊重有为者 我也要做数学家

数学家是创造数学科学的那些人，他们以数学研究与数学教育为己任，并且在知名杂志或出版社发表或出版过非平凡的首创的数学理论与数学方法。这些人有着迷人的性格和骄人的成就；这些人献身科学，不图安逸；这些人坚持正义，淡泊名利；这些人敢于创新，不畏非议；这些人注重实际，敏于常事；这些人科研有术，教学有方；这些人崇尚理性，严谨诚信；这些人出身寒门，自学成才；这些人多才多艺，聪明机敏；这些人独立思考，长于批判，这些人……总之，一位成功数学家身上是一定具有人类的某些最优秀的品质的。当然，数学家当中也有个别的败类分子，例如，第二次世界大战期间，德国数学家泰希米勒是一个罪行累累的纳粹分子，虽然他有天才数学家伽罗瓦那般突出的数学才华，可恨他疯狂迫害自己的师长，并且是“党卫军”的骨干分子，最后被盟军击毙，成了希特勒的殉葬品。

在古今中外著名数学家的队伍当中，不乏自学成才者，其中中国的华罗庚，俄国的柯娃列夫斯卡雅和古印度的拉马努金是最优秀的代表人物。

华罗庚是数学史上自学成功的最富传奇色彩的伟大数学家之一。他在数论、代数、几何和复分析等方面为人类数学事业做出了光辉贡献。例如对于哥德巴赫猜想“每个大于 4 的偶数皆两个素数之和”，1938 年华罗庚证明了这一猜想对几乎所有的偶数成立，他得出如下美妙的结论：

$$\lim_{x\to+\infty}\frac{M(x)}{x}=0$$

其中 $M(x)$ 是不超过 x 而不能表示成两素数和的偶数的个数。

1770 年，华林猜想："对每个整数 $k\geqslant 2$，皆存在一个仅依赖于 k 的整数 $s=s(k)$，使得对每个非负整数 n，均可表成 s 个非负整数的 k 次幂之和，即方程

$$x_1^k+x_2^k+\cdots+x_s^k=n$$

对所有整数 $n\geqslant 0$ 有非负整数解 x_1，x_2，…，x_s。"

如果用 $G(k)$ 表示对充分大的 n，方程

$$x_1^k+x_2^k+\cdots+x_s^k=n$$

有非负整数解的 s 的最小值，华罗庚证明出著名不等式

$$G(k)\leqslant 2^k+1$$

华罗庚 1910 年生于江苏省金坛县（现常州市金坛区），其父经营一个家庭式小杂货店。他初中毕业因家贫而辍学，一边帮其父经营小杂货店一边自学数学；1930 年，华罗庚在《科学》杂志上发表他的首篇论文"苏家驹之代数五次方程式解法不能成立的理由"，引起清华大学数学系主任熊庆来的注意，当时熊庆来不知道这位作者华罗庚是何人，后来从一位金坛籍的教员那里得知华罗庚是一位年仅 20 岁的只有初中文凭的青年时，这位系主任感动万分，1931 年，邀华罗庚去清华大学工作，两年后即升为清华大学数学系教师。1936 年，英国大数学家，20 世纪最著名的数论专家之一哈代邀请年轻的华罗庚去剑桥大学做访问学者，华罗庚很快就精通了英文，并用英文在世界有名杂志上发表数学论文 15 篇，与哈代成了最好的朋友。1938 年到 1945 年，华罗庚在西南联合大学（北京大学、清华大学与南开大学在昆明联合办学，以避日本侵略军）执教，主办数学讨论班。1946 年应苏联科学院之邀去苏联访问讲学，1948 年当选为中央研究院院士。1946 年起，任美国普林斯顿高级研究院研究员；普林斯顿高级研究院是大科学家的乐园和摇篮，华罗庚在普林斯顿高级研究院教授数论课程。从 1948 年起，任美国伊利诺大学教授，华罗庚在伊大的一大群学生都成长为职业数学家。1950 年，华罗庚率妻儿回到中国，筹建中国科学院数学研究所。为了培养中国年轻一代数学家，华罗庚写出一批高水平学术专著出版，例如《数论导引》(1957)，《堆垒素数论》(1957)，《高等数学引论》(1963) 等等。1955 年当选为中国科学院学部委员，1958 年起任中国科学技术大学副校长，开始研究应用数学，到工矿企业推广优选法与统筹法。"文化大

革命”时期，华罗庚的研究工作受到一些影响。1976年之后，华罗庚的学术生涯遇到科学的春天而活跃起来，完成了专著《从单位圆谈起》(1977)，《数论在近似分析中的应用》(1978，与王元合作)，《华罗庚论文选集》（1983）等等。华罗庚十分关心青少年的成长和数学教育，1956年，他倡导在中国举办中学生数学竞赛，为了辅导参赛同学，华罗庚特意为之出版《从杨辉三角谈起》等多种参考书。

华罗庚共发表数学论文200多篇，专著十部，其中有八部在国外翻译出版，有些可以列为经典著作。华罗庚是美国科学院院士，1979年起，他去英国、法国、德国、美国和荷兰等几十个大学和研究所讲学，受到热烈欢迎和高度评价。华罗庚被芝加哥科学技术博物馆列为当今八十八位数学伟人之一。外国报刊称华罗庚“由于他工作范围之广，使他堪称世界名列前茅的数学家之一”。“他是绝对第一流的数学家，他是做出特多贡献的人”。“受他直接影响的人也许比受历史上任何数学家直接影响的人都多”。

华罗庚聪明过人，但他总是把勤奋学习、积累学问当作两把成功的钥匙，他的名言是

聪明在于学习，

天才由于积累。

1985年6月12日，华罗庚在东京大学作学术报告，讲完最后一句话之后，因心脏病突发而谢世。他从一个天才少年，成长为一个世界级数学大师，为全世界有志科学的学子树立了一个不朽的榜样。

出身寒门的另一位自学成才的大数学家是古印度奇才拉马努金。拉马努金1887年生于古印度马德拉斯省一个极端贫穷的农民家庭，全家七口人只靠父亲在一个布店打工每月收入的20卢比度日，生活在饥寒交迫之中。拉马努金是个早熟懂事的好孩子，他的聪明、机智和优异的学习成绩成了全家人的安慰和骄傲。拉马努金7岁便跳级升入贡伯戈纳姆中学，10岁时在坦焦尔地区初中生毕业会考中取得第一名。拉马努金自幼喜欢思考一些“怪问题”，例如一次数学课老师讲“零被任何数除都等于零。”小拉马努金立刻举手提问：“零除以零也等于零吗?”12岁时，拉马努金独立地推导出著名公式

$$e^{ix} = \cos x + i\sin x$$

1903年拉马努金考入贡伯戈纳姆公立学院，这个学院是个不重视理科教学只注重文科与佛经教学的学校，拉马努金对学校的这些必修课十分反感，终因文科成绩不及格而被学校取消学籍。当然，拉马努金并非贪玩厌学的顽皮孩子，他的兴趣在数学上。他借到一本英文版的《纯粹数学概要》，书中列出6165个定理，但皆未给出证明。1903年到1907年，他全力以赴研读这本书，且给出了书中公式与定理的全部正确证明。到1911年，他找不到固定职业，这期间，衣食无着，虽然饥寒难以自存，但对数学的兴趣有增无减，他研究幻方，他研究级数，他研究数论，他研究微积分等等，研究成果写了三个大笔记本。

1909年，拉马努金与9岁女孩安玛结婚，成家后必须外出为家庭谋生，他找到了镇长艾亚尔，这位镇长碰巧是一位数学爱好者，拉马努金向艾亚尔请求帮助找一份活干，镇长问："你有什么特长?"拉马努金答："数学。"镇长问："有成果吗?"拉马努金递给镇长三个笔记本，镇长看到笔记本上流利俊秀的字体和丰富正确的数学结论，马上对拉马努金另眼相待，请坐摆茶后，两人朋友般攀谈起数学问题。镇长喜欢上了拉马努金这个衣衫褴褛不堪满脸污垢的小伙子，帮拉马努金找了镇政府一个代理公务员的差事，并把这位乞丐才子介绍给古印度数学会的创建者拉奥，拉奥审读了拉马努金那三本已经随身多年被揉破的笔记本，十分佩服拉马努金的成果与奋斗精神，于是拉奥按时资助拉马努金一部分生活费，鼓励拉马努金继续进行数学研究。

正如著名美国数学家保罗·哈尔莫斯在名著《我要作数学家》一书中所说："当一位数学家，你要热爱数学超过爱你的家庭、宗教、金钱、舒适、快乐和荣耀。如果把一切爱好排序的话，数学家最大的爱好就是数学，只有这样，他才能敬业和勤奋，踏踏实实诚实研究数学。"拉马努金正是这种人，一次一位老朋友对拉马努金说："你怎么这么快就成了受人重视的数学才子?"拉马努金说："我不是什么才子。"拉马努金撸起袖子让朋友看，只见他的肘部皮肤又厚又平，原来他买不起草稿纸，就用石灰条在石板上演算，算出结果后，用肘部一擦，再如此演算下面的内容。拉马努金外表狼狈不堪，内心却满盛数学的锦绣之花。他从码头上拾来一些人家遗弃的包装用过的碎纸片，用这种破纸他写出了第一篇数学论文"伯努利数的一些性质"在《印度数学会杂志》上发表。

我们容易证明

$$1+2+3+\cdots+(k-1)=\frac{k^2}{2}-\frac{k}{2}$$

$$1^2+2^2+3^2+\cdots+(k-1)^2=\frac{k^3}{3}-\frac{k^2}{2}+\frac{k}{6}$$

$$1^3+2^3+3^3+\cdots+(k-1)^3=\frac{k^4}{4}-\frac{k^3}{2}+\frac{k^2}{4}$$

令

$$1^n+2^n+3^n+\cdots+(k-1)^n=S_n(k)$$

伯努利把 S_n（k）写成级数形式如下：

$$S_n(k)=\frac{k^{n+1}}{n+1}-\frac{k^n}{2}+B_1C(n,1)\frac{k^{n-1}}{2}-B_2C(n,3)\frac{k^{n-3}}{4}+\cdots$$

其中 $C(n, r)=\frac{n(n-1)\cdots(n-r+1)}{r!}$，系数 B_1，B_2，B_3，…，称为伯努利数。

用电子计算机可以算得伯努利数，但是在拉马努金的时代是没有电子计算机的（即使有拉马努金也买不起），他硬是用从垃圾堆里拣来的破纸片算出

$$B_{32}=-\frac{7709321041217}{510}$$

此外，拉马努金还发表了关于无穷级数、无穷乘积、π 的近似值等很多价值极高的论文。

1913 年，拉马努金把他发现的 120 个定理与公式寄送英国著名数学家哈代审阅，哈代收到拉马努金的邮件后，如获至宝，珍爱万分。1920 年，哈代回忆说："我现在依然满意地记得我当时立刻确认我发现了一块多么罕见的瑰宝，甚至现在我也想象不出有人敢说拉马努金是一个能有多伟大的数学家。" 1913 年，哈代收到拉马努金作品的一个月之后，写信给拉马努金，诚挚邀请拉马努金即速赴英到剑桥大学共同研究数学。1914 年，拉马努金来到剑桥三一学院，在欧洲潜心研究了 5 年数学，成了世界敬仰的大数学家。他在英、法、德各国数学杂志上发表了 21 篇独创的数学论文，1918 年当选为英国皇家学会会员和三一学院研究员，这两顶桂冠正是每位数学家一生渴求而很难得其一的最高荣

誉，拉马努金这位出身准乞丐的古印度贫民数学家在 31 岁小小的年纪就都得到了。拉马努金是素食的婆罗门教徒，长期营养不良，加上对数学难题废寝忘食的痴情钻研，1917 年患肺结核，这种病当时尚属不治之症，他不得不返回祖国古印度。马德拉斯大学不顾肺结核的传染性，三顾茅庐请拉马努金答应承担该大学数学首席教授之职，校方答应每年付给拉马努金 2500 英镑的科研津贴，可惜这时拉马努金已病入膏肓，1920 年在马德拉斯大学谢世，享年 33 岁！

拉马努金一生清贫如洗，死后遗物仅两幅在剑桥的相片、一个冬天御寒的热水袋和四本数学笔记。他临终遗嘱："把学校发给的奖金和津贴全部送穷孩子们做学费。"四本数学笔记中，有三本是去英国之前写成的，第四本是他在病床上写的，他死后第四本笔记 50 年不知下落，1976 年在三一学院图书馆发现了宝贵的第四笔记本，1987 年，印度总理把它公之于众，如今拉马努金这四本数学笔记已收入剑桥大学出版社出版的《拉马努金全集》。印度成立了"拉马努金数学研究所"，这是一个世界级水准的数学科研中心。印度人民视拉马努金为其国家与民族的骄傲。

数学大师哈代对拉马努金坎坷的一生十分感慨，他说："如果他少年时代就被发现并进行培养，他会成为更加伟大的数学家，当贡伯戈纳姆公立学院因政教学科不及格开除拉马努金这位他们曾经拥有过的伟大人物时，损失是不可弥补的，这是僵化的教育体制造成损失的最糟糕的例子之一。难以想象的不利条件一直伴随着他，一个贫穷孤寂的印度人用他的智慧与欧洲人积累起来的智慧竞争，而他根本没有受过真正的教育。在印度这样的国家，当时没有一个人能使拉马努金可以从他那里学到数学；在过去 50 年当中，有许多似乎比拉马努金更重要，我估计一定有人说是更伟大的数学家，然而他们没有一个有勇气在自己熟悉的领域与拉马努金对抗，如果拉马努金懂得比赛规则，他可以赛前先让给世界上任何数学家 15 分。"

在回忆拉马努金的天才时，哈代讲了一个真实的故事："我记得他患肺结核病倒在帕尼特的病床上时，我去探望他，我乘坐的出租车号码是 1729，我对拉马努金说，这个号码看起来很单调乏味，但愿它不是一个不祥之兆。拉马努金呻吟片刻对我说：'不，这是一个十分吉祥可爱的数字，它是能用两种方式表成两个立方和的最小正整数：

$$1729 = 12^3 + 1^3 = 10^3 + 9^3$$

我问他是否能告诉我相应的四次幂的问题的解，他说这种例子肯定存在，不过是个非常之大的数。等我能起来时给您计算出来。”

事实上，$635318657=158^4+59^4=134^4+133^4$。

对于拉马努金来说，每个自然数都是他的好朋友，拉马努金喜欢他们，能解读他们的奥秘。

可歌可泣的拉马努金永垂不朽。

如果我们在事业上或生活中遇到了令人困惑的难题或难关，不妨想到当年的拉马努金，他当时面对的困难可能比我们遇到的还要大，他不退却，他成了成功者。正所谓“眼前得丧等烟云，身后是非悬日月”。

李太白在《行路难》一诗中出言豪情万丈：

长风破浪会有时，

直挂云帆济沧海。

寄言年轻的朋友，生当为人杰，立志做科学；祝愿你以历史上大数学家为榜样，在科学上做出一番事业来。

哈代说：“数学是年轻人的玩意。”他回忆自己除了想做数学家，没想过做别的什么人！诸位年轻读者，如果你自感聪明尚可，不妨以数学家为奋斗目标，或许比你去干别的什么事对社会有更大的作用。

第四十回 数学演义言犹未尽 篇末寄语情丝不断

数学演义读到这一回即将落下帷幕；一本《数学演义》，遵循数学大众化的宗旨，为不是职业数学家的朋友们提供了这些具有浓厚文化色彩的数学快餐。数学科普是科普工作中最难干的活儿，数学铁板一块式的严密逻辑体系和似乎脱离现实的抽象概念，可能使一部分读者望洋兴叹，对数学敬而远之。本书作者的苦衷正在于使不喜欢数学的读者读了这本小册子之后，从此爱恋数学，使喜欢数学的读者能深入领会数学的灵魂在于她能唤醒我们的心神，冶炼我们的智慧，为我们的内心世界增辉，涤尽我们与生俱来的对抽象与数学文明的无知。当然，我的写作目的肯定未完全实现。数学家克拉默 1988 年出版了一部好书叫作“混沌与秩序”，可称数学科普的精品，克拉默自信“凡有两条裤子的人，都应该卖掉一条来买这本书”，《数学演义》可能超不过《混沌与秩序》，但我们书中讲述的古今中外数学名题的另类解法和众多数学家做人做学问的故事，会使读者开卷有益。数学之美，即使典衣而读，不亦乐乎？

数学究竟是何物？这是一个我们必须问也必须答的问题，它的答案还没有“写完”，因为数学还在发展之中，不能盖棺定论。诸如数学是定义、公理、定理、公式、法则的集合；数学是关于数与形的科学；数学是概念之间的逻辑链；数学是符号游戏；数学是思维体操；数学是科学的语言；等等；我们不能完全认同上述任何一种对数学的界定，因为数学是具有多重性的一门最抽象的科学，它源于现实又不会与现实如螺栓与螺母一样地完全吻合；它脱离实际，又能广泛地应用于实际；它全身散发着逻辑的气息，却不是逻辑学的分支；它艰深难懂，又不是不能通俗化；它古怪冷酷，又不是不能平易近人。本书对它的通俗化和平易近人的特点作了尝试性的开发，以便我们更亲切地品味它、欣赏它、应用它。事实上，数学是一种高文化，是一门充满人文科学风采和自然哲学味道的既非自然科学又非哲学与人文科学的命名为“数学”的高科学。

我们相信，在《数学演义》的读者当中，一定会有为数甚众的有心人将来成为有作为的数学家，至少会使一部分青少年萌生这种念头：我也要做数学家。

滚滚长江东逝水，
浪花浮现众精英，
勤奋积累趁年少，
数学世界喜相逢。

参考文献

贝勒 A. H. 1998. 数论妙趣——数学女王的盛情款待. 谈祥柏译. 上海：上海教育出版社.

李尚志，王树和等. 1996. 数学模型竞赛教程. 南京：江苏教育出版社.

李文林. 1998. 数学珍宝——历史文献精选. 北京：科学出版社.

刘华杰. 1996. 混沌之旅. 济南：山东教育出版社.

鲁又文. 1984. 数学古今谈. 天津：天津科技出版社.

洛伦兹 E N. 1997. 混沌的本质. 刘式达等译. 北京：气象出版社.

马丁·伽德纳. 2000. 萨姆·劳埃德的数学趣题. 陈为蓬译. 上海：上海科技教育出版社.

让·迪尼多内. 1999. 当代数学——为了人类心智的荣耀. 沈永欣译. 上海：上海教育出版社.

施琴高兹. 1982. 数学 100 题. 王宝霁译. 北京：科学普及出版社.

台湾科普文选编辑组. 1982. 台湾科普文选. 北京：科学普及出版社.

谈祥柏. 1996. 数：上帝的宠物. 上海：上海教育出版社.

谈样柏. 1996. 谈祥柏科普文集. 上海：上海科学普及出版社.

王树和，侯定丕. 2000. 经济与管理科学的数学模型. 合肥：中国科学技术大学出版社.

王树和. 1997. 数学模型基础. 合肥：中国科学技术大学出版社.

王树和. 1998. 微分方程模型与混沌. 合肥：中国科学技术大学出版社.

王树和. 1999. 从哥尼斯堡七桥问题谈起. 长沙：湖南教育出版社.

王树和. 2001. 离散数学引论. 合肥：中国科学技术大学出版社.

王树和. 2002. 数学素质强化训练. 合肥：安徽科学技术出版社.

王树和. 2003. 数学思想史. 北京：国防工业出版社.

王树和. 2004. 图论. 北京：科学出版社.

王树和. 2005. 数学百家. 北京：国防工业出版社.

王树和. 2008. 数学模型选讲. 北京：科学出版社.

徐品方. 1992. 数学简明史. 北京：学苑出版社.

杨路，张景中，侯晓荣．1996．非线性代数方程组与定理机器证明．上海：上海科技教育出版社．

朱学志．1984．数学史数学方法论．哈尔滨：黑龙江林业教育学院出版社．